典藏版 / 19

数林外传 系列

跟大学名师学中学数学

几何极值问题

◎ 朱尧辰 著

中国科学技术大学出版社

内 容 简 介

本书介绍了与初等几何极值计算有关的一些问题，包括几何极值问题的特征、解几何极值问题的基本方法和一些技巧，以及某些与几何极值有关的特殊问题等.全书给出50余个例题和80余个练习题(题组)，总共包含约200个问题，所选例题比较典型，讲解颇为详尽，全部练习题均附解答或提示.

本书可作为高中生的数学课外读物，也可供数学爱好者阅读或中学数学教师参考.

图书在版编目(CIP)数据

几何极值问题/朱尧辰著.—合肥:中国科学技术大学出版社，2021.2

(数林外传系列:跟大学名师学中学数学)

ISBN 978-7-312-05130-2

Ⅰ.几… Ⅱ.朱… Ⅲ.积分几何—极值(数学)—青少年读物 Ⅳ.O186.5-49

中国版本图书馆CIP数据核字(2021)第005375号

几何极值问题

JIHE JIZHI WENTI

出版 中国科学技术大学出版社
安徽省合肥市金寨路96号,230026
http://press.ustc.edu.cn
https://zgkxjsdxcbs.tmall.com

印刷 安徽省瑞隆印务有限公司

发行 中国科学技术大学出版社

经销 全国新华书店

开本 880 mm×1230 mm 1/32

印张 8

字数 194千

版次 2021年2月第1版

印次 2021年2月第1次印刷

定价 32.00元

前　　言

极值问题是一类重要的数学课题, 在自然科学和生产活动中有广泛应用. 初等极值问题历来是中学数学教材中不可或缺的内容, 它也以不同的难度出现在各类中等数学水平的竞赛中. 我们将其中具有实际几何意义的问题统称为几何极值问题. 本书介绍了与初等几何极值有关的一些问题. 依据本系列丛书的性质, 并按照现行中学数学教材的精神, 我们确定本书的取材大体限定在传统中等数学范围内, 不涉及某些虽然著名但需要较多预备知识的经典极值问题, 特别地, 不论述导数的应用, 并且着重基本的解题方法和题目类型的多样化, 以适应较多读者的需求.

本书由 5 章组成. 第 1 章是引言, 概述与解几何极值问题有关的一些基本思想和方法. 第 2 章和第 3 章通过例题的形式给出基本几何极值问题的常用解法, 如几何方法、代数和三角方法、综合方法等, 其中包含若干常用解题原则. 第 4 章是对前几章内容的补充和提高, 涉及一些有一定难度的不同类型的几何极值问题. 第 5 章汇集了一些与前面不同的极值问题, 其中少数问题是为扩大读者视野而设的, 仅供选用. 最后给出所有练习题的解答或提示, 供读者参考.

本书涉及的关于初等极值问题的基本知识可参考作者列入本丛书中的《极值问题的初等解法》, 不妨将本书看作后者的续篇 (但两者所选例题和练习题基本上不重复). 本书中的问题选自多种中外资料, 其中一些问题原始资料只给出代数解法 (或只给出几何解法), 相应的几何解法 (或代数解法) 是作者补充的. 本书是按照问题的实际内容编排的, 为便于读者查找, 附录中按解题方法列出一些推荐的例题和练习题.

限于笔者的水平和经验, 本书在取材和表述等方面难免存在不足甚至谬误之处, 欢迎读者和同行批评指正.

朱尧辰

2020 年 3 月于北京

目　　录

1 引　言

1.1 几何极值问题的意义和基本解法

求极值的问题在中学数学教材中是常见的，我们将其中具有实际几何意义的问题统称为几何极值问题. 例如下面我们熟悉的问题 (见《极值问题的初等解法》例 5.3) 就属于几何极值问题.

例 1.1 求底边长度和顶角大小固定的面积最大的三角形.

这个问题意味着要求在由一条底边为 a，且其对角为 α(这里 $a>0$, $\alpha\in(0,\pi)$ 是常数) 的三角形组成的集合中找出一个成员 (三角形)，使得它的面积最大. 一般地，设 $\mathscr{T}$ 是由某些几何图形组成的集合，对于每个 $t\in\mathscr{T}$，定义几何量 f (因为它与 t 有关，所以记作 $f=f(t)$)，那么与此相关的几何极值问题，就是要求出 $\mathscr{T}$ 的一个成员 t_0，使得它的几何量 $f_0=f(t_0)$ 最大 (或最小)，即

$$f_0=f(t_0)=\max\{f(t)\,|\,t\in\mathscr{T}\}\quad 或\quad f_0=f(t_0)=\min\{f(t)\,|\,t\in\mathscr{T}\}.$$

当然，这样的成员 t_0 可能不止一个，也可能不存在. 另外，上面两个式子有时也写成

$$f_0=f(t_0)=\max_{t\in\mathscr{T}}f(t)\quad 或\quad f_0=f(t_0)=\min_{t\in\mathscr{T}}f(t).$$

我们注意到，如果去掉几何极值问题 (“实际”) 的几何背景，

那么就可得到一个平常（“抽象”）的极值问题. 例如, 对于上面的例子, 若三角形的三条边长是 a,b,c, 它们的对角分别是 α,β,γ, 则 (应用正弦定理) $b=(\sin\beta/\sin\alpha)a, c=(\sin\gamma/\sin\alpha)a$, 从而三角形的面积

$$S=\frac{1}{2}bc\sin\alpha=\frac{\sin\beta\sin\gamma}{2\sin\alpha}a^2.$$

于是问题归结为在 $\beta+\gamma=\pi-\alpha,\beta,\gamma>0$ 的约束条件下求函数

$$f(\beta,\gamma)=\sin\beta\sin\gamma$$

的最大值. 这是一个关于函数 $f(\beta,\gamma)$ 的带约束条件的极值问题. 同时, 这个极值问题为原来的几何问题提供了一个“数学模型”.

几何极值问题的特征在于它的实际几何背景. 在一些情形下, 问题中的几何条件蕴含某种极值性质, 从而直接给出问题的解, 这导致问题的“几何解法”. 在多数情形下, 需要应用几何推理和计算以及其他的论证, 建立问题的“数学模型”, 借助求极值的一般性方法给出问题的解, 我们将此称作问题的“代数解法”. 当然, 有时要综合应用其他一些概念 (例如复数、向量以及坐标等) 和技巧得出问题的解, 但大体上, 初等方法不外乎“几何解法”和“代数解法”两种类型.

本书经常应用的代数类型解法的数学工具, 主要有下列几种:

(1) 算术-几何平均不等式.

(2) 二次三项式的极值性质.

(3) 有实根的一元二次方程判别式非负.

(4) 三角函数的单调性.

下面通过解例 1.1 来回顾几何极值问题的两种基本解法.

解　解法1(几何解法)　当三角形底边 $BC(=a)$ 固定, 顶角 A 大小 (α) 也固定时, 顶点 A 位于以 BC 为弦含圆周角为 α 的弓形弧上 (图 1.1) (这样的弧有两条, 关于 BC 对称, 但给出相同的三角形集合). 当 A 位于弓形弧的最高点 (即弧的中点) 时, $\triangle ABC$ 底边上的高的长度最大, 并且得到具有最大面积的三角形 (等腰三角形), 求出最大的高是 $(a/2)\cot(\alpha/2)$, 于是最大面积

$$S_{\max}=\frac{1}{2}\cdot a\cdot\frac{a}{2}\cot\frac{\alpha}{2}=\frac{a^2}{4}\cot\frac{\alpha}{2}.$$

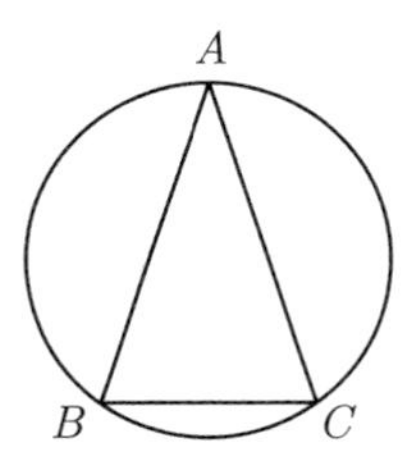

图 1.1

解法2(代数解法)　只需求函数 $f(\beta,\gamma)=\sin\beta\sin\gamma$ 在条件 $\beta+\gamma=\pi-\alpha,\beta,\gamma>0$ 下的极值. 因为

$$\begin{aligned}f(\beta,\gamma)=\sin\beta\sin\gamma&=\frac{1}{2}\big(\cos(\beta-\gamma)-\cos(\beta+\gamma)\big)\\&=\frac{1}{2}\big(\cos(\beta-\gamma)-\cos(\pi-\alpha)\big)=\frac{1}{2}\big(\cos(\beta-\gamma)+\cos\alpha\big),\end{aligned}$$

并且 α 是定值, 所以当 $\cos(\beta-\gamma)=1$ 时, 得到

$$f_{\max}=\frac{1+\cos\alpha}{2}=\cos^2\frac{\alpha}{2},$$

于是当 $\beta=\gamma$ 时, 即在等腰三角形的情形下面积最大, 并且

$$S_{\max}=\frac{f_{\max}}{2\sin\alpha}a^2=\frac{a^2}{4}\cot\frac{\alpha}{2}.$$

□

下面给出一个立体几何极值问题.

例 1.2 设直线 a 在平面 α 上, 直线 b 垂直于平面 α, 垂足 T_0 不在直线 a 上; 还设 M,N 是直线 a 上的两个定点, $\triangle T_0MN$ 是锐角三角形. 设 T 是直线 b 上的任意点, 求 $\angle MTN$ 的最大值.

解 解法1(几何解法) 如图 1.2 所示, 设 T 是直线 b 上任意一个与 T_0 互异的点. 我们得到 $\triangle T_0MN$ 和 $\triangle TMN$ (前者在平面 α 上, 后者除边 MN 外, 在平面 α 之外). 作 $\triangle T_0MN$ 的高 T_0H, 点 H 是垂足. 因为 $\triangle T_0MN$ 是锐角三角形, 所以 H 在线段 MN 上. 连接 TH. 由三垂线定理可知 TH 是 $\triangle TMN$ 的高. 由 $\triangle T_0TH$ 是直角三角形可知 $TH > T_0H$.

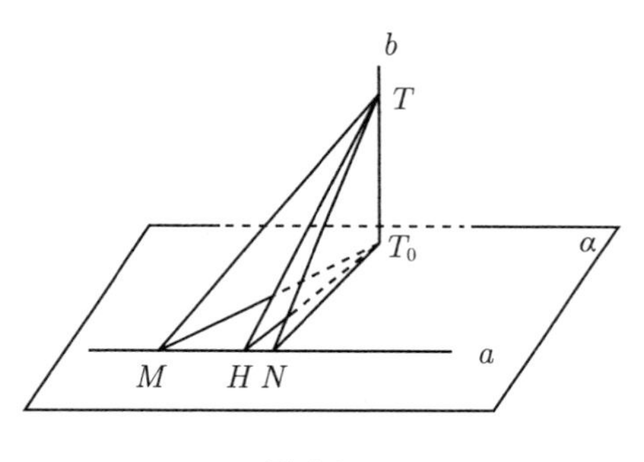

图 1.2

在 $\triangle TMN$ 所在平面上, 在 TH 上取点 T_0' 使得 $HT_0' = HT_0$(图 1.3). 那么 $\triangle T_0'MN \cong \triangle T_0MN$, 从而 $\angle MTN < \angle MT_0'N = \angle MT_0N$. 因为 T 是直线 b 上的任意异于 T_0 的点, 所以 $\angle MT_0N$ 是所求的最大角.

解法 2(代数解法) 如图 1.2 所示, 设 $MH = t, TH = h, T_0H = h_0$, 那么

$$\tan\angle MTH = \frac{t}{h}, \quad \tan\angle MT_0H = \frac{t}{h_0}.$$

因为 $h > h_0$, 所以 $\tan\angle MTH < \tan\angle MT_0H$. 注意 $\angle MTH \in (0, \pi/2)$, 由正切函数的单调性推出 $\angle MTH < \angle MT_0H$. 类似地, $\angle NTH < \angle NT_0H$. 因此 $\angle MTN < \angle MT_0N$. 因为 T 是直线 b 上任意异于 T_0 的点, 所以 $\angle MT_0N$ 是所求的最大角. □

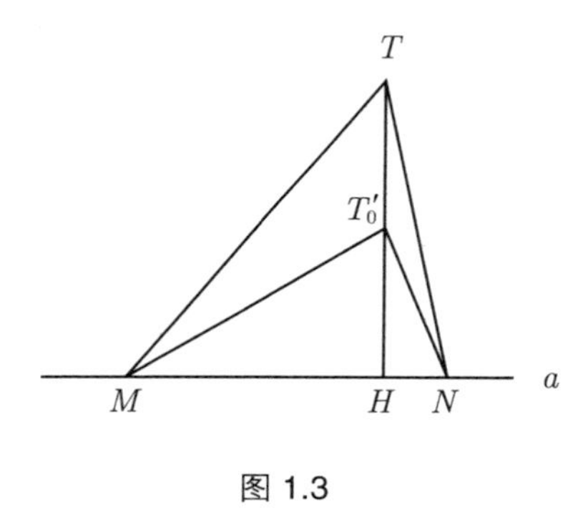

图 1.3

注 1 由上面的解法 1 可知, 当顶点 T 在直线 b 上变动时, 在得到的 $\triangle TMN$ 中, $\triangle T_0MN$ 面积最小. 当然, 这也可由第 3 章例 3.1 的推论得到. 此外, 若 $\triangle TMN$ 所在的平面与平面 α 的夹角是 θ, 那么 $\triangle T_0MN$ 是 $\triangle TMN$ 在平面 α 上的 (正) 投影, 并且 $T_0H = TH\cos\theta$, 从而 $\triangle T_0MN$ 的面积 (S_0) 与 $\triangle TMN$ 的面积 (S) 之间有关系式 $S_0 = S\cos\theta$.

一般地 (应用极限方法), 可以证明 (图 1.4): 若平面 α 与 α_0 间的夹角是 $\theta(\theta < \pi/2)$, 平面 α 上的图形 D 的面积是 S, 并且它在平面 α_0 上的 (正) 投影 D_0 的面积是 S_0, 那么 $S_0 = S\cos\theta$.

下面给出一个简单的例子, 它可用几乎所有常见的方法来解.

例 1.3 证明: 内接于已知圆的矩形中以正方形面积最大.

证明 只考虑初等方法. 设圆的直径是 d, 在证法 2~5 中用 x 表示矩形的一条边长.

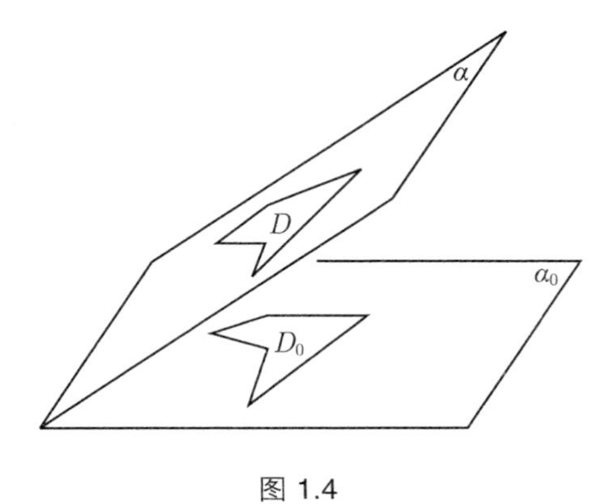

图 1.4

证法 1 因为若圆周角为直角, 则所对弦为圆的直径, 所以矩形被它的一条对角线分为两个全等的直角三角形. 由例 1.1 可知, 顶角大小和底边长度固定的三角形中以等腰三角形面积最大. 因此当矩形两邻边相等, 即它为正方形时, 面积最大. 易知最大面积等于 $2\cdot d(d/2)/2=d^2/2$.

证法 2 如证法 1 所证, 矩形的每条对角线是圆的一条直径, 所以矩形面积 $S=x\sqrt{d^2-x^2}$(图 1.5). 因为

$$S^2=x^2(d^2-x^2)=\frac{d^2}{4}-\left(\frac{d^2}{2}-x^2\right)^2,$$

所以当 $d^2/2-x^2=0$, 即 $x=(\sqrt{2}/2)d$ 时, 也就是矩形邻边相等时, S^2 最大, 从而 S 最大.

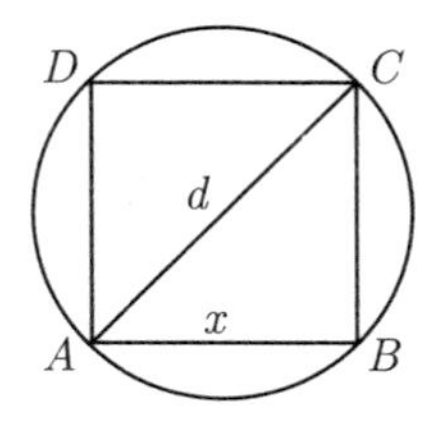

图 1.5

证法 3　因为 d^2, d^2-x^2 非负, 由证法 2 及算术-几何平均不等式得到

$$S^2 = x^2(d^2-x^2) \leqslant \left(\frac{x^2+(d^2-x^2)}{2}\right)^2 = \frac{d^4}{4},$$

并且当且仅当 $x^2 = d^2-x^2$ 时等式成立, 由此推出当 $x = (\sqrt{2}/2)d$, 即矩形成为正方形时, 面积最大.

证法 4　由证法 2 可知 $S^2 = -x^4 + d^2x^2$. 令 $x^2 = u$, 则 $S^2 = -u^2 + d^2u$. 然后应用求二次函数 $f(u) = -u^2 + d^2u$ 极值的方法 (请读者补出计算细节).

证法 5　由证法 2 可知 $S^2 = -x^4 + d^2x^2$. 于是 $x^2 = u$ 满足二次方程

$$u^2 - d^2u + S^2 = 0.$$

因为方程有实根, 所以判别式 $(-d^2)^2 - 4S^2 \geqslant 0$, 于是 $0 < S \leqslant d^2/2$, 从而 $S_{\max} = d^2/2$; 将此 S 值代入原方程解出 $u = d^2/2$, 于是 $x = (\sqrt{2}/2)d$, 可见此时矩形为正方形.

证法 6　设矩形一条边与一条对角线的夹角为 θ, 则矩形面积 $S = (d\cos\theta)(d\sin\theta) = (d^2/2)\sin 2\theta$, 其中 $2\theta \in (0, \pi)$. 当 $2\theta = \pi/2$ 时, 函数 $\sin 2\theta$ 取最大值, 从而矩形为正方形.

证法 7　已知任意四边形的面积等于其两条对角线之长 (e 和 f) 与它们的夹角 (ϕ) 的正弦的乘积之半. 它的证明如下: 四边形被它的两条对角线分成四个互不重叠的三角形. 设对角线交点分别将两条对角线分为长是 e_1, e_2 和 f_1, f_2 的两条线段, 其中 $e_1 + e_2 = e, f_1 + f_2 = f$. 四个三角形的面积分别等于

$$\frac{1}{2}e_1f_1\sin\phi, \quad \frac{1}{2}e_2f_1\sin(\pi-\phi), \quad \frac{1}{2}e_2f_2\sin\phi, \quad \frac{1}{2}e_1f_2\sin(\pi-\phi).$$

将它们相加即得公式.

另一种证明方法: 过四边形每条对角线的两个端点作另一条对角线的平行线, 形成一个平行四边形, 其面积等于四边形面积的两倍. 然后应用平行四边形面积公式.

应用上述公式, 可知矩形面积

$$S=\frac{1}{2}d^2\sin\phi.$$

可见当 $\phi=\pi/2$, 即对角线互相垂直 (即矩形成为正方形) 时, S 最大.

证法 8　建立直角坐标系 (图 1.6), 圆心 O 为原点, 矩形两边长为 x,y. 那么问题是在约束条件

$$x^2+y^2=d^2,\quad x,y>0$$

下求 $S=xy$ 的极值. 约束条件是点 (x,y) 属于第一象限中半径为 $d/2$ 的圆弧. 当 $S>0$ 变化时, 给出一族双曲线 (因为 $x,y>0$, 所以只取双曲线位于第一象限中的那个分支). 圆弧和双曲线关于第一和

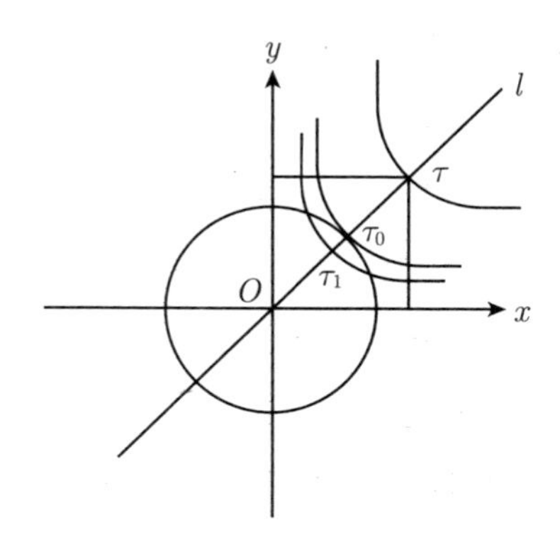

图 1.6

第三象限角平分线 l 对称. 设 τ 是 l 与某条双曲线 $xy=S$(第一象限中的那个分支) 的交点, 那么它的坐标是 $(\sqrt{S},\sqrt{S})$, 此点与它在两坐标轴上的投影以及点 O 是一个正方形 (称伴随正方形) 的四个顶点, 这个正方形的面积恰等于 S. 双曲线上任一点的两坐标之积都等于伴随正方形的面积. 因此为求 S 的最大值, 只需考虑在约束条件下伴随正方形的面积何时最大.

当点 τ 沿 l 向 O 接近时, 伴随正方形面积单调递减. 当它达到上述圆弧时, 即位于 τ_0 位置, 双曲线与圆弧相切, 记相应的伴随正方形面积为 S_0. 当点 τ 继续向 O 接近时, 其位置 τ_1 位于圆弧在第一象限中形成的扇形中 (此时双曲线与圆弧相交), 伴随正方形面积显然小于 S_0. 因此 τ_0 给出 S 的最大值, 可见双曲线与圆弧相切时给出约束条件下目标函数的最大值.

因为 τ_0 的坐标是 $(\sqrt{S_0},\sqrt{S_0})$, 它也在圆弧上, 所以满足圆弧方程, 即得

$$(\sqrt{S_0})^2+(\sqrt{S_0})^2=d^2,$$

由此解得 $S_0=d^2/2$. 或者, 因为切点 (x,y) 满足方程

$$x^2+y^2=d^2,\quad xy=S,$$

将 $y=S/x$ 代入第一个方程, 得到

$$x^4-d^2x^2+S^2=0,$$

即

$$(x^2)^2-d^2(x^2)+S^2=0.$$

曲线相切等价于上述方程有等根, 即判别式 $(-d^2)^2-4S^2=0$, 由此也可推出所要的结论.

证法 9 建立直角坐标系, 圆心 O 为原点, 矩形一条对角线为 x 轴 (图 1.7). 那么顶点 A 和 C 的坐标分别为 $(d/2,0)$ 和 $(-d/2,0)$, 顶点 B 和 D 的坐标分别为 (x,y) 和 $(-x,-y)$. 因为 $\triangle ABC$ 的面积等于 $y\cdot AC/2=dy/2$, 所以矩形面积 $S=dy$. 注意 $x^2+y^2=(d/2)^2$, 则有

$$S=d\sqrt{\frac{d^2}{4}-x^2},$$

其中 $|x|<d/2,0<y\leqslant d/2$. 因为 S 是 x 的减函数, 所以当 $x=0$ 时, S 最大.

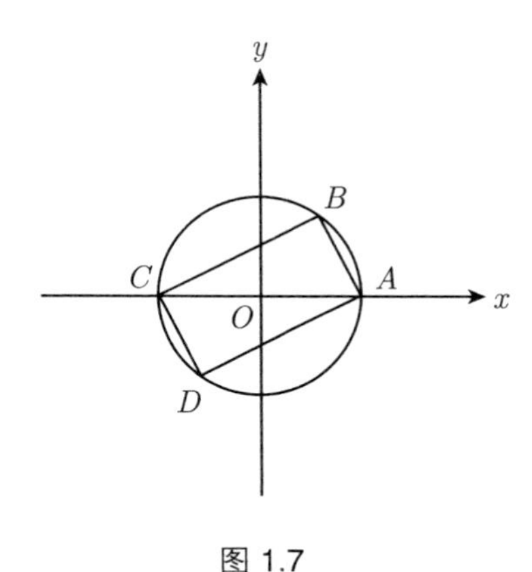

图 1.7

证法 10 应用复数. 坐标系同证法 9(图 1.7). 顶点 A,B 的复数表示分别是

$$z_1=r,\quad z_2=re^{\mathrm{i}\alpha},$$

顶点 A,C 以及 B,D 分别关于 O 中心对称, 所以顶点 C,D 的复数表示分别是

$$z_3=-r,\quad z_4=-re^{\mathrm{i}\alpha},$$

其中辐角 $\alpha \in (0, \pi)$. 矩形面积可表示为

$$\begin{aligned} S &= AB \cdot AD = |z_2 - z_1| \cdot |z_4 - z_1| = |r\mathrm{e}^{\mathrm{i}\alpha} - r||-r\mathrm{e}^{\mathrm{i}\alpha} - r| \\ &= r^2|\mathrm{e}^{\mathrm{i}2\alpha}| = r^2|\cos 2\alpha + \mathrm{i}\ \sin 2\alpha - 1| \\ &= r^2\sqrt{(\cos 2\alpha - 1)^2 + \sin^2 2\alpha} = \frac{1}{2}d^2 \sin\alpha. \end{aligned}$$

由此可推出所要的结论. □

注 2 上述证法 8 应用了一个常用的极值问题解题原则, 对此请参见《极值问题的初等解法》第 6 节, 以及该书例 9.11 的解法 1. 不同之处是那里考虑的是一次函数 (平行直线族), 这里讨论了二次函数 (双曲线族). 特别地, 在此引入伴随正方形是为了便于直观理解.

在后文中, 将给出更多类型的几何极值问题和解法技巧.

1.2 某些术语和符号的约定

正圆锥体 (也称直圆锥体) 简称圆锥. 直圆柱体简称圆柱. 本书不涉及斜圆锥和斜圆柱.

若无特别说明, 符号 $S(\cdots)$ 表示括号内平面图形的面积, 例如 $S(\triangle\cdots)$ 表示三角形的面积.

练习题 1

1.1 求底边长度和顶角大小为定值的周长最大的三角形.

1.2 求底边与其上的高之和为定值并且一个底角大小也为定

值的面积最大的三角形.

1.3 求两边长度为定值的面积最大的三角形.

1.4 用例 1.3 证法 8 的方法证明: 两个和为定值的正数当它们相等时乘积最大.

1.5 (1) 用几何方法证明: 设 x,y 是两个正数, $x^2+y^2=k^2(k>0)$ 是一个定值, 则当 $x=y$ 时 $x+y$ 取得最大值 (等于 $\sqrt{2}k$).

(2) 设直角三角形的斜边长为定值 c, 求其周长的最大值.

(3) 设直角三角形的周长为定值, 求斜边长的最小值.

1.6 已知 $\angle A=\theta\in(0,\pi)$, 点 B,C 分别在其两边上移动 (不与 A 重合), 始终保持 $BC=1$. 分别求 $AB+AC$ 和 $AB\cdot AC$ 的最大值.

1.7 (1) 求半径为 r 的圆的内接三角形面积的最大值.

(2) 求半径为 r 的圆的内接四边形面积的最大值.

1.8 空间中一条直线与它在一个 (不含该直线的) 平面上的 (正) 投影之间的夹角称作这条直线与此平面的夹角 (一般取锐角, 二者平行或垂直时约定夹角为 0). 设 α-l-β 是一个二面角, O 是棱 l 上的任意一个定点, 在面 α 上从 O 出发作射线, 何时它与面 β 之间的夹角最大? 并证明结论.

1.9 过圆锥的顶点作圆锥的截面, 当圆锥的高与截面之间的夹角为何值时, 截面的周长最大? 并证明结论.

1.10 过球内一点 (非球心) 作平面使得截面面积最小.

2 平面几何极值问题

在本章中, 首先回顾某些与平面极值问题有关的图形极值性质和定值性质以及 (平面) 轨迹, 然后给出几种类型极值问题的例子.

2.1 平面图形的极值性质、定值性质和轨迹

2.1.1 极值性质

举例如下:

(1) 两点间的连线以连接它们的线段为最短.

(2) 直线外一点与直线上各点间的距离, 不小于由这点所作直线的垂线段之长.

(3) 分别位于两条互相平行的直线上的两点之间的距离, 不小于两平行线间的距离.

(4) 在圆中, 直径是最长的弦.

(5) 在椭圆上的各点中, 以纵轴与椭圆的交点与横轴的距离最大 (对于与纵轴的距离, 情形类似).

2.1.2 常见的平面图形的“定值性质”

(1) 若两直线平行, 则其中任何一条直线上所有点与另一条直线的距离是定值.

(2) 过圆内一定点作弦, 被定点所分两线段之积是定值.

(3) 圆的固定弓形弧所含圆周角的大小是定值; 也就是说, 弓形弧上任一点对弓形弦的视角是定值.

(4) 椭圆上任一点与两个焦点距离之和是定值.

2.1.3 轨迹

由 (平面上) 所有具有性质 $\mathscr{P}$ 的点组成的集合称作具有性质 $\mathscr{P}$ 的点的 (平面) 轨迹; 它也可定义为 (平面上) 具有性质 $\mathscr{P}$ 的动点运动所形成的轨道 (平面图形). 为确认某个 (平面) 图形是具有性质 $\mathscr{P}$ 的点的轨迹, 必须证明这个图形上的任一点具有性质 $\mathscr{P}$, 并且任一个具有性质 $\mathscr{P}$ 的点都在这个图形上.

常见的平面轨迹, 举例如下:

(1) 与一个定点的距离保持定长的点的轨迹是以定点为圆心、定长为半径的圆 (周).

(2) 与两个定点的距离保持相等的点的轨迹是连接两定点所得线段的垂直平分线.

(3) 与两条相交定直线的距离保持相等的点的轨迹是两条定直线形成的两组对顶角的 (两条) 角平分线 (图 2.1).

(4) 与一条定直线的距离保持定长的点的轨迹是两条与定直线

平行的直线, 它们分列于定直线两侧, 并且与定直线的距离等于定长 (简称"双轨平行线", 见图 2.2).

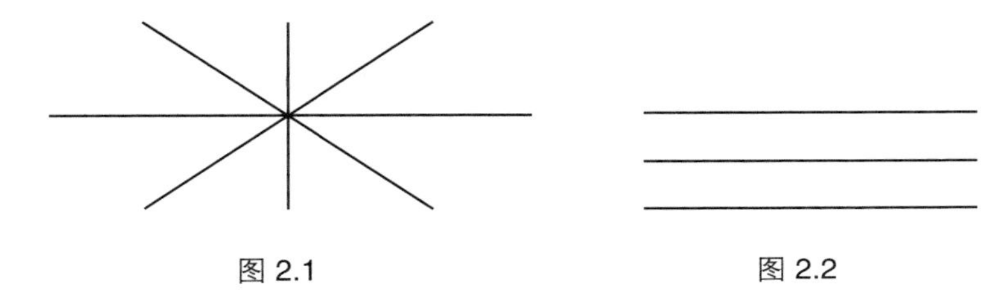

图 2.1　　图 2.2

(5) 与两条互相平行的定直线的距离保持相等的点的轨迹是一条与定直线平行的直线, 它位于两条定直线形成的带形中, 并且分别与定直线组成的两组平行线间的距离相等 (简称"正中平行线", 见图 2.3).

(6) 对于一条定线段的视角是定值的点的轨迹是两条以定线段为弦的弓形弧, 它们关于定线段所在直线对称, 所含的圆周角等于定值 (简称"双弓形弧", 见图 2.4).

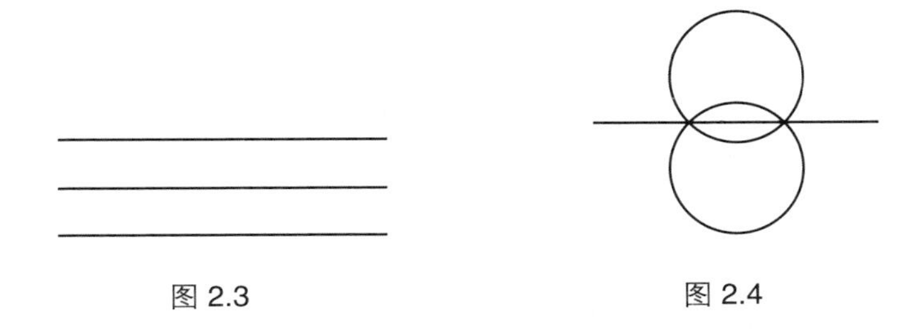

图 2.3　　图 2.4

(7) 与两个定点的距离之和是定长的点的轨迹是一个椭圆, 其焦点是两个定点, 长轴等于定长 $2a$, 短轴等于 $2b = 2\sqrt{a^2 - c^2}$(其中 c 是焦距, 即两定点间距离的 1/2).

注 1　以点 P 为顶点、两边经过 A, B 的 $\angle APB$ 称为点 P 对于线段 AB 的视角. 如图 2.5 所示, 位于弓形内部的点对于弓形弦

AB 的视角大于弓形弧所含圆周角, 位于弓形外部 (与弓形弧同在直线 e 的一侧) 的点对于弓形弦 AB 的视角小于弓形弧所含圆周角. 特别地, 若直线 a 与弓形弧切于点 M, 那么对于 a 上任何其他点 M', 都有 $\angle AMB > AM'B$.

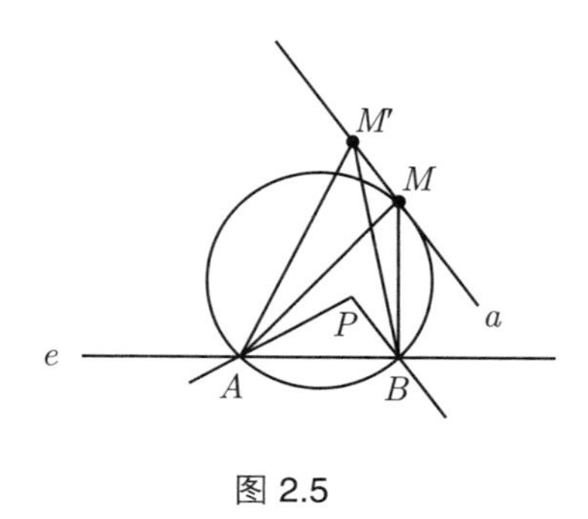

图 2.5

注 2 椭圆内部的点与两焦点距离之和小于长轴, 椭圆外部的点与两焦点距离之和大于长轴.

在解几何极值问题时, 经常应用上面 2.1.1~2.1.3 小节中的事实. 例如, 例 1.1 的解法 1 及练习题 1.1 的解法 2 应用了轨迹 (6), 练习题 1.3 的解法 1 应用了轨迹 (1). 后文中将会看到它们的其他应用. 特别地, 在几何解法中, 要着重发现或构造具有极值性质的几何元素, 例如, 从具有定值性质的元素中或具有特殊性质的点的轨迹中寻找具有极值性质的几何元素.

2.2 与视角有关的一些平面极值问题

例 2.1 给定一个由 $\odot O$ 的弧 MsN 和弦 MN 组成的弓形,

A,B 是弦 MN 上的两个定点. 求圆弧 MsN 上对于线段 AB 的视角最大的点.

解 过点 A,B 作圆与给定的 $\odot O$ 相内切 (因为点 A,B 在 $\odot O$ 内, 所以这样的圆存在), 那么切点 P 就是所求的点 (图 2.6). 事实上, 若 J 是弧 MsN 上任意异于 P 的点, 连接 JA 和 JB, 并设 JA 与所作圆交于 I, 那么由圆周角定理可知 $\angle AIB = \angle P$, 由三角形外角性质可知 $\angle J < \angle AIB$, 因此 $\angle J < \angle P$. 注意 J 是任取的, 所以点 P 具有所要的性质. □

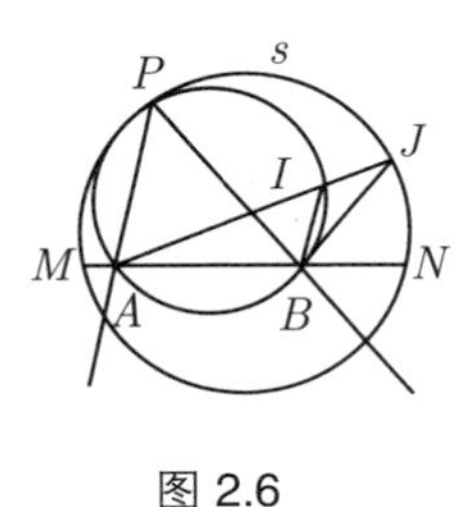

图 2.6

例 2.2 设 A,B 是 $\odot O$ 内两个定点. 求圆 (周) 上对于线段 AB 的视角最大的点.

解 过点 A,B 作圆与给定圆相 (内) 切. 因为过点 A,B 的圆的中心都在 AB 的垂直平分线上, 点 A 和 B 都在 $\odot O$ 内部, 所以过点 A,B 的圆或内含于 $\odot O$, 或与 $\odot O$ 内切, 或与 $\odot O$ 相交. 可见上述的圆有两个 (图 2.7), 记为 $\odot S_1, \odot S_2$. 设 $\odot S_1$ 和 $\odot S_2$ 与 $\odot O$ 的切点分别是 P 和 P'. 分别记 P,P' 对于 AB 的视角为 θ,θ'. 经过点 A,B 的直线将 $\odot O$(指圆周) 分为两部分. 由例 2.1 可知, 对于含点 P 的部分, 其上任何一点对于 AB 的视角不超过 θ; 对于含点 P' 的部分, 其上任何一点对于 AB 的视角不超过 θ'. 因此, 所求的最大视

角 $\theta_0 = \max\{\theta, \theta'\}$.

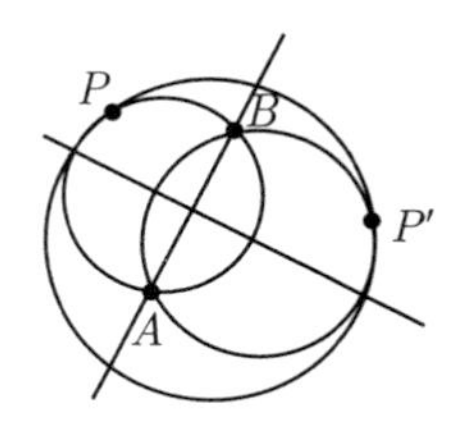

图 2.7

不妨设上述 $\odot S_1, \odot S_2$ 中 $\odot S_1$ 较小 (即半径较小), 它与 $\odot O$ 的切点 P 给出视角 θ. 因为此两圆圆心都在 AB 的垂直平分线上, 所以若以直线 AB 为对称轴, 较大圆 $\odot S_2$ 中由 AB 和弧 $AP'B$ 组成的弓形的对称像必将包含较小圆 $\odot S_1$ 的由 AB 和弧 APB 组成的弓形. 由此可见 $\theta' < \theta$.(或者: 在以两圆圆心 S_1, S_2 以及点 A 为顶点的三角形中, 由圆周角和圆心角的关系可知 $\angle S_1 = \theta, \angle S_2 = \theta'$. 因为 AS_1 和 AS_2 分别是小圆和大圆的半径, 所以 $AS_1 < AS_2$ 蕴含 $\angle S_2 < \angle S_1$, 即 $\theta' < \theta$.) 于是 $\theta_0 = \theta$, 即给出最大视角的点由较小圆与 $\odot O$ 的切点确定. 注意总有 $\theta_0 \in (0, \pi)$. □

注 为进一步了解最大视角 $\theta_0 \in (0, \pi)$ 的大小, 考虑以 AB 为直径的 $\odot K$(图 2.8), 它与 $\odot O$ 的位置关系有三种情形.

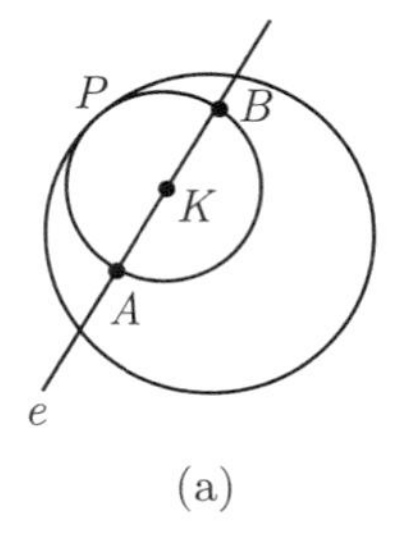

(a)

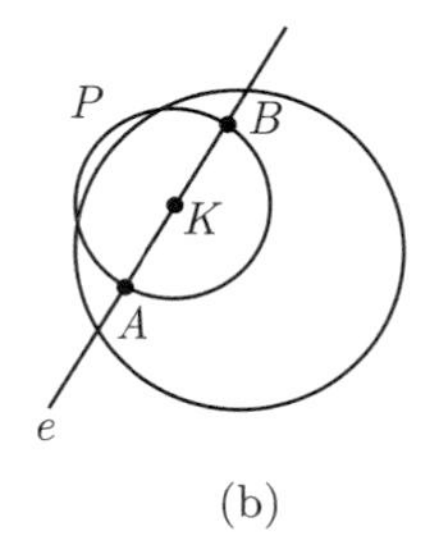

(b)

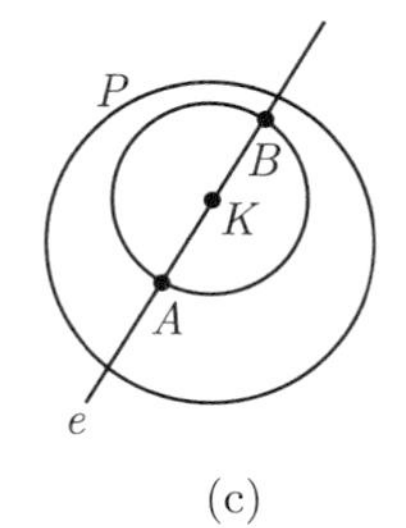

(c)

图 2.8

若此圆与 $\odot O$ 内切 (图 2.8(a)), 则切点 P 对于 AB 的视角为 $\pi/2$, 容易验证 $\odot O$ 上除 P 以外的点对于 AB 的视角都小于 $\pi/2$, 于是 ($\odot O$ 上的点对于 AB 的) 最大视角 $\theta_0=\pi/2$.

若此圆与 $\odot O$ 相交 (图 2.8(b)), 则两个交点对于 AB 的视角等于 $\pi/2$, 并且容易验证 $\odot O$ 中介于两个交点间的弧上任何一点对于 AB 的视角大于 $\pi/2$, $\odot O$ 上其他的点对于 AB 的视角都小于 $\pi/2$. 于是给出最大视角的点 P 落在这条弧上, 并且 θ_0 是钝角. 注意, 在此情形下, $\odot O$ 上有两个对于 AB 的视角是直角的点.

若此圆与 $\odot O$ 相离, 即它内含于 $\odot O$(图 2.8(c)), 那么 $\odot O$ 上任何一点对于 AB 的视角都是锐角 (含度数 0), 于是最大视角 θ_0 是锐角.

2.3 与弦长有关的一些极值问题

例 2.3 设 P 是 $\odot O$ 中的一个定点. 求圆的经过点 P 的弦的长度的最大值和最小值.

解 解法1 显然过点 P 的直径是最长弦. 过点 P 作垂直于 OP 的弦 AB, 以及另一条任意弦 CD(图 2.9). 过点 O 作 $OQ\perp CD$(点 Q 是垂足). 那么 $AB=2\sqrt{r^2-OP^2}, CD=2\sqrt{r^2-OQ^2}$ (其中 r 是圆的半径). 由直角三角形 OPQ 可知 $OP>OQ$, 所以 $AB<CD$. 因为 CD 是任意的, 所以 AB 是最短弦. 特别地, 当 $OQ=0$, 即 O,Q 重合时 (从而 CD 是经过点 P 的直径), $CD=2r$, 得到最长弦 (直径).

解法 2　过点 P 作直径 MN 和另外任意一条弦 AB(图 2.10). 那么直径 MN 是过点 P 的最长弦, 并且 $PM\cdot PN$ 是定值 (因为 P 是定点). 设 R 是 AB 的中点. 令圆的半径等于 $r, OP=a$(定值). 记 $AB=2l$, 那么由 $PM\cdot PN=AP\cdot PB=(AR-PR)(PR+RB)$ 可得到

$$(r+a)(r-a)=(l-PR)(l+PR),$$

于是

$$l^2=r^2-a^2+PR^2.$$

当 $PR=0$, 即点 P,R 重合时 (于是 P 是 AB 的中点, 从而 AB 与 OP 垂直), l^2 最小, $AB=2l$ 也最小.

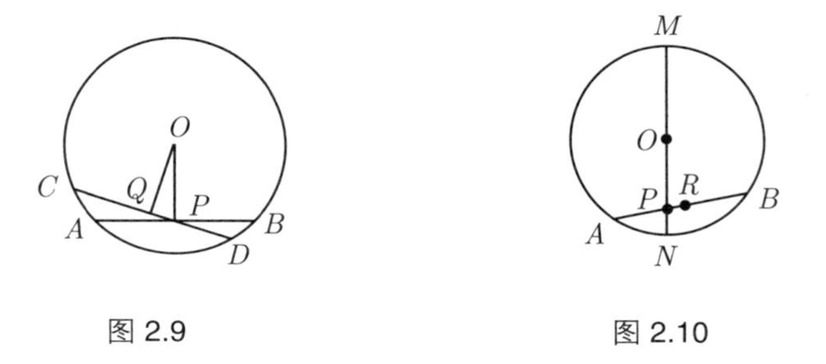

图 2.9　　　图 2.10

解法 3　由解法 2(图 2.10) 可知 $AP\cdot PB=PM\cdot PN=r^2-a^2$ 是定值, 由算术-几何平均不等式, 当 $AP=PB$ 时, AP 与 PB 之和 $AP+BP=AB$ 最小, 即当 P 是 AB 的中点, 也就是 $AB\perp OP$ 时, AB 最小. □

例 2.4　设 A,B 是 $\odot O$ 内两个定点. 求圆 (周) 上的点 K, 使得 $\angle AKB$ 的两边与 $\odot O$ 的交点形成的圆的弦 MN 最长.

解　设圆的半径是 R, 例 2.2 中得到的圆上对 AB 视角最大的点是 P, 最大视角是 θ_0. 所求最大弦长 MN 记为 l_0.

如果 θ_0 是锐角, 那么由图 2.11(a)(其中 MQ 是圆的直径) 可知 $l_0 = MN = 2R\sin Q = 2R\sin\theta_0$. 此时取点 P 作为点 K.

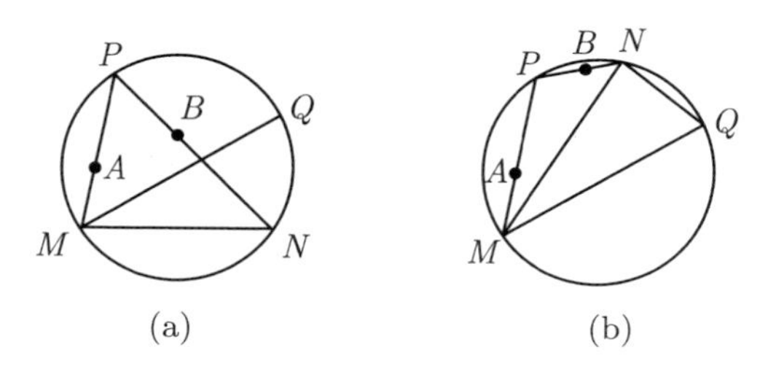

图 2.11

如果 $\theta_0 = \pi/2$, 那么显然 MN 是圆的直径, 因此 $l_0 = 2R$. 此时也取点 P 作为点 K.

如果 θ_0 是钝角, 那么由图 2.11(b)(其中 MQ 是圆的直径) 可知 $MN = 2R\sin Q = 2R\sin(2\pi - \theta_0) = 2R\sin\theta_0 < 2R$. 但由例 2.2 的注可知, 此时圆上存在两点 (记作 K_1, K_2), 它们对于 AB 的视角是直角, 从而对应的弦长为 $2R > 2R\sin\theta_0$. 因此此时不能取点 P 作为点 K, 而是存在两点 K_1, K_2 使得 $l_0 = 2R$. □

例 2.5 给定两个同心圆, 公共中心是 O. 设 P 是小圆内的一个定点 (异于点 O). 求过点 P 作直线被圆环截得的线段的最大值.

解 易见过点 P 所作直线被圆环截得的两条线段相等.

解法 1 设大圆半径为 r_1, 小圆半径为 r_2. 过点 P 作大圆的两条弦 AB 和 TS(图 2.12), 其中 $AB \perp OP$, 则 P 是 AB 的中点. 设 Q 是 TS 的中点. 那么 AB 被同心圆截得的线段之长

$$
\begin{aligned}
l_1 &= \sqrt{r_1^2 - OP^2} - \sqrt{r_2^2 - OP^2} \\
&= \frac{(\sqrt{r_1^2 - OP^2} - \sqrt{r_2^2 - OP^2})(\sqrt{r_1^2 - OP^2} + \sqrt{r_2^2 - OP^2})}{\sqrt{r_1^2 - OP^2} + \sqrt{r_2^2 - OP^2}}
\end{aligned}
$$

$$= \frac{r_1^2 - r_2^2}{\sqrt{r_1^2 - OP^2} + \sqrt{r_2^2 - OP^2}}.$$

类似地, TS 被同心圆截得的线段之长

$$l_2 = \sqrt{r_1^2 - OQ^2} - \sqrt{r_2^2 - OQ^2} = \frac{r_1^2 - r_2^2}{\sqrt{r_1^2 - OQ^2} + \sqrt{r_2^2 - OQ^2}}.$$

因为 OP 是直角三角形 OPQ 的斜边, 所以 $OP > OQ$, 于是

$$\sqrt{r_1^2 - OP^2} + \sqrt{r_2^2 - OP^2} < \sqrt{r_1^2 - OQ^2} + \sqrt{r_2^2 - OQ^2},$$

注意 $r_1^2 - r_2^2 > 0$, 即得 $l_1 > l_2$. 因此, 当过点 P 作直线与 OP 垂直时, 被圆环截得的线段最长.

解法2 过点 P 作大圆的弦 TS, 被小圆截得弦 UV(图 2.13). 那么由相交弦定理可知 (对于大圆)$TP \cdot PS$ 是定值 (记为 c_1, 易见 $c_1 = r_1^2 - OP^2$), (对于小圆)$UP \cdot PV$ 是定值 (记为 c_2, 易见 $c_2 = r_2^2 - OP^2$). 还令 $TU = VS = y$. 于是

$$\begin{aligned}
c_1 &= TP \cdot PS = (TU + UP)(PV + VS) \\
&= TU(PV + VS) + UP \cdot PV + UP \cdot VS \\
&= y(PV + VS) + UP \cdot PV + UP \cdot y \\
&= y(PV + VS + UP) + UP \cdot PV \\
&= y(y + PV + UP) + c_2.
\end{aligned}$$

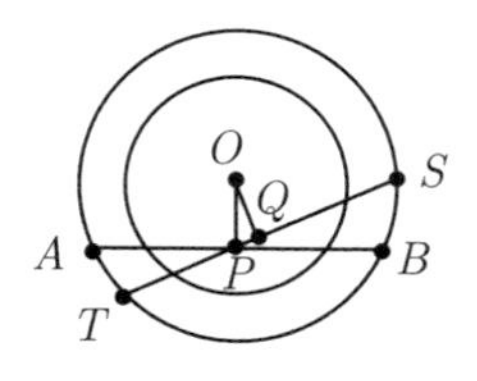

图 2.12

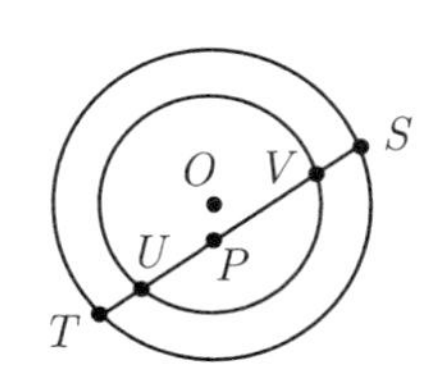

图 2.13

由此可知

$$y(y+UV)=c_1-c_2=r_1^2-r_2^2\triangleq c>0$$

是定值. 由此得到

$$UV=\frac{c}{y}-y\quad (y>0,c>0).$$

上式右边是 y 的单调减函数, 因此当且仅当 UV 最小时, y 最大. 依例 2.3, 当过点 P 的直线与 OP 垂直时被圆环截得的线段最长. □

例 2.6 两定圆 $\odot O,\odot P$ 相交于点 A,B, 求过点 A 所作直线被两圆截得的线段的最大值.

解 所作直线与每个圆都有两个交点, A 是其中之一. 因为要求最大值, 所以图 2.14 中的线段 MN(与两圆的另一交点在 A 同侧) 应予排除, 只需考虑图 2.15 的情形 (与两圆的另一交点在 A 两侧).

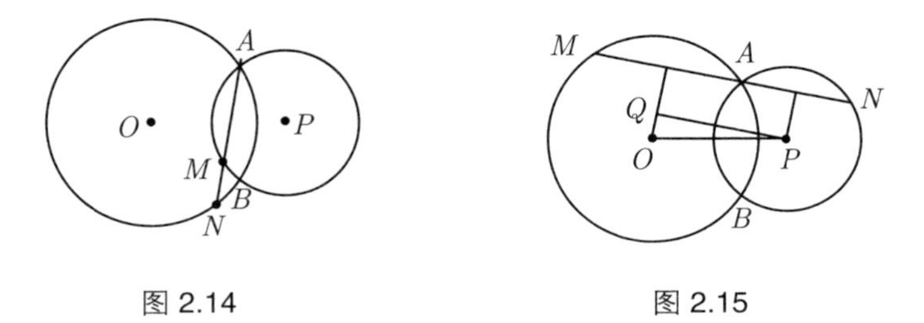

图 2.14　　图 2.15

解法 1 过点 A 作两圆的截线 MN, 过点 O,P 分别作 MN 的垂线, 过点 P 作 PQ 平行于 MN(图 2.15). 那么

$$MN=2PQ=2PO\cos\theta,$$

其中 $\theta=\angle OPQ$(MN 与连心线 OP 的夹角). 因为 $\theta\in[0,\pi/2)$, 所以当 $\theta=0$, 即截线 MN 与连心线 OP 平行时, 截线 MN 的长度

最大.

解法2 过点 A 作两圆的截线 MN 与 AB 垂直, 并且任作另一条截线 $M'N'$(图 2.16). 由圆周角定理可知 $\triangle BMN$ 与 $\triangle BM'N'$ 相似, 所以

$$\frac{MN}{M'N'}=\frac{MB}{M'B}.$$

因为 $\angle MAB$ 是直角, 所以 BM 是 $\odot O$ 的直径, 若 $M'N'$ 不与 AB 垂直, 则 $BM'<BM$, 从而 $M'N'<MN$. 于是当截线 MN 与 AB 垂直, 也就是与连心线 OP 平行时, 截线 MN 取得最大值.

解法3 过点 A 作两圆的任意截线 MN, 连接 MB,NB(图 2.17). 那么 $\angle M=\alpha,\angle N=\beta$ 都是定值. 记 $\angle BAN=\phi$. 依正弦定理, 由 $\triangle ABN$ 得到

$$\frac{AN}{\sin(\pi-\beta-\phi)}=\frac{AB}{\sin\beta},$$

所以

$$AN=\frac{\sin(\pi-\beta-\phi)}{\sin\beta}AB=\frac{\sin(\beta+\phi)}{\sin\beta}AB.$$

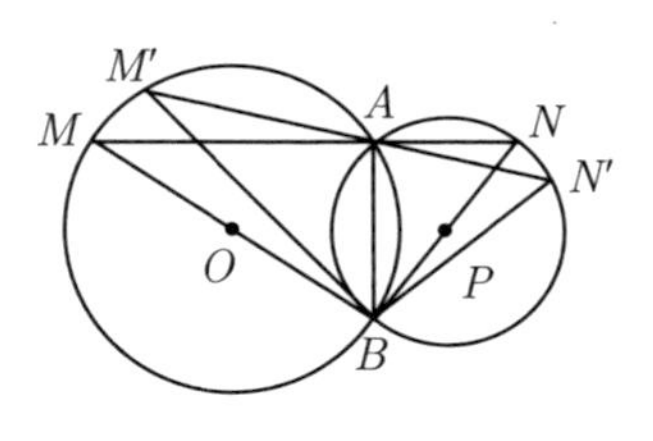

图 2.16

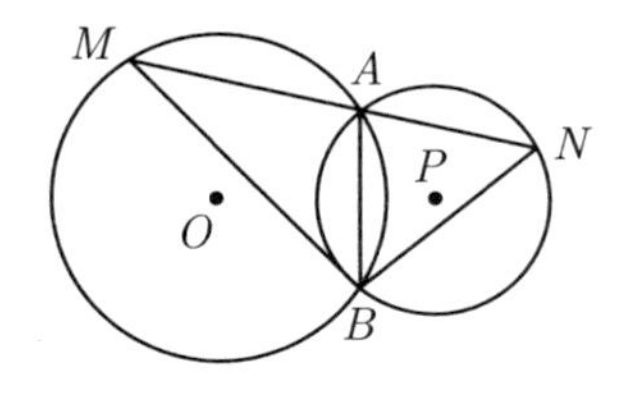

图 2.17

类似地, 由 $\triangle ABM$ 得到

$$AM=\frac{\sin(\pi-\alpha-\pi+\phi)}{\sin\alpha}AB=\frac{\sin(\phi-\alpha)}{\sin\alpha}AB.$$

于是

$$
\begin{aligned}
MN = MA + AN &= \left(\frac{\sin(\beta+\phi)}{\sin\beta} + \frac{\sin(\phi-\alpha)}{\sin\alpha}\right)AB \\
&= \left(\frac{\sin\beta\cos\phi+\cos\beta\sin\phi}{\sin\beta} + \frac{\sin\phi\cos\alpha-\cos\phi\sin\alpha}{\sin\alpha}\right)AB \\
&= (\cot\beta\sin\phi+\cot\alpha\sin\phi)AB \\
&= (\cot\beta+\cot\alpha)(\sin\phi)AB.
\end{aligned}
$$

因为 α,β 是定值, 所以当 $\phi=\pi/2$, 即截线 MN 与 AB 垂直 (也就是 MN 与连心线 OP 平行) 时, 其长度最大. □

2.4 关于三角形的面积、周长和边长等的极值问题

例 2.7 求周长固定的面积最大的三角形.

解 这个问题意味着要求在由周长为常数 l 的三角形组成的集合中找出一个成员 (即三角形), 使得它的面积最大.

解法 1 用 a,b,c 表示三角形的三条边长, 令 $s=(a+b+c)/2=l/2$ (三角形的半周长). 那么应用海伦-秦九韶公式, 问题归结为在 $a,b,c>0,a+b+c=2s$ (s 为定值) 的约束条件下求函数

$$\Delta(a,b,c)=\sqrt{s(s-a)(s-b)(s-c)}$$

的最大值. 我们只需考虑

$$f(a,b,c)=2(s-a)\cdot 2(s-b)\cdot 2(s-c)$$

的最大值. 因为

$$2(s-a)+2(s-b)+2(s-c)=6s-2(a+b+c)=6s-4s=2s$$

是常数, 所以由算术-几何平均不等式得到

$$f(a,b,c) \leqslant \left(\frac{2(s-a)+2(s-b)+2(s-c)}{3}\right)^3 = \frac{8}{27}s^3,$$

当且仅当 $2(s-a)=2(s-b)=2(s-c)$, 即 $a=b=c$ 时等式成立. 因此所求的三角形是边长为 $l/3$ 的正三角形, 它给出最大面积

$$\Delta_0 = \sqrt{s(s-a)(s-b)(s-c)} = \sqrt{s\cdot\frac{1}{2^3}\cdot\frac{8}{27}s^3} = \frac{\sqrt{3}}{9}s^2 = \frac{\sqrt{3}}{36}l^2.$$

解法 2 (i) 设 $\triangle ABC$ 是所求的三角形, 其周长 $AB+BC+CA=l$, 面积等于 S_0(最大值). 断言: 必然 $AB=AC$.

用反证法. 设 $AB \neq AC$. 以 BC 为底边作 $\triangle A_0BC$, 使得点 A_0, A 在 BC 同侧, 并且 $A_0B=A_0C=(l-BC)/2$. 于是 $\triangle A_0BC$ 的周长为 l(图 2.18), 并且由 S_0 的定义可知 $\triangle A_0BC$ 的面积 $\leqslant S_0$. 下面考虑两种可能情形.

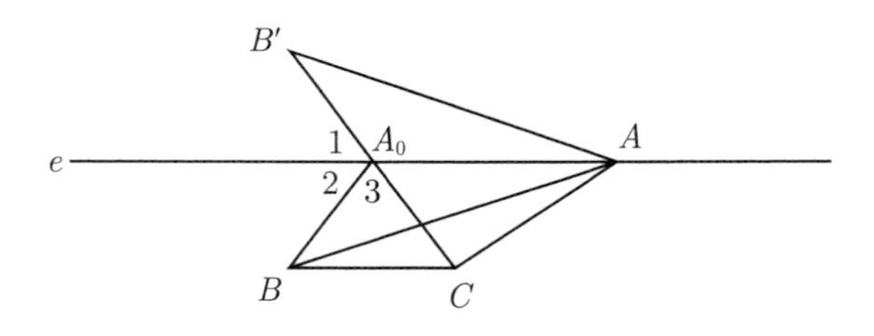

图 2.18

情形 1 设 $\triangle A_0BC$ 的面积等于 S_0. 那么它与 $\triangle ABC$ 有相等的面积和公共底边 BC, 因而两者在 BC 边上的高相等. 过 A_0 作直线 e 平行于 BC, 那么点 A 落在直线 e 上 (轨迹 (4)), 并且不与 A_0 重合. 作 B 关于 e 的对称点 B'. 那么 $\angle 1=\angle 2=\angle A_0BC=(\pi-\angle 3)/2$, 从而 $\angle 1+\angle 2+\angle 3=\pi$, 于是点 B', A_0, C 共线, 并且

$$AB+AC=AB'+AC>B'C=A_0B'+A_0C=A_0B+A_0C,$$

因此 $\triangle ABC$ 的周长大于 $\triangle A_0BC$ 的周长 $(=l)$, 得到矛盾.

情形 2 设 $\triangle A_0BC$ 的面积小于 S_0. 那么点 A 与 BC 的距离大于点 A_0 与 BC 的距离, 因此点 A 位于直线 e 的上方. 如果 B, A_0, A 共线 (图 2.19), 那么显然 $AB+AC>A_0B+A_0C$, 从而 $\triangle ABC$ 的周长大于 $\triangle A_0BC$ 的周长 $(=l)$, 得到矛盾. 如果 B, A_0, A 不共线, 那么 AB 与 e 交于点 M(M 异于点 A_0)(图 2.20). 显然 $\triangle ABC$ 的周长大于 $\triangle MBC$ 的周长. 而依前面所证, $\triangle MBC$ 的周长大于 $\triangle A_0BC$ 的周长 $(=l)$, 仍然得到矛盾. 于是上述断言得证.

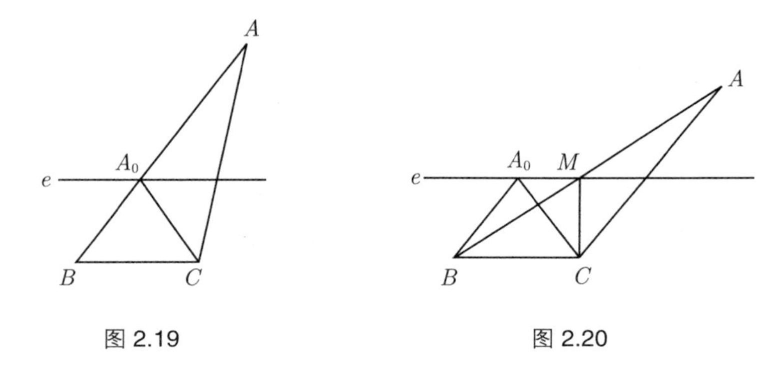

图 2.19　　图 2.20

(ii) 依步骤 (i) 中的断言还可推出 $BC=CA$(视 AB 为底边), 因此, 若 $\triangle ABC$ 是所求的三角形, 那么它一定是周长为 l 的正三角形. 因为周长为 l 的正三角形确实属于我们所考察的三角形集合, 因此它给出所要的最大值, 并且最大值

$$\Delta_0=\frac{1}{2}\cdot\frac{l}{3}\cdot\left(\frac{\sqrt{3}}{2}\cdot\frac{l}{3}\right)=\frac{\sqrt{3}}{36}l^2. \qquad \square$$

注 上面解法 2 步骤 (i) 中的断言也可用下列方法证明: 令 $\mathscr{F}$ 是周长为 l 的三角形组成的集合, 设 $\triangle ABC$ 是集合 $\mathscr{F}$ 中面积最大的三角形, 固定 BC. 令 $\mathscr{F}'$ 是周长为 l 并且一条边长等于 BC 的三

角形的集合. 那么 $\mathscr{F}'\subset\mathscr{F}$, 并且 $\triangle ABC$ 也是集合 $\mathscr{F}'$ 的一个成员, 于是也是 $\mathscr{F}'$ 中面积最大的三角形. $\mathscr{F}'$ 的任何一个成员 (不妨记为 $\triangle PBC$) 的顶点 P 与点 B 和点 C 的距离之和等于 $l-BC$(是定值), 因此点 P 位于一个以 B,C 为焦点的椭圆上 (轨迹 (7)). 当顶点 P 位于椭圆的最高点时, $\triangle PBC$ 的面积最大 (因为此时底边 BC 上的高最大). 这就是面积最大的 $\triangle ABC$ 的位置. 于是 $AB=AC$.

例 2.8 设 $\triangle ABC$ 的面积保持不变, 何时其周长最小 (并加以证明)?

解 解法1 设三角形三边长为 a,b,c, 用 $s=l/2$ 表示其半周长. 三角形面积

$$S=\sqrt{s(s-a)(s-b)(s-c)}$$

固定. 为了得到它的上界 (它与 s 有关, 从而由此得到 s 的下界), 应用算术-几何平均不等式. 因为 (等式成立的条件)

$$s=s-a=s-b=s-c$$

只有零解, 所以通常方法失效. 我们引入待定常数 k, 考虑

$$kS^2=(ks)(s-a)(s-b)(s-c),$$

此时 $ks+(s-a)+(s-b)+(s-c)=(k+1)s$ 是 s 的倍数. 由

$$ks=s-a=s-b=s-c,$$

解出 $a=b=c=(1-k)s$, 可见 k 应满足 $k+1>0,k<1$. 将它们代入关系式 $a+b+c=2s$, 得到

$$3(1-k)s=2s,$$

由此求出常数 $k=1/3$. 于是由算术-几何平均不等式得到

$$\begin{aligned}kS^2&=\frac{S^2}{3}=(ks)(s-a)(s-b)(s-c)\\&=\frac{s}{3}\cdot(s-a)(s-b)(s-c)\\&\leqslant\left(\frac{\frac{s}{3}+(s-a)+(s-b)+(s-c)}{4}\right)^4\\&=\frac{s^4}{3^4},\end{aligned}$$

即

$$s\geqslant\left(\frac{S^2}{3}\cdot 3^4\right)^{1/4}=\sqrt[4]{27}\sqrt{S}.$$

当且仅当 $a=b=c=2s/3=l/3$ 时, 等式成立, 从而

$$l_{\min}=2s_{\min}=2\sqrt[4]{27}\sqrt{S}.$$

因此边长为 $(2\sqrt[4]{27}/3)\sqrt{S}$ 的正三角形给出最小周长.

解法 2 令 $\mathscr{F}$ 是面积为 S 的三角形组成的集合, 设 $\triangle ABC$ 是集合 $\mathscr{F}$ 中周长最小的三角形. 固定 BC(记其长为 a). 令 $\mathscr{F}'$ 是面积为 S 并且一条边长等于 BC 的三角形的集合. 那么 $\mathscr{F}'\subset\mathscr{F}$, 并且 $\triangle ABC$ 也是集合 $\mathscr{F}'$ 的一个成员, 于是也是 $\mathscr{F}'$ 中周长最小的三角形.

$\mathscr{F}'$ 的任何一个成员 (不妨记为 $\triangle PBC$) 在公共底边 BC 上的高相等, 所以顶点 P 位于与 BC 平行且距离为 $2S/a$ 的直线 e 上 (当然, 这样的直线 e 有两条, 但它们产生的三角形集合是一样的). 类似于例 2.7 的解法 2(图 2.18) 可以证明: 当 $PB=PC$ 时, $\triangle PBC$ 周长最小, 因此上述 $\triangle ABC$ 满足 $AB=AC$, 从而是面积为 Δ 的正

三角形. 因为面积为 S 的正三角形确实是 $\mathscr{F}$ 的成员, 所以它就是所求的三角形. 由 $S=(\sqrt{3}/4)a^2$ 可知其周长等于 $3a=2\sqrt[4]{27}\sqrt{S}$. □

例 2.9 已知三角形的一个顶角以及构成顶角的两条边长之和保持为定值, 求其底边长的最小值 (并证明).

解 解法1 记 $\triangle ABC$ 的三边 $BC=a, AC=b, AB=c$. 设 $\angle A=\phi$ 以及 $AB+AC=b+c=l$ 是定值. 由余弦定理, 有

$$
\begin{aligned}
a^2 &= b^2+c^2-2bc\cos\phi \\
&= b^2+(l-b)^2-2b(l-b)\cos\phi \\
&= l^2+2b^2(1+\cos\phi)-2bl(1+\cos\phi) \\
&= l^2+2(b^2-bl)(1+\cos\phi) \\
&= l^2+2\left(\left(b-\frac{l}{2}\right)^2-\frac{l^2}{4}\right)(1+\cos\phi) \\
&= \frac{1-\cos\phi}{2}l^2+2(1+\cos\phi)\left(b-\frac{l}{2}\right)^2.
\end{aligned}
$$

因为 ϕ, l 是定值, 所以当 $b-l/2=0$, 即 $b=c=l/2$(等腰三角形) 时, 第三边 (底边)a 最小, 并且等于 $\sqrt{(1-\cos\phi)/2}\,l=l\sin(\phi/2)$.

或者: 由

$$
\begin{aligned}
a^2 &= b^2+c^2-2bc\cos\phi=(b+c)^2-2bc-2bc\cos\phi \\
&= l^2-2bc(1+\cos\phi),
\end{aligned}
$$

应用 $bc\leqslant(b+c)/2=l/2$, 并且等式当且仅当 $b=c$ 时成立 (余略).

解法2 设 $\triangle A_0BC$ 符合要求条件, 即 $\angle BA_0C=\phi, A_0B+A_0C=l$. 再设 $A_0B=A_0C=l/2$(图 2.21), 将 BA_0 延长到点 D, 使得 $BD=l$, 过点 D,C 作射线 t. 那么 $A_0D=A_0C=l/2$, 从而

$\angle D=\angle A_0CD(=\phi/2)$; 又因为 $\angle A_0BC=\angle A_0CB$, 所以 $\angle DCB$ 是直角, 即 BC 垂直于 t.

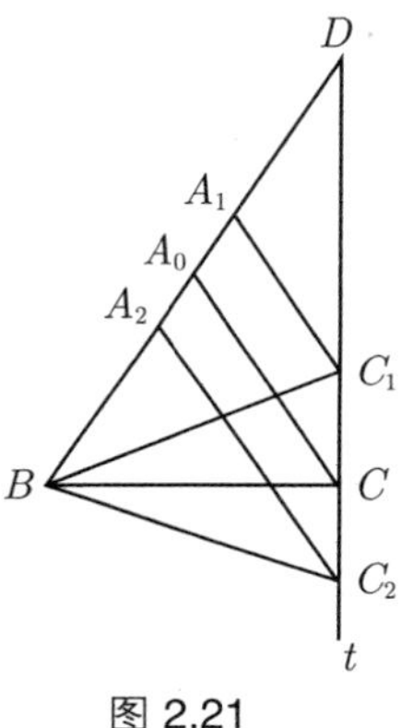

图 2.21

首先, 设 $\triangle_1$ 是任意一个符合要求条件的三角形, 它的一个顶角等于 ϕ, 其两边之和等于 l, 但其中一条长度 $c'>l/2$(当然 $c'<l$), 于是另一条长度 $b'=l-c'<l/2$. 在线段 BD 上取点 A_1, 使得 $BA_1=c'$, 那么 $BA_0<BA_1<BD$, 从而 A_1 位于点 A_0,D 之间. 过 A_1 作直线平行于 A_0C, 交射线 t 于点 C_1. 那么由 $DA_1:DA_0=DC_1:DC$ 可推出点 C_1 位于点 D,C 之间. 此外由 $A_0D:A_0C=A_1D:A_1C_1$ 可知

$$A_1C_1=A_1D=BD-BA_1=l-c'=b'.$$

于是 $\triangle A_1BC_1$ 全等于 $\triangle_1$, 从而 BC_1 等于 $\triangle_1$ 的第三边 (底边).

其次, 设 $\triangle_2$ 是任意另一个符合要求的条件的三角形, 它的一个顶角等于 ϕ, 其两边之和等于 l, 但其中一条长度 $c''<l/2$, 于是另一条长度 $b''=l-c''>l/2$(当然 $b''<l$), 那么可以类似地构造 $\triangle A_2BC_2$, 如图 2.21 所示, 其中 BC_2 等于 $\triangle_2$ 的第三边 (底边).

在上述两种情形中, BC_1 和 BC_2 都是 t 的斜线, BC 是 t 的垂线, 因而 $\triangle_1,\triangle_2$ 的底边 BC_1,BC_2 都小于 $\triangle A_0BC$ 的底边 BC. 因为 $\triangle_1,\triangle_2$ 是任意的非等腰三角形, 所以等腰三角形 A_0BC 给出最短的底边, 容易算出其长度等于 $2\cdot(l/2)\sin(\phi/2)=l\sin(\phi/2)$. □

例 2.10 设三角形的一个顶角及底边上的高为定值, 求其面积的最小值.

解 解法 1 考虑任意一个三角形 ABC, 其顶角 $\angle A=2\alpha$ 及底边 BC 上的高 $AI=h$ 都是定值, 但 $AB\neq AC$. 再设 $\triangle A_0B_0C_0$ 是等腰三角形, $\angle A_0=2\alpha$, 底边 B_0C_0 上的高 $A_0I_0=h$(这个等腰三角形是唯一确定的). 我们来证明 $S(\triangle ABC)>S(\triangle A_0B_0C_0)$, 因而等腰三角形 $A_0B_0C_0$ 面积最小.

如图 2.22(a) 所示, 若固定线段 BC, 则点 A 位于以 BC 为弦并且含角为 2α 的弓形弧上 (轨迹 (6)). 取弓形弧的最高点 A', 因为 $AB\neq AC$, 所以点 A' 与 A 互异, 于是 A' 到 BC 的距离 $A'P$ 大于 $\triangle ABC$ 的高 h. 因为 $\triangle A'BC$ 和 $\triangle A_0B_0C_0$ 是顶角相等的等腰三角形, 并且两者的高 $AP>A_0I_0(=h)$, 所以可将 $\triangle A_0B_0C_0$ 完全装填到 $\triangle A'BC$ 中 (这里点 A_0 和点 A' 重合), 如图 2.22(b) 所示. 因为 $A_0P>A_0I_0$ 蕴含 $B_0C_0<BC$, 所以

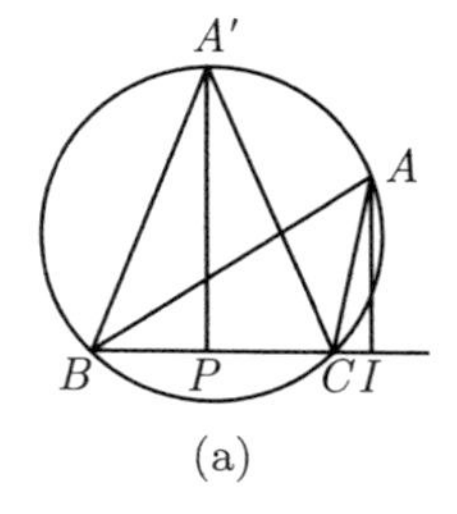

(a)

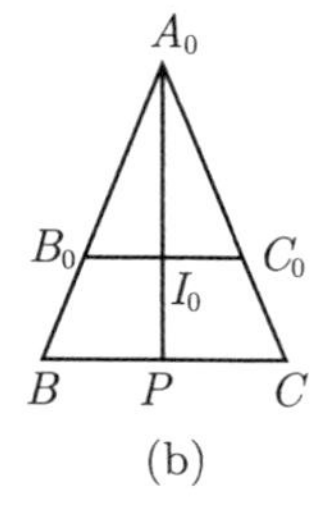

(b)

图 2.22

$$S(\triangle A_0B_0C_0)=\frac{1}{2}h\cdot B_0C_0<\frac{1}{2}h\cdot BC=S(\triangle ABC),$$

于是上述结论得证.

解法 2 以几何方法为主, 需区分两种情形讨论.

情形 1 设 $\angle B$ 和 $\angle C$ 都是锐角. 给出两种解法.

代数方法 (图 2.23) 记 $\angle BAI=\beta,\angle CAI=\gamma$, 那么 $\beta\neq\gamma$(因为 $AB\neq AC$). 不妨设 $\beta<\alpha<\gamma$. 那么

$$AB=\frac{h}{\cos\beta},\quad AC=\frac{h}{\cos\gamma},$$

以及

$$A_0B_0=A_0C_0=\frac{h}{\cos\alpha}.$$

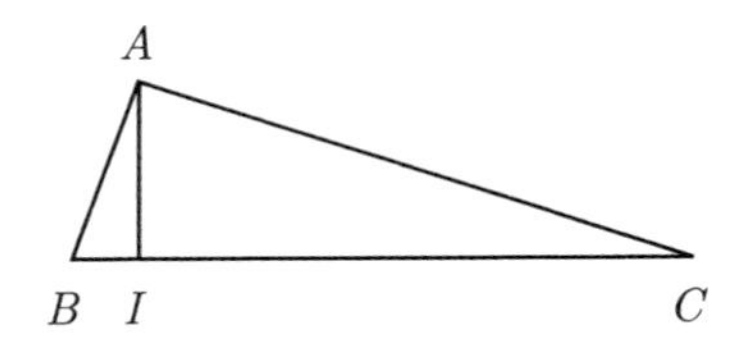

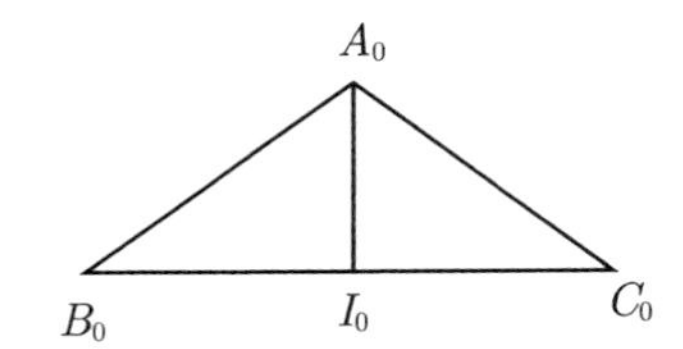

图 2.23

于是

$$S(\triangle ABC)=\frac{1}{2}\cdot AB\cdot AC\sin 2\alpha=\frac{h^2\sin 2\alpha}{2\cos\beta\cos\gamma}.$$

因为 $h^2\sin 2\alpha$ 是定值, 而分母

$$2\cos\beta\cos\gamma=\cos(\beta+\gamma)+\cos(\gamma-\beta)=\cos 2\alpha+\cos(\gamma-\beta),$$

所以当 $\gamma=\beta$(即等腰三角形的情形) 时, 三角形面积最小, 最小值

$$S_{\min}=\frac{\sin 2\alpha}{1+\cos 2\alpha}h^2=h^2\tan\alpha.$$

这也可直接由等腰三角形 $A_0B_0C_0$ 求出:

$$S_{\min}=\frac{1}{2}A_0I_0\cdot B_0C_0=\frac{1}{2}h\cdot 2h\tan\alpha=h^2\tan\alpha.$$

几何方法 (图 2.24) 不妨认为 $\angle BAI<\alpha$, 那么 $\angle CAI>\alpha$. 因为高 A_0I_0 与 AI 相等, 所以可以移动 $\triangle A_0B_0C_0$, 使得 A_0I_0 与 AI 重合, 直线 B_0C_0 与直线 BC 重合. 于是点 B_0 的新位置 B' 在 IB 的延长线上, 点 C_0 的新位置 C' 在线段 IC 上. 由此可知

$$\angle ABC'>\angle B'=\angle AC'B>\angle C,$$

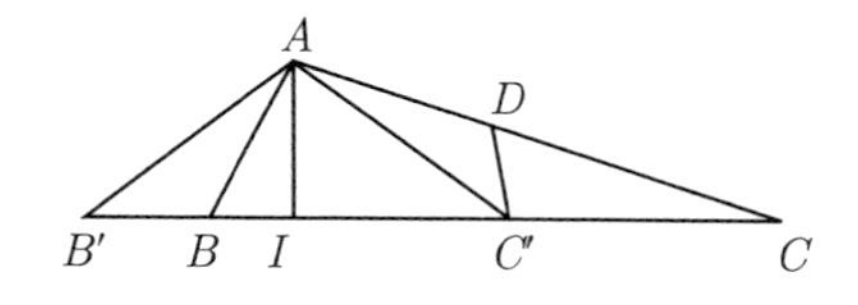

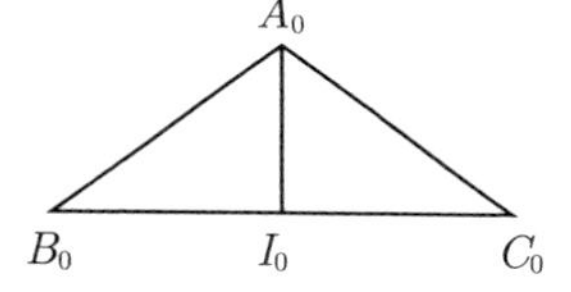

图 2.24

从而 $AC>AB$, 于是可在线段 AC 上取点 D 使得 $AD=AB$. 还要注意

$$\begin{aligned}\angle B'AB&=\angle B'AC'-\angle BAC'=\angle B_0A_0C_0-\angle BAC'\\&=\angle BAC-\angle BAC'=\angle CAC',\end{aligned}$$

以及 $AB'=AC'$, 由于推出 $\triangle ABB'\cong\triangle AC'D$, 从而 $S(\triangle ABB')=S(\triangle AC'D)$. 因为 $\triangle AC'D$ 整个含在 $\triangle ACC'$ 中, 因此 $S(\triangle ACC')>S(\triangle ABB')$. 于是

$$\begin{aligned}S(\triangle ABC)&=S(\triangle ABC')+S(\triangle ACC')\\&>S(\triangle ABC')+S(\triangle ABB')\end{aligned}$$

$$= S(\triangle AB'C')$$

$$= S(\triangle A_0B_0C_0).$$

因此等腰 $\triangle A_0B_0C_0$ 面积最小.

情形 2 设 $\angle C$ 是钝角. 此时代数方法失效, 下面只给出几何方法.

如图 2.25(a) 所示, 设 AE 是 $\triangle ABC$ 的顶角 A 的角平分线, AI 是边 BC 上的高. 在 BC 延长线上取点 D 和 F, 使得 $CI = ID, DF = EC$. 那么 $\triangle AEC \cong \triangle AFD$, 因此 $\triangle ABD$ 和 $\triangle AEF$ 的顶角 $\angle BAD = \angle EAF$, 底边上有共同的高 $AI = h$, 并且后者是等腰三角形, 于是依情形 1 的结论得到

$$S(\triangle ABD) > S(\triangle AEF).$$

由此推出

$$S(\triangle ABE) > S(\triangle ADF).$$

两边同加 $S(\triangle AEC)$, 得到

$$S(\triangle ABC) > S(\triangle AEC) + S(\triangle ADF). \tag{2.10.1}$$

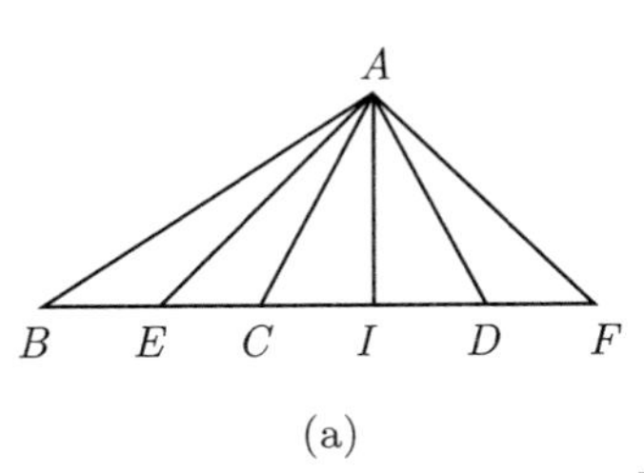

(a)

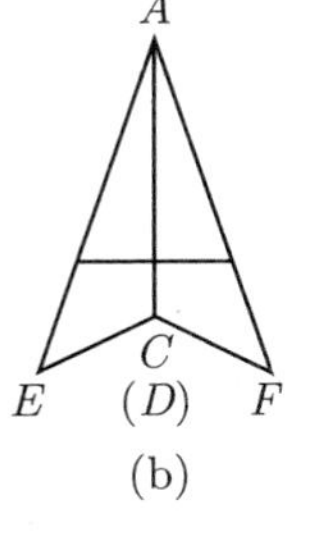

(b)

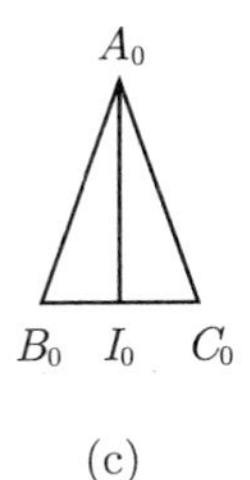

(c)

图 2.25

现将 $\triangle AEC$ 和 $\triangle ADF$ 沿相等的两边 AC,AD 拼接, 如图 2.25(b) 所示. 因为

$$AC = AD > AI = h = A_0I_0, \quad \angle EAF = 2\alpha = \angle A_0,$$

所以可将 $\triangle A_0B_0C_0$(图 2.25(c)) 完全装填到图 2.25(b) 的图形中, 于是

$$S(\triangle AEC) + S(\triangle ADF) > S(\triangle A_0B_0C_0),$$

由此及式 (2.10.1) 得到 $S(\triangle ABC) > S(\triangle A_0B_0C_0)$. 因此在此情形下也是等腰三角形面积最小. □

注 在情形 2 的推理中也可不应用情形 1 的结论. 因为 AE 平分 $\angle BAC$, 所以 $BE : EC = AB : AC$. 又因为 $\angle ACB$ 是钝角, 所以 $AB > AC$, 从而 $BE > EC$. 由此推出

$$S(\triangle ABE) > S(\triangle AEC) = S(\triangle ADF),$$

从而得到式 (2.10.1).

例 2.11 设矩形 $KLMN$ 含在 $\triangle ABC$ 中, 其中 $\angle B$ 和 $\angle C$ 是锐角, K,N 是边 BC 的内点. 证明: 若 $KLMN$ 具有最大面积, 则 L,M 分别是边 AB,AC 的中点.

证明 证法 1 显然, 为了 $KLMN$ 有尽可能大的面积, L,M 应当分别是 AB,AC 的内点 (图 2.26). 设 $BC = a, MN = x$, 作边 BC 上的高 AH, 记 $AH = h$. 由 $\triangle ALM \sim \triangle ABC$ 可知

$$\frac{LM}{a} = \frac{h-x}{h}, \quad LM = \frac{a(h-x)}{h},$$

于是内接矩形 $KLMN$ 的面积

$$S = \frac{ax(h-x)}{h}.$$

因为 a,h 是定值, 所以只需求

$$f(x)=x(h-x)=-x^2+hx \quad (0<x<h)$$

的最大值. 上式是 x 的二次三项式, 可知当 $x=h/2$ 时, f 取得最大值, 从而推出题中的结论 (也可应用算术 - 几何平均不等式).

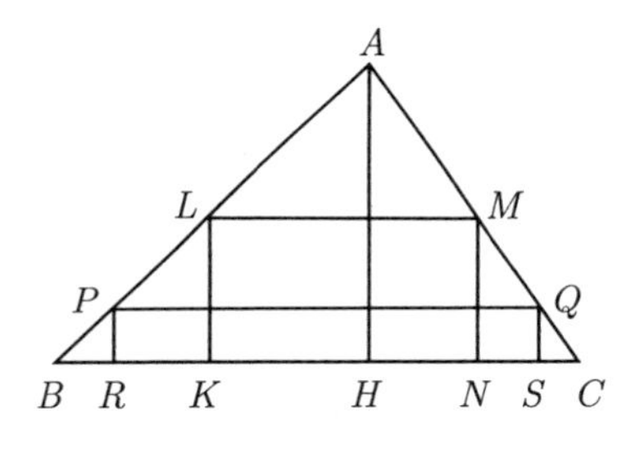

图 2.26

证法 2 设 $PQSR$ 是任意一个内接矩形, 顶点 P,Q 分别在边 AB,AC 上 (图 2.26). 那么

$$\frac{PQ}{BC}=\frac{AP}{AB}, \quad \frac{PR}{AH}=\frac{BP}{BA},$$

将二式相乘, 得到

$$\frac{PQ\cdot PR}{BC\cdot AH}=\frac{AP\cdot BP}{AB^2},$$

其中 $PQ\cdot PR=S(PQSR)$ 是矩形 $PQSR$ 的面积, 所以

$$S(PQSR)=\frac{BC\cdot AH}{AB^2}\cdot(AP\cdot BP).$$

注意 $BC\cdot AH$ 及 AB^2 都是定值, 所以只需求乘积 $AP\cdot BP$ 的最大值. 因为 $AP+BP=AB$ 是定值, 所以当 $AP=BP$, 即 P 是 AB 的中点时, 内接矩形面积最大. □

例 2.12 求内切圆半径 r 为定值的直角三角形面积的最小值.

解 解法1 如图 2.27 所示, 设内切圆与三角形三边的切点分别为 D,E,F. 记 $AD=AE=x,BD=BF=y$, 那么 $AC=x+r,BC=y+r$, 于是 $\triangle ABC$ 的面积 S 满足关系式

$$2S=(x+r)(y+r),\quad S=r(r+x+y).$$

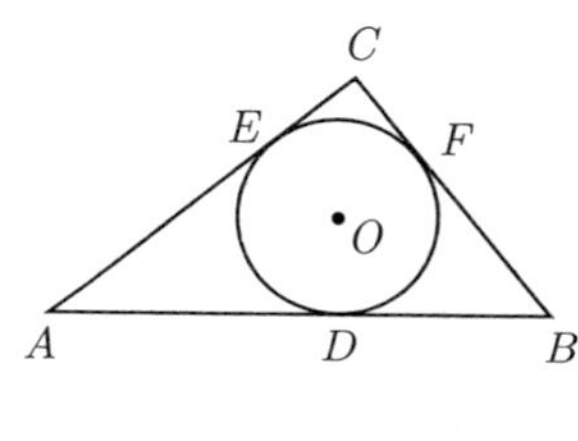

图 2.27

后一式是依据下列面积关系推出的:

$$S=S(CEOF)+2S(\triangle AOD)+2S(\triangle BOD)=r^2+xr+yr.$$

由上述关系式得到

$$x+y=\frac{S-r^2}{r},\quad xy=S.$$

因此 x,y 是二次方程

$$z^2-\frac{S-r^2}{r}z+S=0$$

的两个实根, 从而方程的判别式

$$\left(\frac{S-r^2}{r}\right)^2-4S\geqslant 0,$$

由此推出或者 $S\geqslant(3+2\sqrt{2})r^2$, 或者 $S\leqslant(3-2\sqrt{2})r^2$; 但后者蕴含 $S<r^2$, 不可能, 因此由前者得知

$$S_{\min}=(3+2\sqrt{2})r^2.$$

将此 S 值代入二次方程, 方程有形式

$$z^2-2(1+\sqrt{2})rz+(1+\sqrt{2})^2r^2=0,$$

因此对应的 $x=y=(1+\sqrt{2})r$, 即此时三角形是等腰的.

解法 2 记三角形三边为 $BC=a, AC=b, AB=c$. 那么 $\triangle ABC$ 的面积 S 等于 $\triangle OAB, \triangle OBC, \triangle OCA$ 的面积之和, 所以

$$S=\frac{1}{2}r(a+b+c).$$

因为

$$\begin{aligned}a+b+c&=a+b+\sqrt{a^2+b^2}\geqslant 2\sqrt{ab}+\sqrt{2ab}\\&=(2+\sqrt{2})\sqrt{ab}=(2+\sqrt{2})\cdot\sqrt{2}\sqrt{S},\end{aligned}$$

所以

$$S\geqslant\frac{1}{2}r\cdot(2+\sqrt{2})\cdot\sqrt{2}\sqrt{S}=(\sqrt{2}+1)r\sqrt{S},$$

从而 $S\geqslant(\sqrt{2}+1)^2r^2$, 由此推出 $S_{\min}=(3+2\sqrt{2})r^2$. 因为当 $a=b$ 时, 上述不等式成为等式, 所以当 $\triangle ABC$ 是等腰三角形时, 面积达到最小值. □

2.5 与椭圆有关的一些极值问题

例 2.13 设椭圆的半长轴和半短轴分别为 a,b.

(1) 设其内接矩形的两条边分别平行于椭圆的长轴和短轴. 确定面积最大的内接矩形的位置 (并证明).

(2) 求其内接三角形面积的最大值.

(3) 求其内接四边形面积的最大值.

解 在直角坐标系下, 椭圆方程为

$$\frac{x^2}{a^2}+\frac{y^2}{b^2}=1. \tag{2.13.1}$$

(1) 解法 1 设矩形的顶点坐标是 $A(x_0,y_0),B(-x_0,y_0),C(-x_0,-y_0)$ 和 $D(x_0,-y_0)$(其中 $x_0>0,y_0>0$), 那么矩形面积

$$S=AB\cdot BC=4x_0y_0.$$

为求其最大值, 考虑

$$S^2=16x_0^2y_0^2.$$

因为由方程 (2.13.1) 可知 $b^2x_0^2+a^2y_0^2=a^2b^2$ 是定值, 所以应用算术-几何平均不等式得到

$$\begin{aligned}S^2&=\frac{16}{a^2b^2}\cdot(b^2x_0^2\cdot a^2y_0^2)\\&\leqslant\frac{16}{a^2b^2}\cdot\left(\frac{b^2x_0^2+a^2y_0^2}{2}\right)^2\\&=\frac{16}{a^2b^2}\cdot\left(\frac{a^2b^2}{2}\right)^2=4a^2b^2.\end{aligned}$$

其中当 $b^2x_0^2=a^2y_0^2=(b^2x_0^2+a^2y_0^2)/2=a^2b^2/2$ (即 $x_0=\sqrt{2}a/2,y_0=\sqrt{2}b/2$) 时, 等式成立, 此时给出 $(S^2)_{\max}=4a^2b^2$, 从而内接矩形面积最大值 $S_{\max}=2ab$.

或者: 因为由椭圆方程可知 $y_0^2=b^2(1-x_0^2/a^2)$, 所以

$$\begin{aligned}S^2&=16x_0^2y_0^2=16x_0^2\left(b^2-\frac{b^2}{a^2}x_0^2\right)\\&=-\frac{16b^2}{a^2}\left(x_0^2-\frac{a^2}{2}\right)^2+4a^2b^2.\end{aligned}$$

由此推出结论.

解法 2 设内接矩形在第一象限中的顶点是 $A(x,y)$,OA 与 x 轴正方向的夹角为 θ, 则 $x=a\cos\theta, y=b\sin\theta$, 于是矩形面积

$$S=4\cdot a\cos\theta\cdot b\sin\theta=2ab\sin 2\theta,$$

因此当 $2\theta=\pi/2$ 时, S 取最大值 $2ab$, 此时矩形长短边之比等于 $(a\cos(\pi/4)):(b\sin(\pi/4))=a:b$.

解法 3 设内接矩形在第一象限中的顶点是 $A(x,y)$. 作压缩变换有

$$x=x',\quad y=\frac{b}{a}y', \tag{2.13.2}$$

椭圆 (2.13.1) 变为圆

$$x'^2+y'^2=a^2. \tag{2.13.3}$$

椭圆内接矩形 (面积为 $4xy$) 变为此圆的内接矩形 (其两边分别平行于坐标轴). 并且顶点 $A(x,y)$ 变为点 $A'(x',y')$, 后者的面积 $S'=2x'\cdot 2y'=4x'y'$. 由式 (2.13.2) 可知

$$x'=x,\quad y'=\frac{a}{b}y, \tag{2.13.4}$$

于是

$$S'=4x'y'=4\cdot x\cdot\frac{a}{b}y=\frac{a}{b}S. \tag{2.13.5}$$

由例 1.3 可知圆的内接矩形为正方形时面积最大, 此时顶点 $A'(x',y')$ 的两个坐标相等, 即 $x'=y'$; 并且由方程 (2.13.3) 可知 $S'_{\max}=(\sqrt{2}a)^2=2a^2$. 于是由式 (2.13.4) 可知, 相应地, 对于顶点 $A(x,y)$ 的两个坐标 x,y 有 $x=(a/b)y$, 即当 $x:y=a:b$(这意味着

椭圆内接矩形长短边之比等于 $a:b$) 时, S 最大, 并且由式 (2.13.5) 得到

$$S_{\max}=\frac{b}{a}S'_{\max}=\frac{b}{a}\cdot 2a^2=2ab.$$

(2) 设椭圆内接三角形的面积是 S, 顶点是 $A(x_1,y_1),B(x_2,y_2)$ 和 $C(x_3,y_3)$, 应用变换 (2.13.2), 得到圆 (2.13.3) 的顶点是 $A'(x_1',y_1')$, $B'(x_2',y_2')$ 和 $C'(x_3',y_3')$ 的内接三角形, 其中(应用公式 (2.13.4)) $x_1'=x_1, y_1'=(a/b)y$, 等等. $\triangle A'B'C'$ 的面积 (双重符号中适当选取一个使得面积为正)

$$S'=\pm\frac{1}{2}\begin{vmatrix}x_1' & y_1' & 1\\ x_2' & y_2' & 1\\ x_3' & y_3' & 1\end{vmatrix}=\pm\frac{1}{2}\begin{vmatrix}x_1 & (a/b)y_1 & 1\\ x_2 & (a/b)y_2 & 1\\ x_3 & (a/b)y_3 & 1\end{vmatrix}$$

$$=\pm\frac{a}{b}\cdot\frac{1}{2}\begin{vmatrix}x_1 & y_1 & 1\\ x_2 & y_2 & 1\\ x_3 & y_3 & 1\end{vmatrix}=\frac{a}{b}S,$$

于是

$$S=\frac{b}{a}S'.$$

因为半径为 r 的圆的内接三角形以正三角形面积最大(此最大面积等于 $(3\sqrt{3}/4)r^2$, 见练习题 1.7(1)), 所以椭圆 (2.13.1) 的内接三角形的面积最大值

$$S_{\max}=\frac{b}{a}\cdot\frac{3\sqrt{3}}{4}a^2=\frac{3\sqrt{3}}{4}ab.$$

(3) 类似于本题 (2). 在变换 (2.13.2) 下椭圆 (2.13.1) 的内接四边形变换为圆 (2.13.3) 的内接四边形. 后者以边长为 $\sqrt{2}a$ 的正方形的面积最大(见练习题 1.7(2)). 不妨认为正方形的边平行于坐标轴,

于是由变换 (2.13.4) 得到椭圆 (2.13.1) 的内接矩形, 边长为 $\sqrt{2}a$ 和 $(b/a)\sqrt{2}a$, 从而给出内接四边形的最大面积 $\sqrt{2}a\cdot(b/a)\sqrt{2}a=2ab$. □

注 可以证明: 若椭圆 (2.13.1) 包含的矩形的两边不分别平行于椭圆的两轴, 则其面积不可能达到最大值 $2ab$, 因此实际上本题 (1) 中关于内接矩形两边分别平行于椭圆两轴的假设可以去掉.

例 2.14 给定椭圆 $x^2/4+y^2=1$, 以及一个中心位于点 (1,0) 并且具有变动半径 r 的圆. 求使得圆与椭圆有公共点的 r 的最大值和最小值.

解 圆的方程是

$$(x-1)^2+y^2=r^2.$$

设公共点的坐标是 $P(x_0,y_0)$. 因为点 P 在椭圆上也在圆上, 所以

$$\frac{x_0^2}{4}+y_0^2=1,\quad (x_0-1)^2+y_0^2=r^2.$$

消去 y_0, 为此由上述第一个方程解出 $y_0^2=1-x_0^2/4$, 代入第二个方程得到

$$r^2=\frac{3}{4}x_0^2-2x_0+2=\frac{3}{4}\left(x_0-\frac{4}{3}\right)^2+\frac{2}{3}. \tag{2.14.1}$$

又由椭圆方程可知它的定义域是 $-2\leqslant x_0\leqslant 2$. 因此当 $x_0=4/3\in[-2,2]$ 时, $r_{\min}=\sqrt{2/3}=\sqrt{6}/3$, 并且 $y_0=\pm\sqrt{5}/3$. 依 $r_{\min}$ 的几何意义 (即若 r 继续减小, 则圆与椭圆没有公共点), 此时圆与椭圆相切, 并且圆含在椭圆内部, 切点是 $P(4/3,\pm\sqrt{5}/3)$. 此外, 抛物线 (2.14.1) 开口向上, 计算函数 $r=r(x_0)$ 在闭区间 $[-2,2]$(即其定义域) 端点上的值

$$r^2(-2)=9,\quad r^2(2)=1,$$

可知当 $x_0=-2$ 时, $r_{\max}=3$, 并且 $y_0=0$. 依 $r_{\max}$ 的几何意义 (即若 r 继续增大, 则圆与椭圆没有公共点), 此时圆与椭圆相切, 并且椭圆含在圆内部, 切点是 $P(-2,0)$. □

练习题 2

2.1 (1) 设 P 是 $\odot O$ 外的一个定点. 求点 P 与圆 (周) 上各点间距离的最大值和最小值.

(2) 设 $\odot O_1$ 和 $\odot O_2$ 是两个互相外离的圆, P_1 和 P_2 分别是 $\odot O_1$ 和 $\odot O_2$(均指圆周) 上任意一点. 求线段 P_1P_2 的长度的最大值和最小值.

(3) 设 $\odot O$ 内含于 $\odot O_1$, 但二圆不是同心圆, 求 $\odot O_1$ 上的点 S 和 S_1, 使得由点 S 所作的 $\odot O$ 的切线最长, 由点 S_1 所作的 $\odot O$ 的切线最短 (切线长指由圆外一点所作切线的切点与该点间的线段之长).

2.2 (1) 设 A,B 是定圆 O 外两个定点, 点 P 在圆 (周) 上移动. 分别确定点 P 的位置, 使得 $\angle APB$ 最大和最小.

(2) 设 M,N 是定圆 O 的弦 AB 的延长线上两个定点 (排列顺序是 A,O,B,M,N), 点 P 在圆 (周) 上移动. 确定点 P 的位置, 使得 $\angle MPN$ 最大.

2.3 (1) 设 M,N 是直线 l 同侧的两个定点, 点 P 在 l 上移动. 确定点 P 的位置, 使得 $\angle MPN$ 最大.

(2) 给定 $\triangle ABC$. 在 $\angle A$ 的平分线上分别求点 P 和 Q, 分别使得 $|\angle PBA-\angle PCA|$ 和 $|\angle QBC-\angle QCB|$ 最大.

(3) 给定 $\triangle ABC$. 在 $\angle A$ 的平分线 AD(此处 D 是角平分线与

BC 的交点) 上求点 M 使得 $|\angle DMB-\angle DMC|$ 最大.

2.4 (1) 设 P 是定直线 l 外一定点, 两点 M,N 在直线 l 上移动但始终保持 M,N 间的距离为定长 a. 确定 M,N 的位置使得 $\angle MPN$ 最大.

(2) 设 l_1,l_2 是两条互相平行的定直线, P 是两直线外并且不位于两直线之间的一个定点. MN 是一条移动的 l_1,l_2 的公垂线段 (M,N 分别在 l_1,l_2 上). 确定它的位置使得 $\angle MPN$ 最大.

2.5 在矩形 $ABCD$ 的边 BC 上取点 K, 使得 $BK=\lambda KC$(其中 $\lambda>0$ 是常数), 在边 CD 上取点 M, 使得 $CM=\lambda MD$. 求 $AB:BC$ 使得 $\angle KAM$ 最大.

2.6 设 A 是 $\odot O$ 内的一个定点. 求圆周上所有对于 OA 的视角最大的点.

2.7 设给定 $\odot O$ 的弦 AB, 点 P 在圆 (周) 上移动, 确定 P 的位置, 使得以 AP,AB 为邻边的平行四边形 $PABQ$ 的对角线 AQ 最长或最短.

2.8 设给定直线 l 和分列 l 两旁的点 A,B. 过点 A,B 作圆交 l 于点 M,N. 问何时圆在 l 上截得的线段 MN 最短?

2.9 (1) 设 AB 是 $\odot O$ 的一条直径. 过 AB 上的一点 C 作其垂线交圆于点 D. 确定 C 的位置使得 $\triangle ACD$ 的面积最大.

(2) 设点 A,B 在 $\odot O$ 外, 点 P 在圆周上移动, 求点 P 的位置, 使 $\triangle PAB$ 的面积最大或最小.

(3) 设 P 是 $\odot O$ 外的一个定点, 直线 l 过点 P 与圆周交于点 A,B. 求 l 的位置, 使 $\triangle OAB$ 的面积最大.

(4) 设 $\odot O$ 和 $\odot P$ 交于点 A,B, 直线 l 过点 A, 分别与 $\odot O$ 和

$\odot P$ 交于点 M 和 N (点 A 位于点 M,N 之间), 求 l 的位置, 使 $\triangle BMN$ 的面积最大.

(5) 两个互相外切的 $\odot O$ 和 $\odot P$ 位于单位正方形 $ABCD$ 内, 并且 $\odot O$ 与边 AB,AD 相切, $\odot P$ 与边 CB,CD 相切. 分别求两圆的半径, 使得它们的面积之和达到最大和最小.

2.10 (1) 已知三角形的一个顶角以及它的两条边长之和保持为定值, 求其面积的最大值.

(2) 求内角和周长一定的平行四边形的面积的最大值.

(3) 过正方形 $ABCD$ 的边 AB 上任意一点 P 作正方形的两条对角线的平行线, 分别交 BC,AD 于点 Q,R. 求点 P 的位置, 使得 $\triangle PQR$ 有最大面积.

(4) 过 $\triangle ABC$ 的边 BC 上任意一点 P 作另两边的平行线, 分别交 AC,AB 于点 Q,R. 求点 P 的位置, 使得 $\triangle PQR$ 有最大面积.

(5) 过锐角 $\triangle ABC$ 的边 BC 上任意一点 P 作另两边的垂线, 分别交 AC,AB 于点 Q,R. 求点 P 的位置, 使得 $\triangle PQR$ 有最大面积.

(6) 过平行四边形 $ABCD$ 的边 AB 上任意一点 P 作平行四边形的两条对角线的平行线, 分别交 BC,AD 于点 Q,R. 求点 P 的位置, 使得 $\triangle PQR$ 有最大面积.

2.11 (1) 设三角形底边长为 a, 另两边之和为 e, 求底边中线的最小长度和三角形的最大面积.

(2) 设 $\triangle ABC$ 的顶角 A 和面积一定, 求底边长度的最小值.

(3) 设三角形的一个顶角及其对边 (底边) 上的高一定, 求底边长度的最小值.

(4) 设三角形的一个顶角及其对边 (底边) 上的中线一定, 求三角形面积的最大值.

2.12 (1) 求面积为 S 的周长最小的直角三角形.

(2) 求周长为 l 的面积最大的直角三角形.

2.13 (1) 四边形 $ABCD$ 内接于单位圆, $AB=1,BC=\sqrt{2}$, 求四边形面积的最大值.

(2) 凸四边形 $ABCD$ 的边 $AB=\sqrt{3}$, 并且位置固定, 另外两个顶点 C,D 在平面上移动, 始终保持 $BC=CD=DA=1$. 设 $\triangle ABD$ 和 $\triangle BCD$ 的面积分别为 S_1 和 S_2. 求 $S_1^2+S_2^2$ 的最大值.

2.14 (1) 设椭圆 $x^2/a^2+y^2/b^2=1$ 与 x 正半轴交点是 A, 与 y 正半轴交点是 B, 在椭圆弧 AB(位于第一象限内) 上求一点 $P(x,y)$, 使得四边形 $OAPB$(O 为坐标原点) 面积最大.

(2) 设内接于椭圆的梯形以椭圆长轴为一底, 求其面积的最大值.

2.15 设椭圆 $x^2/a^2+y^2/b^2=1$ 的切线分别与 x,y 轴交于点 A,B, 求 $l=AB$ 的最小值.

2.16 (1) 线段 $AB=a$, 在 AB 上取点 C, 分别以 AC 和 CB 为一边作一个正三角形和一个正方形, 求点 C 的位置, 使得正三角形和正方形的面积之和最小.

(2) 线段 $AB=a$, 在 AB 上取点 C, 分别以 AC,CB 以及 AB 为直径向 AB 同侧作半圆, 求点 C 的位置, 使得三个半圆围成的图形的面积最大.

2.17 设 C 是直角 $\triangle ABC$ 的直角顶点, D 是斜边上的高的垂足. 过点 D 在 DC 两侧分别作射线与 DC 成等角, 与 CA,CB 分

别交于点 M, N, 求 $\triangle MND$ 的面积的最大值.

2.18 (1) 求斜边长为 c 的直角三角形的内切圆半径的最大值.

(2) 设 R 和 r 分别是直角三角形的内切圆和外接圆的半径, 求 r/R 的最大值.

2.19 对于 $\triangle ABC$ 内部的任意一点 O, 用 d_a, d_b, d_c 分别表示它与边 BC, AC, AB 的距离. 求点 O 的位置, 使得 $d_a d_b d_c$ 最大.

3 立体几何极值问题

3.1 空间图形的极值性质

平面点的轨迹可以扩充为空间点的轨迹, 例如, 作为平面点的轨迹之一的线段垂直平分线, 扩充到空间情形, 就是:

与空间两定点 (点 P 和 Q) 距离相等的点的轨迹是连接两定点所得线段 PQ 的垂直平分面 (即过线段 PQ 的中点并且垂直于 PQ 的平面 α).

由此可推出下列极值性质:

(1) 空间两点 P,Q 的连线的垂直平分面 α 上的任一点都与 P,Q 等距离, 任何位于 α 的含 P 的一侧的点 S(不在 α 上) 满足 $SP < SQ$, 位于 α 的含 Q 的一侧的点 T(不在 α 上) 满足 $TP > TQ$.

又例如, 2.1 节中给出的平面点的轨迹 (4) 可扩充为空间点的轨迹:

与空间中一条定直线的距离保持定长的点的轨迹是以此直线为轴的圆柱面, 其母线是半径为定长的圆.

由此可推出下列极值性质:

(2) 圆柱面上各点与它的轴的距离相等 (是定长), 圆柱外的点与轴的距离大于定长, 圆柱内的点与轴的距离小于定长.

我们在此只列出下列另外一些常见的空间图形极值性质:

(3) 平面外一点与平面上各点间的距离, 以由这点所作的平面的垂线段最短.

(4) 分别位于两条异面直线上的两点之间的距离, 以两条异面直线的公垂线段最短.

(5) 分别位于两个互相平行的平面上的两点之间的距离, 以两平行平面间的距离最短.

(6) 二面角 (设不超过 $\pi/2$) 任一面上任一直线与另一面的夹角不超过二面角的平面角.

(7) 球 (面) 上任意两点间的距离不超过球的直径.

3.2 与异面直线有关的一些极值问题

例 3.1 设 a,b 是两条异面直线, M,N 是直线 a 上两个定点, T 是直线 b 上的任意点. 求 $\triangle TMN$ 的面积的最小值 (图 3.1).

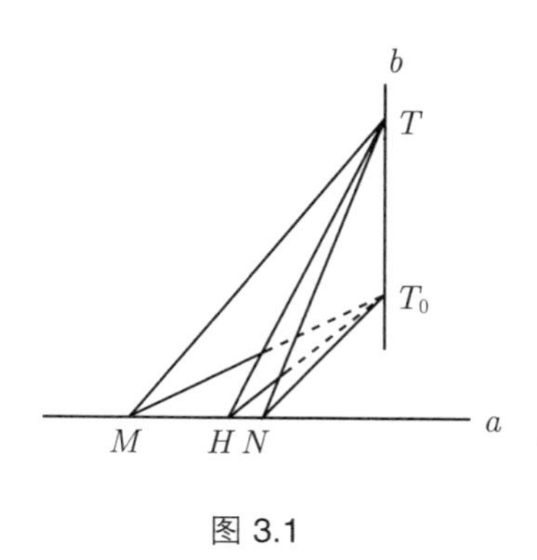

图 3.1

解 设 T 是直线 b 上任意一点. 因为当顶点 T 在直线 b 上变

动时, $\triangle TMN$ 的底边 MN 不变, 所以只需考虑何时底边上的高 TH 最小. 又因为分别位于两条异面直线上的两点之间距离的最小值由两条异面直线的公垂线段给出, 所以若 T_0 是 a,b 的公垂线段位于 b 上的端点, 则 $\triangle T_0MN$ 就是所求的三角形. □

注 若 a,b 是异面直线, 直线 l 与 a,b 分别垂直相交, 交点分别是 S,T, 则 ST 就是 a,b 的公垂线段. 下面通过每个作图步骤的唯一存在性证明公垂线段的唯一存在性 (图 3.2).

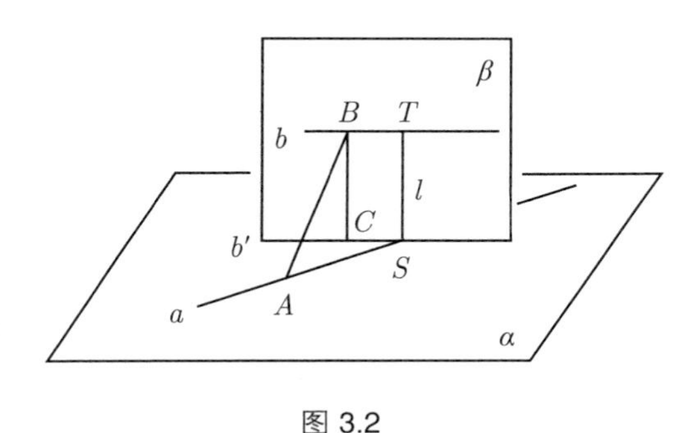

图 3.2

(i) 过直线 a 作平面 α 与直线 b 平行 (为此过 a 上任意一点作直线 b_1 平行于 b, 因为 a,b 是异面直线, 所以 a,b_1 相交, 从而它们唯一确定平面 α).

(ii) 过直线 b 作平面 β 与平面 α 垂直 (为此过 b 上任意一点作直线 b_2 垂直于 α, 因为 b_2 是唯一的, 并且 b,b_2 相交, 所以它们唯一确定平面 β).

(iii) 设 α,β 的交线是 b', 那么 b' 平行于 b. 因为 a,b 是异面直线, 所以 a,b' 相交; 设交点是 S(唯一). 在平面 β 上过点 S 作直线 l 垂直于 b', 交 b 于点 T. 那么 ST 同时垂直于 a,b, 并且唯一确定.

为证明 ST 的极小性, 在 a,b 上分别任取点 A,B, 在 β 上过点

B 作 BC 垂直于 b'(点 C 是垂足), 那么 BC 和 BA 分别是平面 α 的垂线和斜线, 因此 $AB > BC = ST$.

例 3.2 已知立方体 $ABCD\text{-}A'B'C'D'$ 的棱长为 a. 若点 M 和 N 分别在直线 AA' 和 BC 上移动, 但线段 MN 始终保持与棱 $C'D'$ 相交. 求线段 MN 的最小长度.

解 (i) 如图 3.3 所示. 因为 $AA', BC, C'D'$ 是异面直线, 所以对于线段 MN, 端点 M 和 N 只可能分别位于射线 AA' 和射线 BC 上.

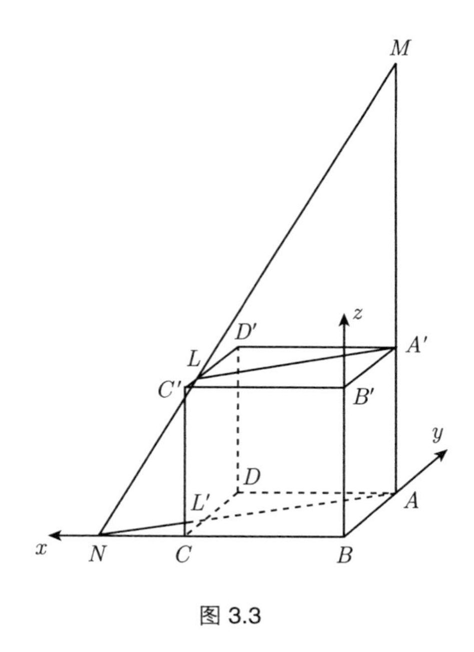

图 3.3

设直线 MN 和 $C'D'$ 交于点 L, 那么它们确定一个平面, 记作 α (图 3.3 中未标此平面). 因为立方体的面 $BCC'B'$ 和 $ADD'A'$ 互相平行, 所以 α 与它们的交线 $C'N$ 和 MD' 互相平行 (在图 3.3 中

未画出这两条交线), 从而

$$\frac{C'L}{LD'} = \frac{NL}{LM}. \tag{3.2.1}$$

又因为立方体的面 $A'B'C'D'$ 和 $ABCD$ 互相平行, 所以平面 MAN 与它们的交线 $A'L$ 和 AN 互相平行, 从而

$$\frac{NL}{LM} = \frac{AA'}{A'M},$$

于是

$$\frac{C'L}{LD'} = \frac{AA'}{A'M}.$$

设 $AM = z$, 则 $A'M = z - a$, 得到

$$\frac{C'L}{LD'} = \frac{a}{z-a}. \tag{3.2.2}$$

类似地, 立方体的面 $DCC'D'$ 和 $ABB'A'$ 互相平行, 所以平面 MAN 与它们的交线 MA 和 LL' 互相平行, 从而

$$\frac{NL}{LM} = \frac{NL'}{L'A}.$$

又因为 CL' 与 BA 平行, 从而

$$\frac{NL'}{L'A} = \frac{NC}{CB}.$$

于是

$$\frac{NL}{LM} = \frac{NC}{CB}.$$

设 $BN = x$, 则 $NC = x - a$, 得到

$$\frac{NL}{LM} = \frac{x-a}{a}. \tag{3.2.3}$$

由式 (3.2.1)~ 式 (3.2.3) 推出

$$\frac{a}{z-a}=\frac{x-a}{a}.$$

由此 x,z 满足关系式

$$xz=(x+z)a \quad 或 \quad x+z=\frac{xz}{a}.$$

(ii) 现在建立 (空间) 坐标系, 如图 3.3 所示, 那么点 M 和 N 的坐标分别是 $(0,a,z)$ 和 $(x,0,0)$. 因此

$$\begin{aligned}MN^2&=x^2+z^2+a^2=(x+z)^2-2xz+a^2\\&=\left(\frac{xz}{a}\right)^2-2xz+a^2=\frac{1}{a^2}(xz-a^2)^2.\end{aligned}$$

注意由 $xz=(x+z)a$ 可知 $(xz)^2=(x+z)^2a^2\geqslant 4xza^2$(并且当且仅当 $x=z$ 时等式成立), 所以 $xz\geqslant 4a^2$, 因此

$$MN^2=\frac{1}{a^2}(xz-a^2)^2\geqslant 9a^2.$$

从而 $(MN)_{\min}=3a$, 并且当 $x=z$ 时达到最小值; 进而言之, 由 $xz=(x+z)a$ 及 $x=z$ 可知 $x=z=2a$, 即 $AM=BN=2a$ 时 (此时 MN 经过 $C'D'$ 的中点) 达到最小值. □

3.3 与视角有关的一些空间极值问题

例 3.3 设直线 l 垂直于平面 α, 点 O 是垂足. 再设 M,N 是 l 上两个定点 (位于 α 同侧).

(1) 证明: 平面 α 上每个以 O 为圆心、$r(>0)$ 为半径的圆 (周) 上的点对于 MN 有相同的视角 (记作 $\theta=\theta(r)$).

(2) 求平面 α 上对于线段 MN 视角最大的点及最大视角 $\theta_0=\theta(r_0)$.

(3) 证明: 若 $r>r_0$, 则 $\theta(r)$ 是 r 的单调减函数; 若 $0<r<r_0$, 则 $\theta(r)$ 是 r 的单调增函数.

解 (1) 考虑 α 上过点 O 的任意直线 s(图 3.4), 设 S 是其上任意一点. 当线段 OS 在 α 上绕 O 旋转一周时, 对于 S 的每个位置, $\angle MSN$ 保持不变, 所以得到结论. 特别地, 令 $r=OS$, 则视角 $\theta=\theta(r)$ 是 r 的函数.

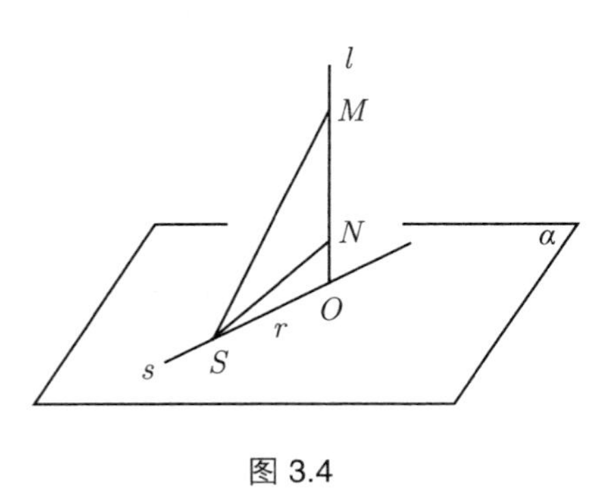

图 3.4

(2) *解法 1* 设直线 s 是平面 α 上过点 O 的任意直线, 只需求直线 s 上对于线段 MN 视角最大的点 (图 3.5).

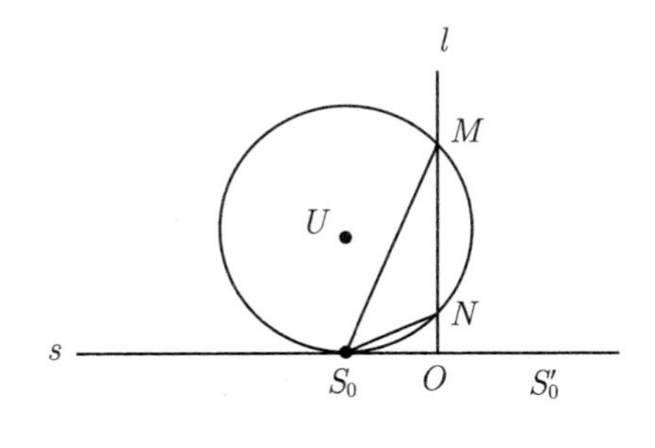

图 3.5

在 s,l 确定的平面上，作圆经过点 M,N 并且与直线 s 相切，这样的圆有两个，关于直线 l 对称. 设 $\odot U$ 是其中之一，相应的切点是 S_0，设它关于 O 的对称点是 S_0'. 那么它们对于 MN 的视角相等 (并且在同一个以 O 为圆心的圆上). 由 2.1 节注 1 可知，在直线 s 的各点中，以点 S_0 及点 S_0' 对于 MN 的视角最大. 设 $MO=a,NO=b$，那么

$$OS_0=r_0=\sqrt{MO\cdot NO}=\sqrt{ab}.$$

由圆周角与同弧所对圆心角的关系，可知最大视角 $\theta_0=\angle MS_0N$ 等于圆心角 $\angle MUN$ 的一半. 因为 US_0 平行于直线 l，所以圆心 U 与弦 MN 的距离等于 OS_0，于是

$$\theta_0=\arctan\frac{\frac{1}{2}MN}{OS_0}=\arctan\frac{a-b}{2\sqrt{ab}}.$$

此外，也可用下面的方法算出最大视角

$$\begin{aligned}\theta_0&=\angle MS_0N=\angle MS_0O-\angle NS_0O\\&=\arctan\frac{MO}{S_0O}-\arctan\frac{NO}{S_0O}=\arctan\sqrt{\frac{a}{b}}-\arctan\sqrt{\frac{b}{a}}\\&=\arctan\frac{\sqrt{\frac{a}{b}}-\sqrt{\frac{b}{a}}}{1+\sqrt{\frac{a}{b}}\cdot\sqrt{\frac{b}{a}}}=\arctan\frac{a-b}{2\sqrt{ab}}.\end{aligned}$$

直线 s 上其他各点对于 MN 的视角都小于 $\angle MS_0N=\theta_0$. 并且它们与 O 的距离或大于、或小于 $r_0=\sqrt{ab}$，于是依本题 (1) 可知，平面 α 上对于 MN 的视角最大的点形成一个以 O 为圆心、$r_0=\sqrt{ab}$ 为半径的圆，最大视角 $\theta_0=\arctan(a-b)/(2\sqrt{ab})$.

解法 2 保留解法 1 中的记号, 首先求直线 s 上对于线段 MN 视角最大的点 (图 3.4). 设 S 是 s 上任意一点, $\angle MSN=\theta$ 是 S 对于 MN 的视角. 记 $OS=r$. 由直角三角形 MOS 可知

$$\begin{aligned}\theta&=\arctan\frac{MO}{SO}-\arctan\frac{NO}{SO}=\arctan\frac{a}{r}-\arctan\frac{b}{r}\\&=\arctan\frac{\dfrac{a}{r}-\dfrac{b}{r}}{1+\dfrac{a}{r}\cdot\dfrac{b}{r}}=\arctan\frac{r(a-b)}{r^2+ab}.\end{aligned}$$

于是

$$\tan\theta=\frac{r(a-b)}{r^2+ab},\tag{3.3.1}$$

其中 $r\in(0,+\infty)$. 因此 r 满足二次方程

$$(\tan\theta)r^2-(a-b)r+ab(\tan\theta)=0.\tag{3.3.2}$$

因为方程有实根, 所以判别式非负, 即 $(a-b)^2-4ab\tan^2\theta\geqslant 0$, 于是

$$0\leqslant\tan\theta\leqslant\frac{a-b}{2\sqrt{ab}}.$$

即当 $r\in(0,+\infty)$ 时, $\tan\theta$ 有最大值 $(a-b)/(2\sqrt{ab})$. 因为 $\tan\theta$ 是增函数, 所以最大视角

$$\theta_0=\arctan\frac{a-b}{2\sqrt{ab}}.$$

将 $\tan\theta_0=(a-b)/(2\sqrt{ab})$ 代入方程 (3.3.2), 可解出给出最大视角 θ_0 的点 S_0 所对应的 r 值 $r_0=\sqrt{ab}$. 由此推出解法 1 中得到的结论.

解法 3 在解法 2 中得到式 (3.3.1) 后, 将它改写为

$$\tan\theta=\frac{a-b}{r+\dfrac{ab}{r}}\quad(r>0).$$

因为

$$r+\frac{ab}{r}\geqslant 2\sqrt{r\cdot\frac{ab}{r}}=2\sqrt{ab},$$

当且仅当 $r=ab/r$ 时等式成立, 所以当点 S 与点 O 的距离 $OS=\sqrt{ab}$ 时, S 对于 MN 的视角最大, 并且等于 $\theta_0=\arctan(a-b)/(2\sqrt{ab})$. 由此推出所要的结论.

解法 4 如式 (3.3.1), 与 O 相距 r 的点 S(图 3.4) 对于 MN 的视角

$$\theta=\theta(r)=\arctan\frac{r(a-b)}{r^2+ab}.$$

令 $r_0=\sqrt{ab},\theta_0=\theta(r_0)$, 则

$$\begin{aligned}\tan\theta_0-\tan\theta&=\frac{r_0(a-b)}{r_0^2+ab}-\frac{r(a-b)}{r^2+ab}\\&=\frac{(r-r_0)(rr_0-ab)(a-b)}{(r_0^2+ab)(r^2+ab)}.\end{aligned}$$

因此, 当 $r>r_0=\sqrt{ab}$ 或 $r<r_0=\sqrt{ab}$ 时, 总有 $\tan\theta<\tan\theta_0$. 因为 $\theta,\theta_0\in(0,\pi/2)$, 所以只要 $r\neq r_0$, 就有 $\theta<\theta_0$. 因此 $r=r_0=\sqrt{ab}$ 时给出最大视角 $\theta_0=\theta(r_0)$, 如上.

(3) 证法 1 可仿照题 (2) 的解法 4 进行. 例如, 当 $r_1>r_2>r_0=\sqrt{ab}$ 时, 记 $\theta_1=\theta(r_1)$, 等等, 有

$$\tan\theta_1-\tan\theta_2=\frac{(r_2-r_1)(r_1r_2-ab)(a-b)}{(r_1^2+ab)(r_2^2+ab)}<0.$$

所以 $\theta_1<\theta_2$. 可类似地处理情形 $0<r<r_0$.

证法 2 用几何方法 (图 3.6). 设 $r_1>r_2>r_0=\sqrt{ab}$, 记 $\theta_1=\theta(r_1)$, 等等, 还设在直线 l,s 确定的平面上, 在直线 s 上点 O 同侧取点 S_1,S_2,S_0, 使得 $OS_1=r_1,OS_2=r_2,OS_0=r_0$. 过点 M,N,S_2 作

$\odot V$. 因为

$$OS_1 \cdot OS_2 > OS_0^2 = r_0^2 = ab = OM \cdot ON,$$

所以 M,N,S_1,S_2 不可能共 $\odot V$. 设 $\odot V$ 与直线 s 的另一个交点是 S', 则 $OS_2 \cdot OS' = OM \cdot ON = ab$. 因为 $OS_2 > r_0 = \sqrt{ab}$, 所以 $OS' < \sqrt{ab} = r_0$. 由此及 $OS_1 > OS_2$ 可推出点 S_1 不可能位于线段 $S'O$ 和 S_2S' 上, 因此点 S_1 位于 $\odot V$ 外. 由此及圆周角定理推出 $\angle MS_2N > \angle MS_1N$, 即 $\theta_2 > \theta_1$. 因此当 $r > r_0$ 时, $\theta(r)$ 是 r 的减函数. 可类似地处理情形 $0 < r < r_0$. □

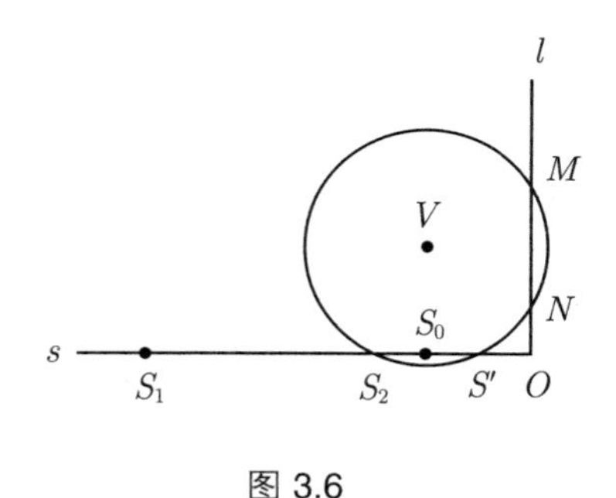

图 3.6

注 上面给出一种几何解法和三种代数解法, 它们都是初等方法. 当然, 得到式 (3.3.1) 后也可对 $f(r) = (a-b)r/(r^2+ab)$ 直接应用微分学方法解本题 (2) 和 (3).

例 3.4 设直线 l 垂直于平面 α, M, N 是 l 上两个定点 (位于 α 同侧), e 是平面 α 上一条给定直线. 求直线 e 上对于线段 MN 视角最大的点.

解 *解法 1* 保留例 3.3 中 a,b,θ_0 的意义. 在平面 α 上过点 O 作直线 e 的垂线, 设垂足是 T_0(图 3.7). 如果 $OT_0 < \sqrt{ab}$, 那么直线 e 与例 3.3 中确定的圆相交; 两个交点对于 MN 的视角最大. 如果

$OT_0=\sqrt{ab}$, 那么直线 e 与例 3.3 中确定的圆相切; 切点对于 MN 的视角最大. 最大视角都等于 θ_0.

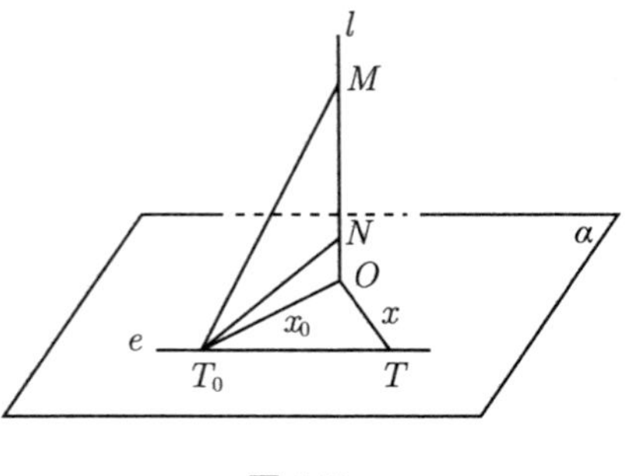

图 3.7

如果 $OT_0>\sqrt{ab}$, 那么直线 e 与例 3.3 中确定的圆无公共点, 此时依 θ_0 的定义, 直线 e 上任何点对于 MN 的视角都小于 θ_0. 下面限于 e 上的点求最大视角.

记 $OT_0=x_0, \angle MT_0N=\phi_0$, 那么由例 3.3 可知以 x_0 为半径的圆上的点 (包括 T_0) 对于 MN 的视角

$$\phi_0=\arctan\frac{x_0(a-b)}{x_0^2+ab}.$$

因为 $x_0>\sqrt{ab}$, 并且对于 e 上任何异于 T_0 的点 T(记 $OT=x$), 满足 $x>x_0>\sqrt{ab}$, 所以依例 3.3(3) 可知, T 对于 MN 的视角 $\phi(x)<\phi(x_0)$. 因此在 $OT_0>\sqrt{ab}$ 的情形下, e 上对于线段 MN 视角最大的点是 T_0, 并且最大视角 $\phi_0=\phi(x_0)=\arctan x_0(a-b)/(x_0^2+ab)$.

解法 2 只适用于 $x_0=OT_0>\sqrt{ab}$ 的情形. 保留解法 1 中的记号, 则有

$$\tan\phi=\frac{x(a-b)}{x^2+ab},$$

其中 $x\in(x_0,+\infty)$. 因此 x 满足二次方程

$$(\tan\phi)x^2-(a-b)x+ab(\tan\phi)=0.$$

由此解出

$$x=\frac{(a-b)\pm\sqrt{(a-b)^2-4ab(\tan\phi)^2}}{2\tan\phi}.$$

如果上式分子中双重符号选负号, 那么 (进行分子有理化后)

$$x=\frac{2ab\tan\phi}{(a-b)+\sqrt{(a-b)^2-4ab(\tan\phi)^2}},$$

当 ϕ 无限接近于零时, x 也无限接近于零, 这与实际不符 (图 3.7). 因此得到

$$x=\frac{(a-b)+\sqrt{(a-b)^2-4ab(\tan\phi)^2}}{2\tan\phi}.$$

由此可知 x 是 ϕ 的单调减函数. 因为 x 的值域是 $[x_0,+\infty),\phi$ 是锐角, 因此当 $x=x_0$(即在直线 e 上取点 T_0) 时, ϕ 取最大值

$$\phi_0=\angle MT_0N=\arctan\frac{x_0(a-b)}{x_0^2+ab}.\qquad\square$$

注 1 上述解法 1 是纯代数解法. 解法 2 实际上用到一点极限概念 (即判断双重符号中不能选负号).

注 2 对于 $OT_0>\sqrt{ab}$ 的情形, 也可以直接应用例 3.3 第 (2) 题中解法 4 的方法. 此时, 对于 e 上的点 T_0, 以及 e 上任意一个异于 T_0 的点 T, 记 $TO=x,\angle MTN=\phi$, 其中 $x\in(x_0,+\infty)$(图 3.8), 则有

$$\tan\phi_0-\tan\phi=\frac{(xx_0-ab)(x-x_0)(a-b)}{(x_0^2+ab)(x^2+ab)},$$

从而推出 $\phi_0>\phi$. 这里应用的是正切函数.

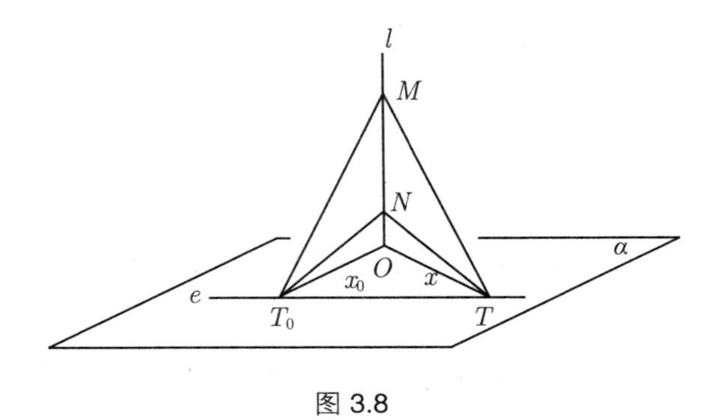

图 3.8

若记 $T_0M=u_0, T_0N=v_0, TM=u, TN=v, MN=c$, 那么

$$u>u_0,\quad v>v_0,\quad u_0>v_0,\quad u>v.$$

虽然

$$\cos\phi_0=\frac{u_0^2+v_0^2-c^2}{2u_0v_0},\quad \cos\phi=\frac{u^2+v^2-c^2}{2uv},$$

但这些关系推不出 $\phi_0>\phi$.

此外, 因为 $\triangle MNT_0$ 与 $\triangle MNT$ 有公共底边 MN, 两者的高 $OT_0<OT$, 所以前者的面积 S_0 小于后者的面积 S. 虽然

$$S_0=\frac{1}{2}u_0v_0\sin\phi_0,\quad S=\frac{1}{2}uv\sin\phi,$$

但这些关系也推不出 $\phi_0>\phi$.

例 3.5 设正三角形 ABC 的边长为 1, 线段 PQ 平行于边 BC, 顶点 A 与 PQ 的距离为 h, 如图 3.9(a) 所示. 将 $\triangle APQ$ 所在的平面以 PQ 为折痕折叠, 使得与原三角形所在平面垂直, 如图 3.9(b) 所示. 求 h 的值, 使得空间中点 A 对于线段 BC 的视角最大, 并求此最大值.

解 (i) 由图 3.9(a) 容易证明 $OB=OC$, 并且

$$\begin{aligned}
&PQ=2h\tan\frac{\pi}{6}=\frac{2\sqrt{3}}{3}h,\\
&OH=\frac{\sqrt{3}}{2}-h,\\
&BH=\frac{1}{2},\\
&OB=\sqrt{BH^2+OH^2}=h^2-\sqrt{3}h+1.
\end{aligned}$$

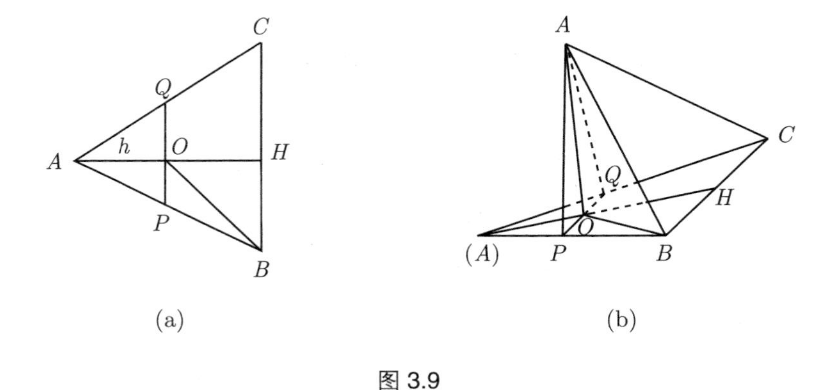

图 3.9

(ii) 在图 3.9(b) 中, 因为平面 APQ 垂直于平面 $PQCB$, 直线 AO 垂直于 PQ, 所以 AO 垂直于平面 $PQCB$, 于是两个直角三角形 AOB 和 AOC 全等, 从而 $AB=AC$. 由余弦定理可知

$$\begin{aligned}
\cos\angle BAC&=\frac{AB^2+AC^2-BC^2}{2\cdot AB\cdot AC}=\frac{2AB^2-BC^2}{2\cdot AB^2}\\
&=1-\frac{1}{2\cdot AB^2},
\end{aligned}$$

由余弦函数在区间 $(0,\pi)$ 上的单调减少性可知, 当 AB 的长度最小时, $\angle BAC$ 最大.

(iii) 求 $(AB)_{\min}$. 由直角三角形 AOB 可知

$$AB^2 = AO^2 + BO^2 = 2h^2 - \sqrt{3}h + 1 = 2\left(h - \frac{\sqrt{3}}{4}\right)^2 + \frac{5}{8}.$$

因此当 $h = \sqrt{3}/4$ 时, $(AB)_{\min} = \sqrt{10}/4$.

(iv) 由步骤 (ii) 和 (iii) 推出, 当 $h = \sqrt{3}/4$ 时, $\cos\angle BAC$ 取得最小值 $1/5$, 由此可知点 A 对于 BC 的最大视角等于 $\arccos 1/5$. □

3.4 关于立体截面的极值问题

例 3.6 设 I-MNK 是底面为 $\triangle MNK$ 的三棱锥, 其侧面 $\triangle INK$ 是锐角三角形. 求锥体经过 MN 的面积最小的截面三角形.

解 解法1 过 MN 作平面 α 与直线 IK 垂直, 设交点是 T_0(图 3.10). 那么 NT_0 是 $\triangle INK$ 的高. 因为已知 $\triangle INK$ 是锐角三角形, 所以 T_0 在线段 IK 上. 类似于例 1.2 可以证明: 在过 MN 的各个截面三角形中, 底边 MN 上的高, 以 $\triangle MNT_0$ 的为最短, 因此 $\triangle MNT_0$ 的面积最小.

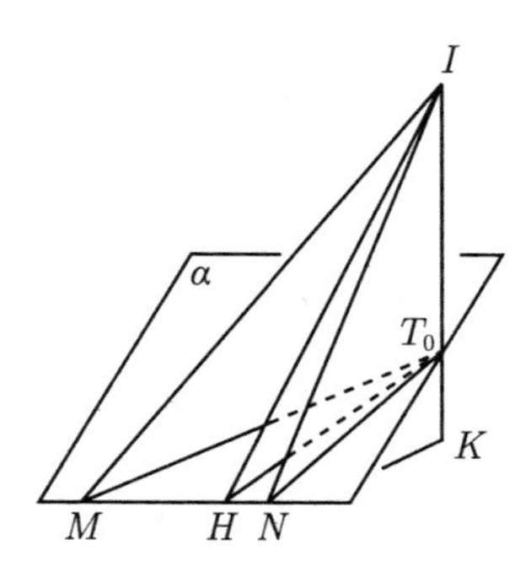

图 3.10

解法2 过 MN 作平面 α 与直线 IK 垂直, 设交点是 T_0(图 3.10). 同解法 1 可知 T_0 在线段 IK 上, 因此 $\triangle T_0MN$ 是三棱锥的一个截面. 过点 T_0 作 $\triangle T_0MN$ 的底边 MN 上的高 T_0H. 因为 IK 垂直于截面 T_0MN, 所以 T_0H 垂直于 IK, 从而 T_0H 是异面直线 MN 和 IK 的公垂线段, 于是由例 3.1 推出 $\triangle T_0MN$ 是所求的面积最小的截面. □

例 3.7 设 $I\text{-}MNK$ 是底面为 $\triangle MNK$ 的三棱锥, 其侧面 $\triangle INK$ 是钝角三角形 ($\angle NKI$ 是钝角). 用 $\mathscr{S}$ 表示三棱锥过 MN 的截面的集合, 即 $\triangle TMN$(其中 T 是线段 IK 上的任意点) 的集合. 令 $S(\triangle)$ 表示截面三角形的面积. 求 $\max\limits_{\Delta\in\mathscr{S}} S(\triangle)$ 和 $\min\limits_{\Delta\in\mathscr{S}} S(\triangle)$.

解 过 MN 作平面 α 与直线 IK 垂直, 设交点是 L, 那么 NL 与 IK 垂直 (图 3.11). 因为侧面 $\triangle INK$ 是钝角三角形, 所以 L 在线段 IK 的延长线上. 因此棱锥过 MN 任何截面三角形在 α 上的 (正) 投影都是 $\triangle MNL$. 如果截面三角形与平面 α 的夹角是 θ, 那么

$$S(\triangle) = \frac{S(\triangle MNL)}{\cos\theta}$$

(参见例 1.2 的注 1). 设三棱锥的界面 KMN 及 IMN 与平面 α

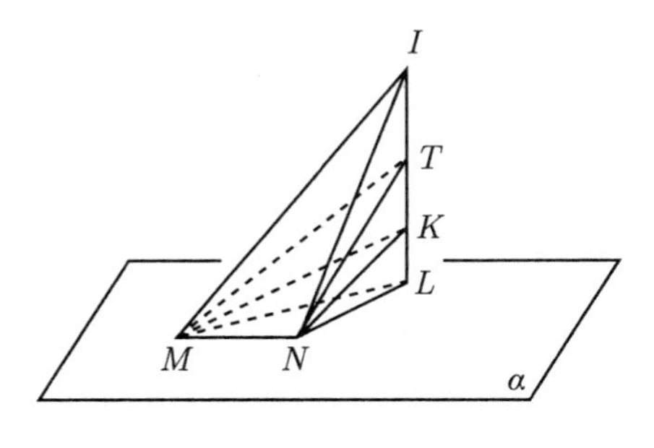

图 3.11

的夹角分别为 θ_1 和 θ_2, 那么 $\theta \in [\theta_1, \theta_2] \subset (0, \pi/2)$, 所以 $S(\triangle)$ 是 θ 的增函数, 从而

$$\max_{\triangle \in \mathscr{S}} S(\triangle) = S(\triangle IMN), \quad \min_{\triangle \in \mathscr{S}} S(\triangle) = S(\triangle KMN). \qquad \square$$

例 3.8 求三棱锥的平行于两条异面的棱的截面面积的最大值.

解 如图 3.12 所示, 截面平行于棱 AC 和 BD, 因此它与棱锥面 ABC 及 ACD 的交线 KL, NM 互相平行 (都平行于 AC), 与棱锥面 ABD 及 CBD 的交线 KN, LM 互相平行 (都平行于 BD), 从而截面 $KLMN$ 是一个平行四边形. 可见它的面积

$$S = KN \cdot KL \sin \alpha,$$

其中 α 是 KN 与 KL 的夹角 $\angle NKL$, 也等于异面直线 AC 和 BD 间的夹角, 从而是一个常数. 因此问题归结为求 $KN \cdot KL$ 的最大值.

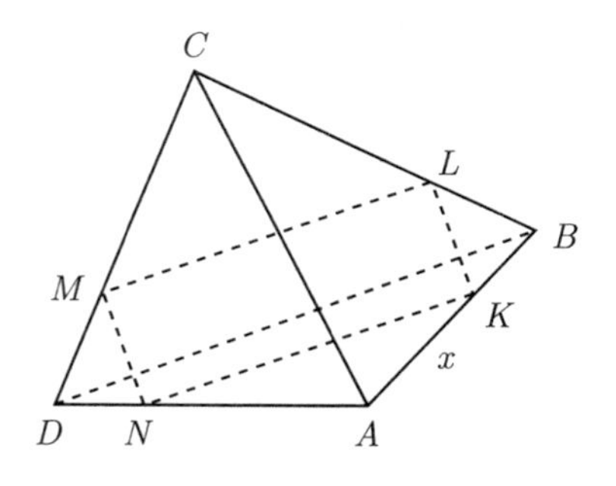

图 3.12

令 $AK = x$, 那么由 $\triangle ABD \sim \triangle AKN$ 推出

$$\frac{AK}{AB} = \frac{KN}{BD},$$

即

$$\frac{x}{AB} = \frac{KN}{BD},$$

于是

$$KN = \frac{BD}{AB}x.$$

类似地, 由 $\triangle BKL \sim \triangle BAC$ 推出

$$\frac{BK}{BA} = \frac{KL}{AC},$$

即

$$\frac{AB-x}{AB} = \frac{KL}{AC},$$

于是

$$KL = \frac{(AB-x)AC}{AB}.$$

因此得到

$$KN \cdot KL = \frac{AC \cdot BD}{AB^2}x(AB-x).$$

因为 $AC \cdot BD/AB^2$ 是常数, 所以只需求 $x(AB-x)$ 的最大值. 应用二次三项式的极值公式或算术-几何平均不等式, 可知当 $x = AB/2$(即 K 是 AB 的中点, 因而截面的其他顶点 L, M, N 分别是棱 BC, CD, DA 的中点) 时, S 最大, 并且

$$\begin{aligned} S_{\max} &= KN \cdot KL \sin\alpha = \frac{AC \cdot BD}{AB^2} \cdot \left(\frac{AB}{2}\right)^2 \sin\alpha \\ &= \frac{1}{4}AC \cdot BD \sin\alpha. \end{aligned}$$

□

例 3.9 边长为 a 的立方体的一个截平面通过它的一条对角线, 求截面面积的最小值.

解 解法1 设截平面过对角线 BD', 分别交棱 AA' 和 CC' 于点 E 和 F(图 3.13(a)). 那么截面是平行四边形. 当且仅当它的对角线 BD'(其长度是定值) 上的高最小时, 其面积最小. 因为顶点 F

在棱 CC' 上, 而且 CC' 与 BD' 是异面直线, 所以应求此二直线的公垂线段.

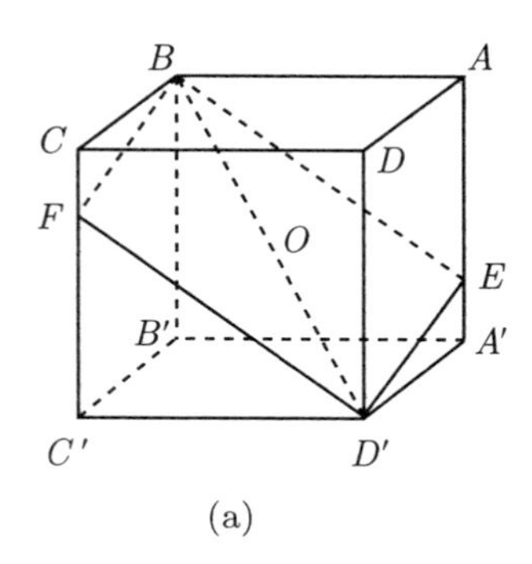

(a)

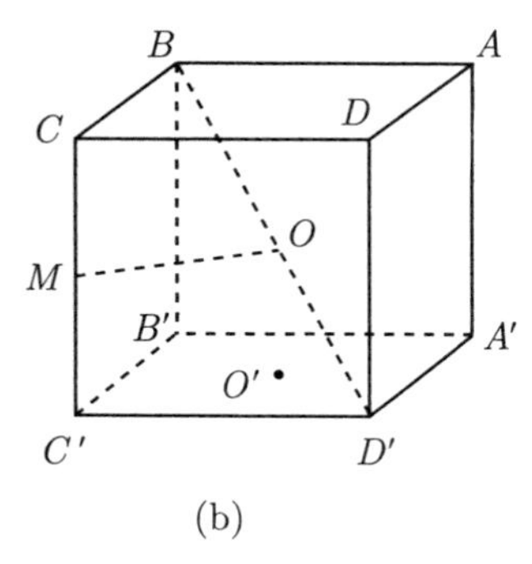

(b)

图 3.13

设 O 和 M 分别是对角线 BD' 和棱 CC' 的中点 (图 3.13(b)). 那么由 $\triangle CBM$ 与 $\triangle C'D'M$ 全等可知 $MB = MD'$, 于是 OM 与 BD' 垂直. 类似地, 由 $CO = C'O$(这里 O 是立方体的中心) 可知 OM 垂直于 CC'. 因此 OM 是 CC' 与 BD' 的公垂线段. 如果 O' 是底面正方形 $A'B'C'D'$ 的中心, 那么 OO' 垂直于底面, 并且

$$OO' = BB'/2 = CC'/2 = MC',$$

于是可推出 $MOO'C'$ 是矩形, 从而

$$OM = C'O' = \sqrt{2}a/2.$$

此外还有

$$BD' = \sqrt{a^2 + a^2 + a^2} = \sqrt{3}a,$$

因此截面面积的最小值

$$S_{\min} = (\sqrt{2}a/2) \cdot (\sqrt{3}a) = \sqrt{6}\,a^2/2.$$

解法 2 应用下列辅助命题:

设空间中一个平面多边形的面积是 S, 多边形在两两互相垂直的三个平面上的投影图形的面积分别是 S_1, S_2, S_3, 那么 $S^2 = S_1^2 + S_2^2 + S_3^2$(证明见本例的注).

四边形 $BED'F$ 在三个界面 $A'B'C'D', CC'D'D, AA'D'D$ 上的投影形状分别如图 3.14(a), (b), (c) 所示. 为此只需确定四边形 $BED'F$ 的四个顶点在各个投影平面上的 (正) 投影的位置.

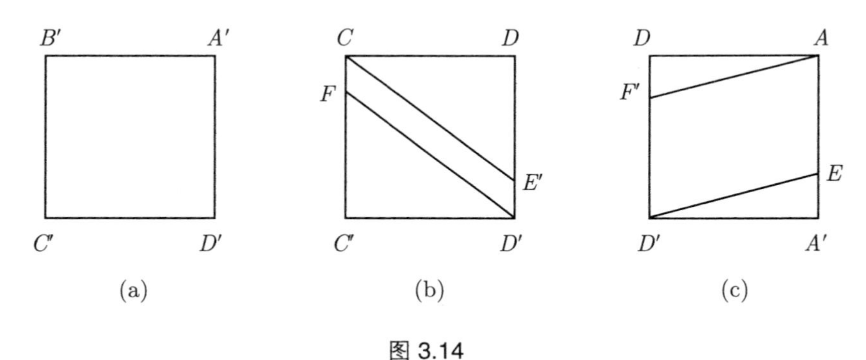

图 3.14

若记 $CF = x$, 则

$$S_1 = a^2, \quad S_2 = ax, \quad S_3 = a(a-x),$$

于是依辅助命题得 (S 表示截面面积)

$$\begin{aligned} S^2 &= a^2 + (ax)^2 + a^2(a-x)^2 \\ &= 2a^2(x^2 - ax + a^2) \\ &= 2a^2\left(\left(x - \frac{a}{2}\right)^2 + \frac{3}{4}a^2\right), \end{aligned}$$

因此当 $x = a/2$(即 F 是棱 CC' 的中点) 时,

$$S_{\min} = \sqrt{2a^2 \cdot (3a^2/4)} = \sqrt{6}a^2/2. \qquad \square$$

注 现在证明辅助命题. 设多边形 S 所在的平面与三个投影平面的夹角分别为 α,β,γ, 那么 (参见例 1.2 的注 1)

$$S_1=S\cos\alpha,\quad S_2=S\cos\beta,\quad S_3=S\cos\gamma,$$

于是

$$S_1^2+S_2^2+S_3^2=S^2(\cos^2\alpha+\cos^2\beta+\cos^2\gamma).$$

只需证明 $\cos^2\alpha+\cos^2\beta+\cos^2\gamma=1$.

如图 3.15(a) 所示, 两两互相垂直的三个平面形成一个顶点为 O 的三面角. 设多边形 S 所在平面 ABC 与三个投影平面的交线分别是 AB,BC,CA, 作射线 OM 与平面 ABC 垂直. 因为 OC 垂直于平面 OAB, 所以 OM 与 OC 间的夹角等于平面 ABC 和平面 OAB 的夹角, 于是 $\angle COM=\alpha$. 类似地, $\angle AOM=\beta,\angle BOM=\gamma$. 作一个长方体, 它的三个相邻的界面 (相交于点 O) 在三个投影面上, 对角线 OG 在射线 OM 上, 如图 3.15(b) 所示. 那么

$$\cos\alpha=\frac{OD}{OG},\quad \cos\beta=\frac{OE}{OG},\quad \cos\gamma=\frac{OF}{OG},$$

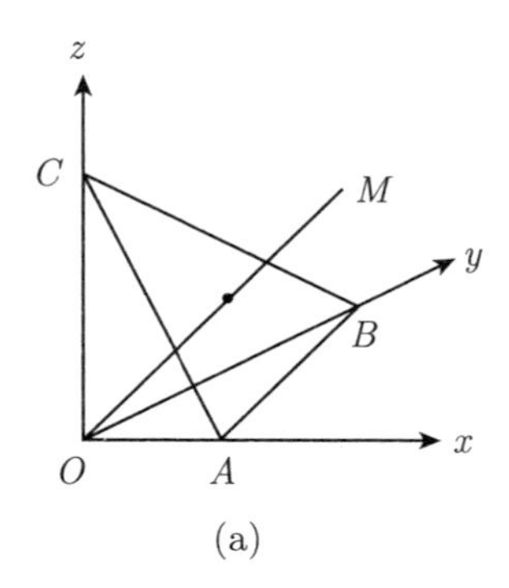

(a)

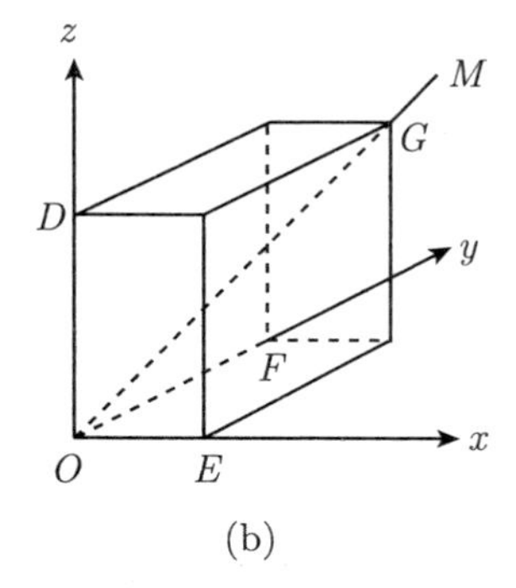

(b)

图 3.15

于是

$$\cos^2\alpha+\cos^2\beta+\cos^2\gamma=\frac{1}{OG^2}(OD^2+OE^2+OF^2).$$

由勾股定理可知

$$OG^2=OD^2+OE^2+OF^2,$$

因此

$$\cos^2\alpha+\cos^2\beta+\cos^2\gamma=1,$$

辅助命题得证.

3.5 与体积和表面积等有关的极值问题

例 3.10 证明: 共一顶点的三条棱长之和为定值的长方体中, 立方体的体积最大, 表面积最小.

证明 设三条棱长为 a,b,c, 其和为 l(定值), 则体积

$$V=abc\leqslant\left(\frac{a+b+c}{3}\right)^3=\frac{l^3}{27}.$$

因此当 $a=b=c$(即立方体) 时, $V_{\max}=l^3/27$.

表面积

$$S=2(ab+bc+ca)\geqslant 2\cdot 3\sqrt[3]{(ab)(bc)(ca)}=6V^{2/3},$$

因此当 $ab=bc=ca$(即立方体) 时, $S_{\min}=6V^{2/3}=6(l^3/27)^{2/3}=(2/3)l^2$. □

例 3.11 对于体积为定值的长方体, 求其棱长之和及表面积的极值.

解 设长方体体积为定值 V.

(i) 棱长之和

$$L=4(a+b+c)\geqslant 4\cdot 3\sqrt[3]{abc}=12\sqrt[3]{V},$$

因此当 $a=b=c$(即立方体) 时, $L_{\min}=12\sqrt[3]{V}$.

考虑棱长为 $\varepsilon\sqrt[3]{V},\sqrt[3]{V}/\varepsilon,\sqrt[3]{V}$ 的长方体 (其中 $\varepsilon>0$), 其体积等于 V, 棱长之和等于

$$4\left(\varepsilon+\frac{1}{\varepsilon}+1\right)\sqrt[3]{V},$$

当 $\varepsilon>0$ 取任意大的值时, 上式的值也取得任意大, 可见 $L_{\max}$ 不存在.

(ii) 表面积

$$S=2(ab+bc+ca)\geqslant 2\cdot 3\sqrt[3]{(ab)(bc)(ca)}=6V^{2/3},$$

因此当 $ab=bc=ca$(即立方体) 时, $S_{\min}=6V^{2/3}$.

步骤 (i) 中的例子表明 $S_{\max}$ 不存在. □

例 3.12 圆锥底面半径为 r, 母线与底面夹角为 α. 过锥顶作圆锥的截面, 当圆锥的高与截面之间的夹角为何值时, 以圆锥底面中心及截面的各个顶点一起作为顶点的多面体的体积最大?

解 如图 3.16 所示, 截面是 $\triangle TDC$, 将圆锥的高 TO 与截面之间的夹角记为 ϕ. 那么四面体 $TOCD$ 的体积

$$V=\frac{1}{3}S(\triangle ODC)\cdot TO.$$

圆锥的轴截面是等腰三角形 TAB, 其底角等于圆锥母线与底面的夹角 α, 底边长为 $2r$, 可见 $TO=r\tan\alpha$. 于是

$$V=\frac{1}{3}S(\triangle ODC)\cdot r\tan\alpha.$$

首先计算 $S(\triangle ODC)$(图 3.17).

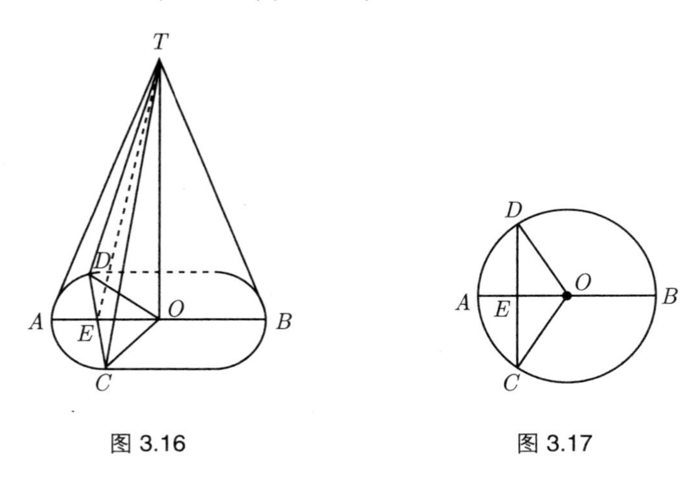

图 3.16　　图 3.17

因为在直角三角形 TEO 中, $\angle ETO=\phi$, 所以

$$EO=TO\tan\phi=r\tan\alpha\tan\phi.$$

又由 $\triangle ODC$ 求出

$$\begin{aligned}DC&=2DE=2\sqrt{OD^2-OE^2}\\&=2\sqrt{r^2-r^2\tan^2\alpha\tan^2\phi}\\&=2r\sqrt{1-\tan^2\alpha\tan^2\phi}.\end{aligned}$$

于是得到

$$S(\triangle ODC)=\frac{1}{2}OE\cdot DC=r^2\tan\alpha\tan\phi\sqrt{1-\tan^2\alpha\tan^2\phi}.$$

注意 r,α 是定值, 故只需求 $f(\phi)=\tan\alpha\tan\phi\sqrt{1-\tan^2\alpha\tan^2\phi}$ 的极值. 因为

$$\begin{aligned}f^2&=\tan^2\alpha\tan^2\phi(1-\tan^2\alpha\tan^2\phi)\\&\leqslant\frac{1}{2^2}\big(\tan^2\alpha\tan^2\phi+(1-\tan^2\alpha\tan^2\phi)\big)^2\\&=\frac{1}{4},\end{aligned}$$

并且当且仅当

$$\tan^2\alpha\tan^2\phi=1-\tan^2\alpha\tan^2\phi,$$

即

$$\tan^2\alpha\tan^2\phi=\frac{1}{2}$$

时等式成立, 所以当 (注意 $0<\phi<\pi/2-\alpha$)

$$\tan^2\phi=\frac{1}{2}\cot^2\alpha,$$

即

$$\phi=\arctan\frac{\sqrt{2}}{2}\cot\alpha$$

时, 达到 $f_{\max}=1/2$, 此时 $S(\triangle ODC)$ 最大 (最大值等于 $r^2/2$), 因而 V 最大, 并且最大值

$$V_{\max}=\frac{1}{3}\cdot\frac{r^2}{2}\cdot r\tan\alpha=\frac{1}{6}r^3\tan\alpha. \qquad \square$$

例 3.13 求全表面积固定 (等于 S) 的正 n 棱锥的体积的最大值 (通过 S 表示这个最大值).

解 设棱锥的高为 h, 底面内切圆的半径 (即底面正多边形中心与各边的距离) 为 r, 那么棱锥的全面积

$$S=n\tan\frac{\pi}{n}\cdot(r^2+r\sqrt{r^2+h^2}),$$

体积

$$V = \frac{n}{3}\tan\frac{\pi}{n}\cdot(r^2h)$$

(计算细节由读者补出).

题设 S 为定值, 所以问题归结为在约束条件

$$r^2 + r\sqrt{r^2+h^2} = a \quad (\text{常数})$$

下求 $f(r,h) = r^2h$(二变量 r,h 的函数) 的最大值. 由约束条件可知

$$r^2+h^2 = \left(\frac{a}{r}-r\right)^2 = \frac{a^2}{r^2} - 2a + r^2,$$

即

$$h^2 = \frac{a^2}{r^2} - 2a,$$

于是

$$f^2 = (r^2h)^2 = r^4h^2 = a^2r^2 - 2ar^4 = a\cdot r^2(a-2r^2)$$

(单变量 r 的函数). 令 $g(r) = 2r^2(a-2r^2)$, 因为 $2r^2+(a-2r^2) = a$ 是常数, 所以当 $2r^2 = (a-2r^2) = a/2$ 时, g 最大. 因此当 $r^2 = a/4$(或 $r = \sqrt{a}/2$) 时, V 取最大值. 由 a 的表达式可知后一等式等价于 $h = 2\sqrt{2}r = \sqrt{2a}$, 由此

$$V_{\max} = \frac{n}{3}\tan\frac{\pi}{n}\cdot\left(\frac{a}{4}\cdot\sqrt{2a}\right) = \frac{n}{12}\tan\frac{\pi}{n}\cdot a\sqrt{2a}.$$

因为

$$S = n\tan\frac{\pi}{n}\cdot a,$$

所以最终得到

$$V_{\max} = \frac{1}{12\sqrt{n\tan\frac{\pi}{n}}}\cdot S\sqrt{2S}. \qquad \square$$

例 3.14 如图 3.18 所示, O-XYZ 是一个三面角, 它的三个面角都是直角. M 是角内一个定点, 过点 M 作平面从三面角中截得一个四面体 $OABC$. 证明: 当 M 是截面三角形 ABC 的重心时, 截出的四面体体积最小.

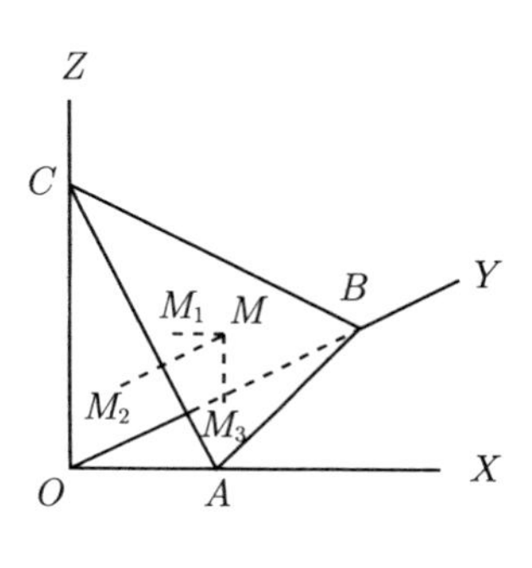

图 3.18

证明 (i) 记 $OA=a,OB=b,OC=c$. 设点 M 与面 OBC,OCA, OAB 的距离分别为 $MM_1=\xi,MM_2=\eta,MM_3=\zeta$, 那么四面体 $OABC$ 的体积

$$V=\frac{1}{3}\cdot OC\cdot S(\triangle OAB)=\frac{1}{3}\cdot c\cdot\frac{1}{2}ab=\frac{1}{6}abc.$$

另一方面, 四面体的体积等于三个四面体 $MOAB,MOBC,MOCA$ 的体积之和, 所以

$$\frac{1}{3}\cdot\zeta\cdot S(\triangle OAB)+\frac{1}{3}\cdot\eta\cdot S(\triangle OCA)+\frac{1}{3}\cdot\xi\cdot S(\triangle OBC)=\frac{1}{6}abc,$$

即

$$\frac{1}{6}ab\zeta+\frac{1}{6}ac\eta+\frac{1}{6}bc\xi=\frac{1}{6}abc,$$

于是

$$\frac{\zeta}{c}+\frac{\eta}{b}+\frac{\xi}{a}=1.$$

可见问题归结为在上式的约束下求 $a,b,c>0$ 的值使得 $f=abc$ 最小. 由算术-几何平均不等式, 当

$$\frac{\zeta}{c}=\frac{\eta}{b}=\frac{\xi}{a}=\frac{1}{3} \tag{3.14.1}$$

时, 乘积

$$\frac{\zeta}{c}\cdot\frac{\eta}{b}\cdot\frac{\xi}{a}=\frac{\xi\eta\zeta}{abc}$$

取得最大值 $1/27$, 从而 abc 取得最小值 $27\xi\eta\zeta$. 因此 $V_{\max}=(9/2)\xi\eta\zeta$.

(ii) 现在证明: 极值条件式 (3.14.1) 等价于 M 是极值截面三角形 ABC 的重心 (图 3.19).

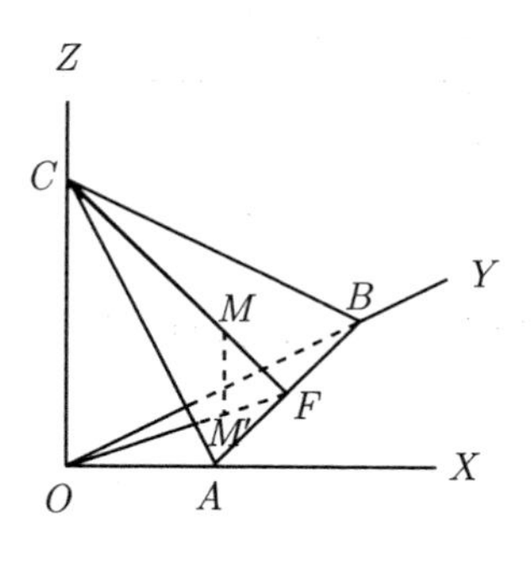

图 3.19

首先设式 (3.14.1) 成立. 设 CM 交 AB 于点 F. 由题设可知 CO 垂直于平面 OAB, 所以平面 CFO 也垂直于平面 OAB, 并且两者的交线是 OF. 在平面 CFO 中作 $MM'\perp OF$ (点 M' 是垂足), 那么 MM' 垂直于平面 OAB, 因而 MM' 给出点 M 与平面 OAB 的距离, 即 $MM'=\zeta$(实际上点 M' 就是上述点 M_3). 于是由 $\triangle COF\sim\triangle MM'F$ 及式 (3.14.1) 推出

$$\frac{MF}{CF}=\frac{MM'}{CO}=\frac{\zeta}{c}=\frac{1}{3}.$$

同样的推理可以证明: 若 D 是直线 AM 与 CB 的交点, E 是直线 BM 与 CA 的交点, 则式 (3.14.1) 蕴含

$$\frac{MD}{AD}=\frac{\xi}{a}=\frac{1}{3},\quad \frac{ME}{BE}=\frac{\eta}{b}=\frac{1}{3}.$$

其次, 考察 $\triangle ABC$(图 3.20).

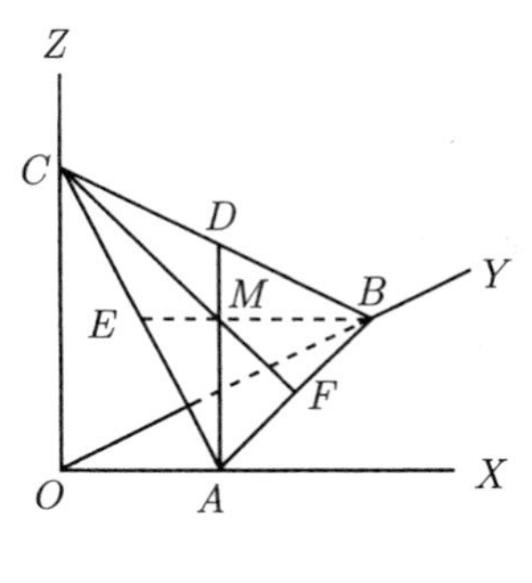

图 3.20

依据上述线段比值和面积比较定理, 有

$$S(\triangle MFB)=\frac{1}{3}S(\triangle CFB),\quad S(\triangle MFA)=\frac{1}{3}S(\triangle CFA),$$

所以

$$S(\triangle MAB)=\frac{1}{3}\big(S(\triangle CFB)+S(\triangle CFA)\big)=\frac{1}{3}S(\triangle ABC).$$

同样的推理得到

$$S(\triangle MBC)=\frac{1}{3}S(\triangle ABC),\quad S(\triangle MCA)=\frac{1}{3}S(\triangle ABC).$$

进而得到

$$S(\triangle MFB)=\frac{1}{2}S(\triangle MBC)=\frac{1}{6}S(\triangle ABC),$$

因此

$$S(\triangle CFB) = S(\triangle MFB) + S(\triangle MBC)$$
$$= \left(\frac{1}{6} + \frac{1}{3}\right) \cdot S(\triangle ABC) = \frac{1}{2} S(\triangle ABC),$$

这蕴含

$$\frac{FB}{AB} = \frac{S(\triangle CFB)}{S(\triangle ABC)} = \frac{1}{2},$$

可见 F 是边 AB 的中点. 类似地, 可知 D, E 分别是 BC, AC 的中点. 因此点 M 确为极值截面三角形 ABC 的重心.

现在反过来证明: 若截面三角形 ABC 以 M 为重心, 那么条件式 (3.14.1) 成立. 事实上, 设 CM 交 AB 于点 F, 那么 F 是 $\triangle ABC$ 的边 AB 的中点. 类似于上面的推理, 可知平面 CFO 垂直于平面 OAB. 因而若在平面 CFO 中作 $MM' \perp OF$(点 M' 是垂足), 那么 MM' 垂直于平面 OAB, 从而 $MM' = \zeta$. 于是由 $\triangle COF \sim \triangle MM'F$ 推出

$$\frac{MM'}{CO} = \frac{MF}{CF} = \frac{1}{3},$$

即

$$\frac{\zeta}{c} = \frac{1}{3}.$$

同理可证

$$\frac{\eta}{b} = \frac{1}{3}, \quad \frac{\xi}{a} = \frac{1}{3}.$$

因此条件式 (3.14.1) 确实成立. □

例 3.15 一个长方体的边长都是整数, 对角线长为 $\sqrt{11}$, 全面积为 14, 问: 当长、宽、高各为多少时, 长方体体积最大? 并求此最大值.

解 设长方体的长、宽、高分别为 x, y, z, 则由题设可知它们满足条件

$$x^2+y^2+z^2=11,$$
$$2(xy+yz+zx)=14,$$
$$x, y, z>0.$$

因为

$$2(xy+yz+zx)=(x+y+z)^2-(x^2+y^2+z^2),$$

所以

$$(x+y+z)^2=25, \quad x+y+z=5,$$

于是

$$y+z=5-x.$$

进而得到

$$\begin{aligned} yz &= \frac{14}{2}-(xy+zx)=7-x(y+z)=7-x(5-x) \\ &= x^2-5x+7. \end{aligned}$$

依二次方程根与系数的关系, 以上两式表明 y, z 是 t 的二次方程

$$t^2+(x-5)t+(x^2-5x+7)=0 \tag{3.15.1}$$

的两个正实根. 由此推出这个二次方程的判别式非负, 一次项系数小于零, 常数项为正数, 即

$$(x-5)^2-4(x^2-5x+7) \geqslant 0,$$
$$x-5<0,$$

$$x^2-5x+7>0.$$

解不等式, 并且题设限定边长为整数, 所以问题归结为在约束条件

$$\frac{1}{3}\leqslant x\leqslant 3,\quad x<5,\quad y,z\text{ 满足方程 (3.15.1)},\quad x,y,z\in\mathbb{N}$$

下求 $V=xyz$ 的最大值. 对 x 的容许值 $x=3,2,1$ 逐个尝试: 当 $x=3$ 时, 方程 (3.15.1) 给出 $y=z=1$, 于是 $V=3$; 当 $x=2$ 时, 方程 (3.15.1) 给出 $t=(3\pm\sqrt{5})/2\notin\mathbb{Z}$(舍去); 当 $x=1$ 时, 方程 (3.15.1) 给出 $y=3,z=1$ 或 $y=1,z=3$, 于是 $V=3$. 合起来得到: 当 $(x,y,z)=(3,1,1),(1,3,1),(1,1,3)$ 时, $V_{\max}=3$. □

例 3.16 在单位立方体 $ABCD\text{-}A'B'C'D'$(图 3.21) 中, M 是界面正方形 $CDD'C'$ 的中心. 求沿立方体表面由顶点 A 到达点 M 的最短距离.

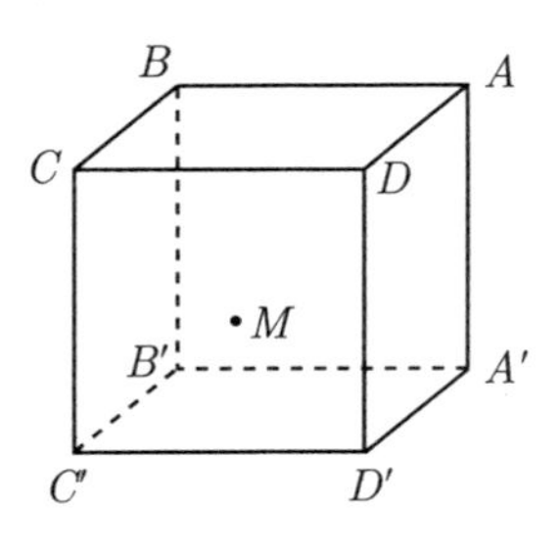

图 3.21

解 将界面正方形 $AA'D'D$ 和 $DD'C'C$ 展开为平面图 (图 3.22), 是两个全等的正方形组成的矩形. 算出线段 AM 的长度, 并且确定两线段 AM,DD' 交点的位置, 即得一条可能的最短路径及距离

$$l_1=AM=AE+EM=\sqrt{\left(\frac{1}{2}\right)^2+\left(\frac{1}{2}+1\right)^2}=\frac{\sqrt{10}}{2},$$

并且若路径与 DD' 的交点是 E, 则 $ED=1/3$.

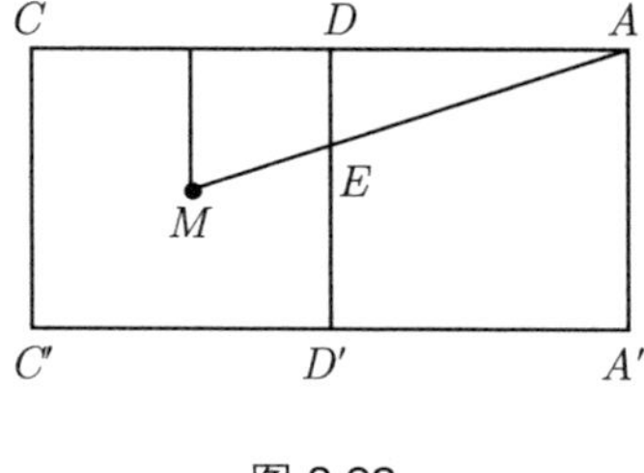

图 3.22

类似地, 将界面正方形 $ABCD$ 和 $DCC'D'$ 展开为平面图, 得到另一条可能的最短路径及距离

$$l_2=\sqrt{\left(\frac{1}{2}\right)^2+\left(\frac{1}{2}+1\right)^2}=\frac{\sqrt{10}}{2},$$

若路径与 CD 的交点是 F, 则 $FD=1/3$(计算细节由读者补出).

其他可能的路径:

$$AD'+D'M=\sqrt{2}+\frac{1}{2}\sqrt{2}=\frac{3}{2}\sqrt{2},$$
$$AC+CM=\sqrt{2}+\frac{1}{2}\sqrt{2}=\frac{3}{2}\sqrt{2},$$
$$AD+DM=1+\frac{1}{2}\sqrt{2}=\frac{1}{2}(2+\sqrt{2}).$$

除上述两类可能的界面组合情形外, 沿界面由点 A 到达点 M 都必须经过 3 个 (或更多的) 界面, 因此不需要考虑. 总之, 共有两种情形给出最短路径 l_1 和 l_2(两者相等). □

练习题 3

3.1 正三棱柱 ABC-$A'B'C'$ 的所有棱长都等于 a, 点 M,N 分

别位于线段 BC' 和 CA' 上, 并且 MN 平行于面 $AA'B'B$, 求线段 MN 的最小长度.

3.2 已知立方体 $ABCD\text{-}A'B'C'D'$ 的棱长为 a. 线段 MN 的端点 M,N 分别在直线 $A'D$ 和 $D'C$ 上, 并且与立方体的面 $ABCD$ 的夹角为 $\pi/3$. 求 MN 的最小长度.

3.3 如图 3.23 所示, 墙上挂着高为 9 尺 (1 尺 ≈0.33 米) 的一幅 (矩形) 画, 其底部 (B) 距地面 8 尺, 一个观画者面对这幅画, 眼睛 (O) 距地面 5 尺. 试确定观画者与墙面的水平距离 (OP), 使得观画最清楚 (将画面看作长 9 尺与地面垂直的线段 AB, 观画者眼球 O 对于 AB 的视角最大).

3.4 (1) 求立方体表面上的点, 使得它对于立方体的某条对角线的视角最小.

(2) 如图 3.24 所示, 求正三棱柱的棱 CC' 上对于棱 AB 的视角最大和最小的点.

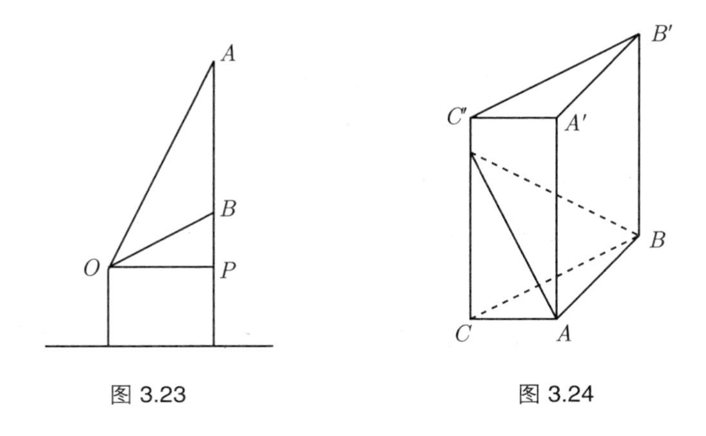

图 3.23　　图 3.24

3.5 正四棱柱 $ABCD\text{-}A'B'C'D'$ 的高等于底面边长的一半, 点 M 在棱 AB 上移动, 求使 $\angle A'MC'$ 达到最大值的位置.

3.6 设点 P 在单位立方体 $ABCD\text{-}A'B'C'D'$ 的棱 CD 上移动, 求 $\triangle PAC'$ 的面积的最小值.

3.7 两个立方体各自一条棱长之和为 a, 求使得它们的体积之和达到最小时的棱长.

3.8 空间一点 P 与边长为 12 的正三角形 ABC 所在平面的距离为 8, 并且与点 A,B,C 等距. 点 M 在线段 PB 上移动, 求 $\triangle MAC$ 面积最小时点 M 的位置.

3.9 证明: 圆锥的内接圆柱的最大体积是圆锥体积的 $4/9$.

3.10 设圆锥的高大于底面直径, 求其内接圆柱的全面积的最大值.

3.11 求通过圆锥的顶点 A 所作截面面积的最大值.

3.12 (1) 设圆柱的体积一定 (即是定值). 证明: 当圆柱的高等于底面直径时, 其全面积最小.

(2) 设圆柱的全面积一定. 证明: 当圆柱的高等于底面直径时, 其体积最大.

3.13 求球的内接圆柱全面积的最大值.

3.14 (1) 求球的外切圆锥侧面积的最小值.

(2) 设圆锥的母线与底面的夹角为 2θ, 并且有一个半径为 1 的内切球. 问当 θ 分别取何值时, 圆锥底面半径与母线之和及圆锥全面积最小?

3.15 设圆锥底面经过球心, 侧面与球面相切 (即半球的外切圆锥), 求其体积的最小值.

3.16 (1) 求半径为 R 的球的内接圆锥体积的最大值.

(2) 求半径为 R 的球的内接圆锥侧面积的最大值.

3.17 怎样从一块半径为 R 的圆形铁片中剪去一个扇形做成容积最大的圆锥形漏斗 (不计接缝材料消耗)?

3.18 一个圆柱的侧面上有一条螺旋曲线, 从底面边缘一点 A 开始环绕上升共 n 周后到达顶面边缘一点 A'(即线段 AA' 恰为柱面的一条母线). 设 r 和 h 分别表示圆柱底面半径和高. 若圆柱的轴截面面积保持定值, 求 $h:r$ 的值使得螺旋曲线的长度最短.

3.19 设 AB 是圆台的一条母线, 点 A, B 分别位于上、下底面圆周上, P 是这条母线的中点. 要从点 P 出发沿圆台表面路径到达点 B, 但不能沿母线上的线段 PB, 确定最短路径. 如果圆台上、下底面半径分别等于 1 和 2, 母线长度为 4, 求最短路径的长度.

4 补　充

此处补充一些有一定难度的或与前文类型不同的几何极值问题.

4.1 补　充 (1)

例 4.1 在直角三角形 ABC 中, $\angle C$ 为直角, $AB=5, BC=4$. 分别取线段 BC 和 AB 的内点 M 和 N, 使得 $\triangle MNB$ 的面积与 $\triangle ABC$ 的面积之比

$$\frac{S(\triangle MNB)}{S(\triangle ABC)}=\mu \quad (0<\mu<1).$$

当 M,N 分别在线段 BC 和 AB 上移动时, MN 的最小值记作 t_0. 证明: 当 $t_0=2$ 时, $\mu=1/2$.

证明 证法 1 作 NT 垂直于 BC(点 T 是垂足). 令 $BM=x$. 因为 $\triangle MBN$ 和 $\triangle ABC$ 共顶角, 所以两者面积比等于

$$\mu=\frac{MB\cdot NB}{CB\cdot AB}.$$

因此 $BN=\mu\cdot 4\cdot 5/x=20\mu/x$. 于是

$$MN^2=NT^2+MT^2=\left(\frac{20\mu}{x}\sin B\right)^2+\left(x-\frac{20\mu}{x}\cos B\right)^2.$$

此处右边的第二项, 当 $\angle NMB \leqslant \pi/2$ 时, 由 $\left(x-(20\mu/x)\cos B\right)^2$ 得到 (图 4.1(a)), 当 $\angle NMB > \pi/2$ 时, 由 $\left((20\mu/x)\cos B - x\right)^2$ 得到 (图 4.1(b)). 化简后 (注意 $\cos B = 4/5$), 有

$$MN^2 = x^2 + \frac{400\mu^2}{x^2} - 32\mu,$$

可见当

$$x^2 = \frac{400\mu^2}{x^2},$$

即 $MB = x = \sqrt{20\mu}$(此时 $NB = 20\mu/x = \sqrt{20\mu}$, 从而 $BM = BN$) 时, MN 长度最小, 且 $t_0 = (MN)_{\min} = 2\sqrt{2\mu}$. 若 $t_0 = 2$, 则得 $\mu = 1/2$.

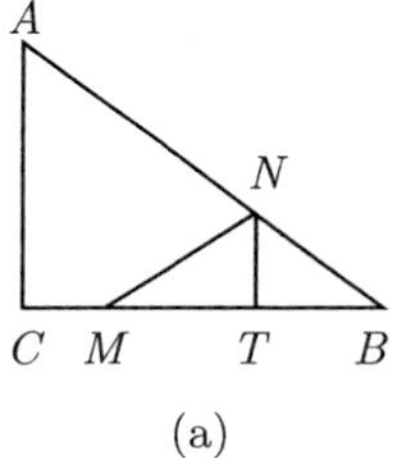

(a)

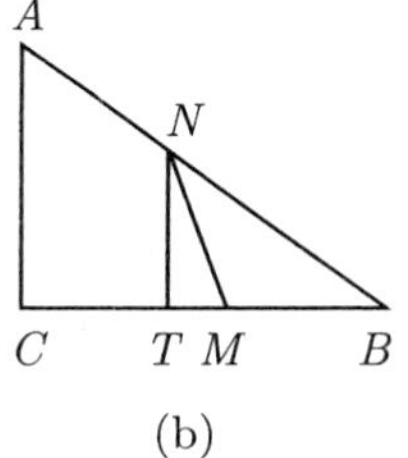

(b)

图 4.1

证法 2　不必区分图 4.1(a), (b) 两种情形. 由勾股定理, 得 $AC = 3$. 记 $\angle NMB = \alpha, \angle MNB = \beta$, 则

$$S(\triangle MNB) = \mu \cdot S(\triangle ABC) = \mu \cdot \frac{1}{2} \cdot 3 \cdot 4 = 6\mu.$$

另一方面,

$$S(\triangle MNB) = \frac{1}{2} \cdot MN \cdot MB \cdot \sin\beta,$$

由正弦定理可知 (并且注意 $\sin B = 3/5$)

$$BM = \frac{MN}{\sin B} \cdot \sin\alpha = \frac{5\sin\alpha}{3} MN,$$

于是

$$\frac{1}{2}MN\cdot\frac{5\sin\alpha}{3}MN\cdot\sin\beta=6\mu,$$

即得

$$MN^2=\frac{36\mu}{5}\cdot\frac{1}{\sin\alpha\sin\beta}.$$

只需求 $f=\sin\alpha\sin\beta$ 的最大值. 我们有

$$\begin{aligned}f&=\frac{1}{2}\big(\cos(\alpha-\beta)-\cos(\alpha+\beta)\big)\\&=\frac{1}{2}\big(\cos(\alpha-\beta)-\cos(\pi-B)\big)\\&=\frac{1}{2}\left(\cos(\alpha-\beta)+\frac{4}{5}\right),\end{aligned}$$

当 $\alpha=\beta$(亦即 $BM=BN$) 时, 得到 $f_{\max}=9/10$, 从而 $t_0=2\sqrt{2\mu}$(余同证法 1). □

例 4.2 在 $\angle MAN(<\pi)$ 内部给定一点 P, 过点 P 作直线 l 与角的两边分别交于点 B 和 C. 求直线 l 的位置, 使得 $\mu=BP\cdot CP$ 最小.

解 解法 1 如图 4.2 所示, 设 $\angle APB=\alpha,\angle BAP=\beta,\angle CAP=\gamma$. 由正弦定理得到

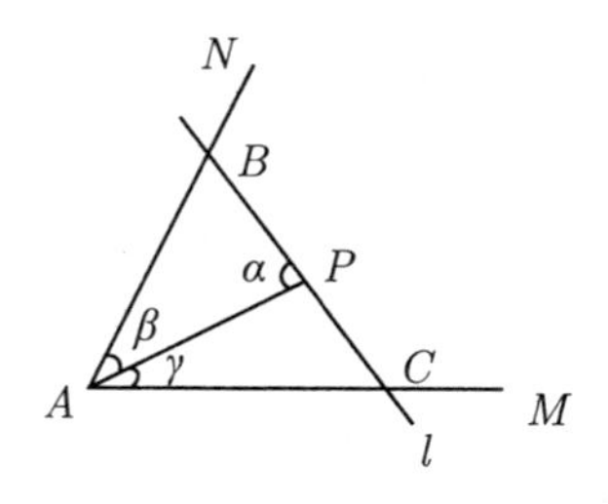

图 4.2

$$BP=\frac{AP\sin\beta}{\sin\angle ABP},\quad CP=\frac{AP\sin\gamma}{\sin\angle ACP},$$

于是

$$\mu=\frac{AP^2\sin\beta\sin\gamma}{\sin\angle ABP\sin\angle ACP}.$$

因为 AP,β,γ 是定值, 所以只需求 $f=\sin\angle ABP\cdot\sin\angle ACP$ 的极大值. 由积化和差公式 (右边出现 $|\cdots|$ 是因为 $\cos x$ 是偶函数),

$$\begin{aligned}f&=\frac{1}{2}\big(\cos|\angle ABP-\angle ACP|-\cos(\angle ABP+\angle ACP)\big)\\&=\frac{1}{2}\big(\cos|\angle ABP-\angle ACP|-\cos(\pi-\angle BAC)\big)\\&=\frac{1}{2}\big(\cos|\angle ABP-\angle ACP|+\cos\angle BAC\big).\end{aligned}$$

因此当 $\angle ABP=\angle ACP$(即 $\triangle ABC$ 是等腰三角形) 时, μ 极小, 并且

$$\mu_{\min}=\frac{2\sin\beta\sin\gamma}{1+\sin(\beta+\gamma)}AP^2.$$

解法 2　如图 4.3 所示, 过点 P 作直线 l 与 $\angle A$ 两边交于点 B,C, 使得 $AB=AC$, 再过点 P 作另一直线分别与 $\angle A$ 两边 AN,AM 交于点 B',C'.

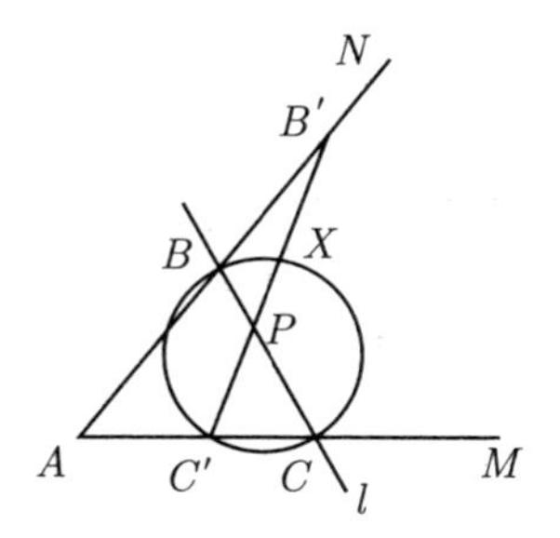

图 4.3

因为两直线的交点 P 在 $\angle A$ 内部, 所以不妨设 C' 是线段 AC 的内点, B' 在线段 AB 的延长线上. 点 B,C,C' 唯一确定一个圆. 设

此圆与 $C'B'$ 的另一个公共点是 X. 因为 $\angle BXC' = \angle BCC'$(它们是同一弧 BC' 所对的圆周角), 又由 l 的定义可知 $\angle BCC' = \angle ABC$, 所以 $\angle BXC' = \angle ABC$. 由于 $\angle ABC > \angle BB'X$ (三角形外角性质), 所以得到 $\angle BXC' > \angle BB'X$. 因此 X 是 $B'C'$ 的内点; 注意点 P 在 BC 上, 所以在圆内, 圆与 $B'C'$ 的两个公共点应分列于点 P 的两侧, 因此点 X 位于 P, B' 之间. 由此立得 $B'P \cdot C'P > XP \cdot C'P = BP \cdot CP$, 即 BC 给出 $\mu_{\min}$. □

例 4.3 给定直线 l 以及直线同侧两点 P, Q. 在 l 上取点 M, 作 $\triangle PQM$ 的高 PR, QS. 求点 M 的位置, 使得线段 SR 的长度最小.

解 首先设 $\angle M$ 是锐角 (图 4.4). 设 N 是线段 PQ 的中点. 因为直角三角形斜边上的中线等于斜边的一半, 所以

$$NS = NR = \frac{1}{2}PQ$$

是定值, 可见线段 SR 作为两腰长度为定值的等腰三角形 NSR 的底边, 其长度取决于顶角 $\angle SNR$. 因为在 $\triangle NSP$ 中, $NS = NP$, 所以

$$\angle SNP = \pi - 2\angle MPQ.$$

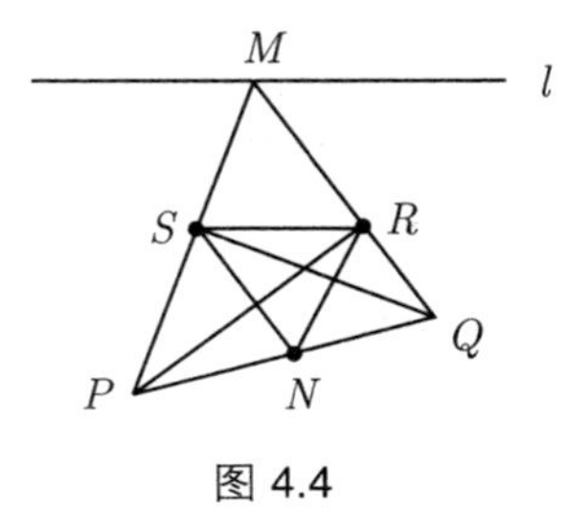

图 4.4

类似地, 由 $\triangle NRQ$ 得知

$$\angle RNQ = \pi - 2\angle MQP.$$

若记 $\angle SNR=2\alpha$, 则

$$\begin{aligned}2\alpha&=\pi-\angle SNP-\angle RNQ\\&=\pi-(\pi-2\angle MPQ)-(\pi-2\angle MQP)\\&=2(\angle MPQ+\angle MQP)-\pi\\&=2(\pi-\angle PMQ)-\pi=\pi-2\angle PMQ.\end{aligned}$$

于是

$$\angle PMQ=\frac{\pi}{2}-\alpha. \tag{4.3.1}$$

这个关系式也可如下简便地导出: 因为点 P,S,R,Q 共圆, 圆心为 PQ 的中点 N. 圆心角 $\angle SNR$ 由弧 SR 度量, 圆外角 $\angle PMQ$ 由半圆弧 PQ 与弧 SR 之差的一半度量, 因此 $\angle PMQ=(\pi-2\alpha)/2=\pi/2-\alpha$.

由式 (4.3.1) 可知, 为求 SR 的最小值, 只需求 $\angle PMQ$(当点 M 位于直线 l 上时) 的最大值. 容易证明 (参见 2.1 节注 1): 若经过点 P,Q 作圆与直线 l 相切, 设切点为 M, 那么对于 l 上任何其他点 M', 总有 $\angle PM'Q<\angle PMQ$, 因此 M 就是使得 $\angle PMQ$ 最大的点. 此时 SR 的最小值等于

$$\begin{aligned}(SR)_{\min}&=2\cdot SN\sin\alpha=2\cdot\frac{PQ}{2}\sin\alpha=PQ\sin\left(\frac{\pi}{2}-\angle PMQ\right)\\&=PQ\cos\angle PMQ.\end{aligned}$$

若 $\angle M$ 是钝角, 则可类似地讨论 (图 4.5), 对 $\angle PMQ$ 应用圆内角定理, 可知 $\angle PMQ=\pi/2+\alpha$. 此时 SR 的最小值等于

$$(SR)_{\min}=2\cdot SN\sin\alpha=2\cdot\frac{PQ}{2}\sin\alpha=PQ\sin\left(\angle PMQ-\frac{\pi}{2}\right)$$

$$= -PQ\cos\angle PMQ.$$

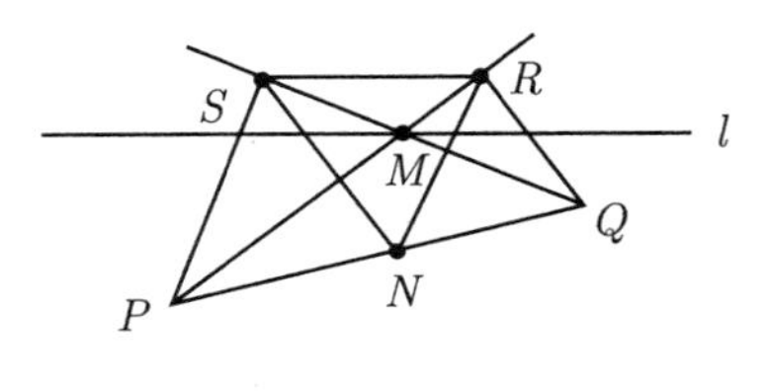

图 4.5

如果 $\angle M$ 是直角, 那么点 R,S,M 重合, 显然 $SR=0$ 为最小值.

综合三种情形, 可知 SR 的最小值等于 $PQ|\cos\angle PMQ|$. □

例 4.4 给定边长为 a 的正三角形 ABC,K 是边 BC 上的任意一点, AK 的垂直平分线分别交 AB,AC 于点 M,N. 求当 K 遍历 BC 的各点时, 截线 MN 长度的最大值和最小值.

解 解法 1 (i) 因为 $\triangle ABC$ 是正三角形 (图 4.6), 所以当 K 位于点 B 或点 C 时, 对应的截线分别是边 AB 和 AC 上的高, 并且二者相等 (也等于 BC 边上的高), 长度等于 $\sqrt{3}a/2$. 若 K 位于 BC 的中点 D 时, 则截线 MN 成为 $\triangle ABC$ 的一条中位线, 平行于 BC, 长度等于 $a/2$. 我们首先排除这些情形.

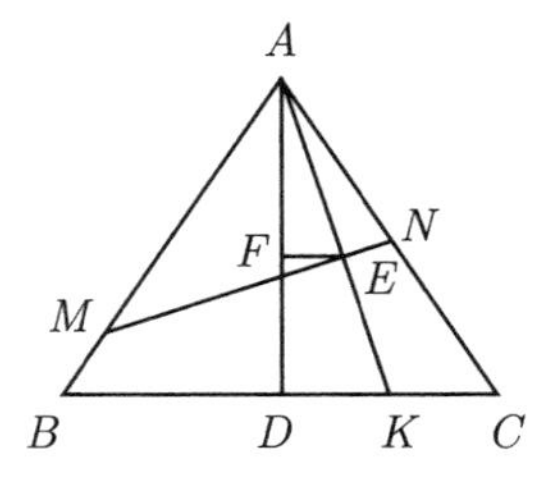

图 4.6

(ii) 现在设 K 是 BC 上任意一点 (但不同于点 B,C,D), 如图 4.6 所示. 过 AK 的中点 E 作其垂线, 被 AB,AC 截得的线段是 MN, 过点 E 作 BC 的平行线交 AD 于点 F, 则 F 是 AD 的中点. 记 $\angle DAK=\theta$, 那么 $\angle CAK=\pi/6-\theta,\angle BAK=\pi/6+\theta$. 于是由直角三角形 AEN,AEM,AEF 分别得到

$$\begin{aligned}EN&=AE\tan\left(\frac{\pi}{6}-\theta\right),\\EM&=AE\tan\left(\frac{\pi}{6}+\theta\right),\\AE&=\frac{AF}{\cos\theta}=\frac{\sqrt{3}a}{4}\cdot\frac{1}{\cos\theta}.\end{aligned}$$

由此可知

$$MN=EM+EN=\frac{\sqrt{3}a}{4}\cdot\frac{1}{\cos\theta}\cdot\left(\tan\left(\frac{\pi}{6}-\theta\right)+\tan\left(\frac{\pi}{6}+\theta\right)\right).$$

作三角恒等变换,

$$\begin{aligned}\tan\left(\frac{\pi}{6}-\theta\right)+\tan\left(\frac{\pi}{6}+\theta\right)&=\frac{\sin\dfrac{\pi}{3}}{\cos\left(\dfrac{\pi}{6}-\theta\right)\cos\left(\dfrac{\pi}{6}+\theta\right)}\\&=\frac{\sqrt{3}}{\cos\dfrac{\pi}{3}+\cos2\theta}=\frac{2\sqrt{3}}{1+2\cos2\theta},\end{aligned}$$

于是

$$MN=\frac{3a}{2\cos\theta(1+2\cos2\theta)}.$$

因为 $\theta\in(0,\pi/6),2\theta\in(0,\pi/3)$, 所以由余弦函数的单调性推出

$$\frac{\sqrt{3}}{2}\leqslant\cos\theta\leqslant1,\quad\frac{1}{2}\leqslant\cos2\theta\leqslant1,$$

于是

$$\frac{3a}{2\cdot1\cdot(1+2\cdot1)}\leqslant MN\leqslant\frac{3a}{2\cdot\dfrac{\sqrt{3}}{2}\cdot\left(1+2\cdot\dfrac{1}{2}\right)},$$

即

$$\frac{a}{2} \leqslant MN \leqslant \frac{\sqrt{3}a}{2}.$$

对于步骤 (i) 中的特例, 对应于 $\theta = 0$ 和 $\theta = \pi/6$, 显然那些截线长度也满足上述不等式, 并且分别给出截线长度的最大值 $\sqrt{3}a/2$(当 K 位于点 B,C 时) 和最小值 $a/2$ (当 K 位于点 D 时).

解法 2　用纯几何方法证明上面得到的结论.

类似于解法 1, 可以认为 K 不是点 B,C 以及 BC 的中点 (图 4.7). 过 AK 的中点作 BC 的平行线以及 AK 的垂线, 得到 $\triangle ABC$ 的中位线 PQ 以及截线 MN. 那么 MN 不可能平行于 BC, 因此不妨设点 M 位于 B,P 之间 (即 PQ 下方), 而点 N 位于 A,Q 之间 (即 PQ 上方). 此外, 因为 Q 是 AC 的中点, 所以 BQ 是 AC 边上的高. 我们来证明截线长不超过正三角形的高, 在此只需证明 $MN < BQ$. 为此过点 N 作直线平行于 BQ, 交 BP 于点 T. 那么由 $\triangle ATN \sim \triangle ABQ$ 推出 $BQ > TN$. 又因为在 $\triangle MTN$ 中, $\angle TMN > \angle BAC = \pi/3, \angle MTN = \angle MBQ = \pi/6$, 所以 $\angle TMN > \angle MTN$, 从而 $TN > MN$. 因此 $MN < BQ$.

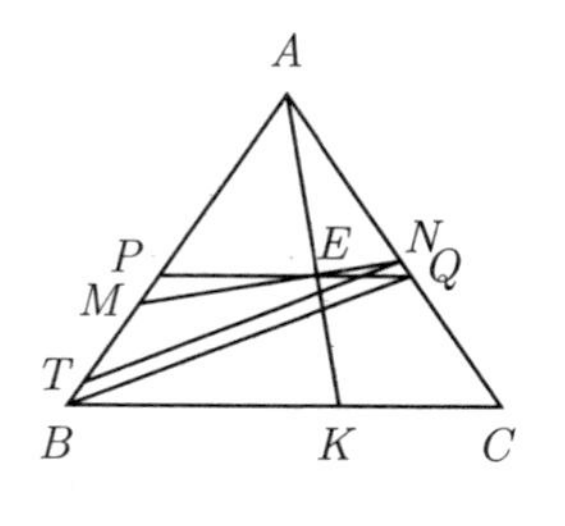

图 4.7

下面来证明截线长不短于正三角形的中位线, 在此只需证明 $MN > PQ$(图 4.8(a)).

设中位线 PQ 与底边 BC 上的高 AD 交于点 F, 那么 F 是 PQ 的中点. 过点 F 作 MN 的平行线被 AB,AC 截得线段 UV(设 UV 与 AK 交于点 I), 那么由 $\triangle AUV\sim\triangle AMN$ 可知 $UV<MN$, 因此只需证明 $UV>PQ$. 为此比较 $\triangle AUV$ 和 $\triangle APQ$ 的面积. 在 (已放大的) 图 4.8(b) 中, PG 平行于 AQ, 因此 $\triangle PGF\cong\triangle QVF$, 从而这两个三角形面积相等. 又因为 $\angle UPF=2\pi/3,\angle GPF=\angle AQP=\pi/3$, 所以 $\angle UPF>\angle GPF$, 可见 G 是线段 UF 的内点. 于是 $S(\triangle PUF)>S(\triangle PGF)=S(\triangle QVF)$, 从而 $S(\triangle AUV)>S(\triangle APQ)$, 由此可知

$$\frac{1}{2}UV\cdot AI>\frac{1}{2}PQ\cdot AF.$$

因为 $AI<AF$, 所以 $UV>PQ$, 从而 $MN>PQ$. □

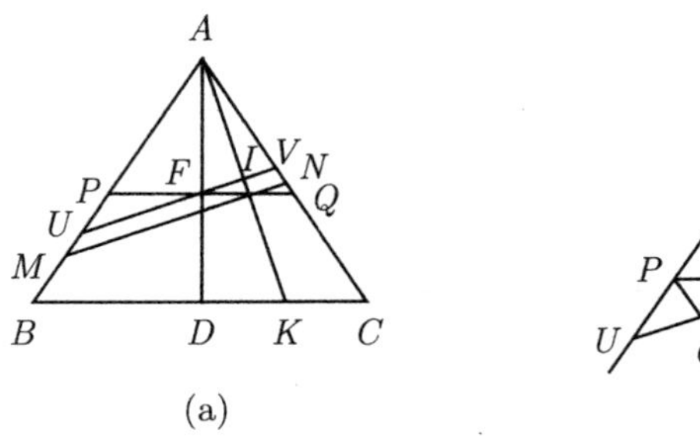

(a)

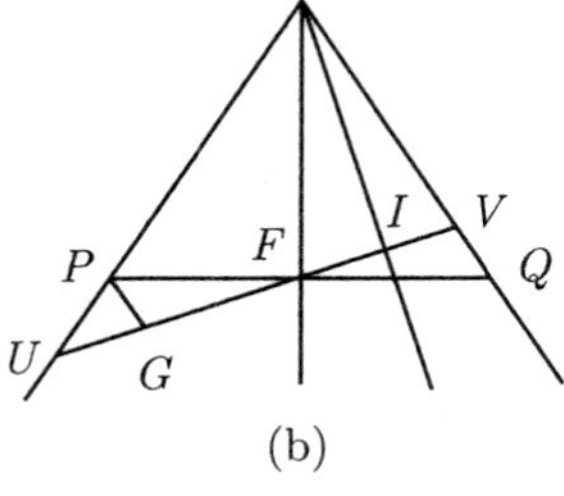

(b)

图 4.8

例 4.5 设 $\triangle ABC$ 是边长为 a 的正三角形, 点 P,Q,R 分别在边 BC,CA,AB 上移动并保持 $BP+CQ+AR=a$. 求 $\triangle PQR$ 的面积的最大值.

解 如图 4.9 所示, 设 $BP=x,CQ=y,AR=z$. 那么 $\triangle PQR$

的面积

$$\begin{aligned}\sigma &= S(\triangle PQR) = S(\triangle ABC) - S(\triangle AQR) - S(\triangle BRP) - S(\triangle CPQ)\\ &= \frac{\sqrt{3}}{4}a^2 - \frac{1}{2}z(a-y)\sin\frac{\pi}{3} - \frac{1}{2}x(a-z)\sin\frac{\pi}{3} - \frac{1}{2}y(a-x)\sin\frac{\pi}{3}\\ &= \frac{\sqrt{3}}{4}\left(a^2 - a(x+y+z) + (xy+yz+zx)\right).\end{aligned}$$

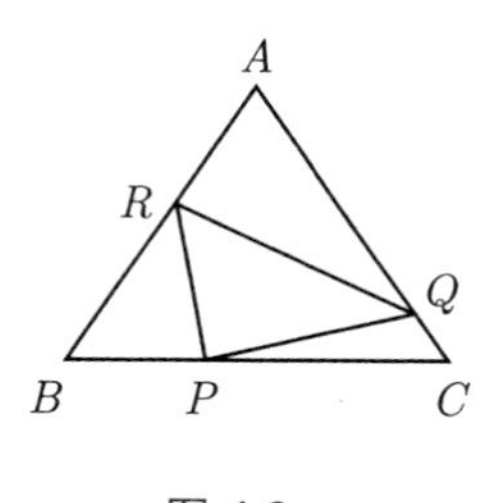

图 4.9

依题设, $x+y+z=a$, 所以

$$\sigma = \frac{\sqrt{3}}{4}(xy+yz+zx).$$

故只需求

$$f = xy+yz+zx = xy+z(x+y)$$

的极值. 为此我们要消去一些变量 (例如 z), 将 $z=a-x-y$ 代入上式, 得到

$$\begin{aligned}f &= xy+(a-x-y)(x+y) = \left(x^2+(y-a)x\right)+(y^2-ay)\\ &= -\left(x+\frac{y-a}{2}\right)^2 - \frac{3}{4}\left(y-\frac{a}{3}\right)^2 + \frac{1}{3}a^2.\end{aligned}$$

因此当

$$x+\frac{y-a}{2}=0, \quad y-\frac{a}{3}=0,$$

即 $x=y=z=a/3$ 时, 得到 $f_{\max}=a^2/3$, 从而 $\sigma_{\max}=\sqrt{3}a^2/4$. 由 $x=y=z=a/3$, 应用余弦定理推出 $PQ=QR=RP=\sqrt{3}a/3$, 即 $\triangle PQR$ 是正三角形. □

注 本例是一个多变量极值问题, 减少变量个数 (消元) 是解题关键 (例 3.13 是一个二变量极值问题, 利用的解法也是基于消元; 还可参见练习题 1.5(3) 的解法 2, 等等). 此外, 为求 $f_{\max}$, 还可由

$$\begin{aligned}a^2-3f&=(x+y+z)^2-3(xy+yz+zx)\\&=x^2+y^2+z^2-xy-yz-zx\\&=\frac{1}{2}\left((x-y)^2+(y-z)^2+(z-x)^2\right)\geqslant 0,\end{aligned}$$

推出 $f\leqslant a^2/3$, 并且当且仅当 $x=y=z$ 时等式成立. 于是 $f_{\max}=a^2/3$(余从略). 这个方法应用了 f 表达式的特殊性. □

例 4.6 求 $\triangle ABC$ 内与三顶点距离之和最小的点.

解 这个点称作费马点. 本题有多种解法, 下面给出纯几何方法. 我们区分两种不同情形: 对于内角小于 $2\pi/3$ 的情形给出两种解法; 有一个内角不小于 $2\pi/3$ 的情形只给出一种解法.

情形 1 设 $\triangle ABC$ 的三个内角都小于 $2\pi/3$.

解法 1 在这种情形下, 三角形内部存在唯一的点 F, 它对于三边 AB,BC,CA 的视角 $\angle FAB=\angle FBC=\angle FCA=\pi/3$. 为证明此事实, 只需在三角形内部分别作以 AB,BC 为弦含角是 $\pi/3$ 的弓形, 它们的交点就是所说的点 F. 下面证明点 F 即符合题中的要求.

为此首先证明下列辅助命题 1:

正三角形 PQR 内部任意一点与三边距离之和是定值 (等于三角形的高).

证明　如图 4.10 所示, 设三角形的边长为 a, 高长为 h,M 是三角形内任意一点, 与三边距离为 x,y,z, 那么由面积等式

$$S(\triangle MAB)+S(\triangle MBC)+S(\triangle MCA)=S(\triangle ABC),$$

推出

$$\frac{1}{2}ax+\frac{1}{2}ay+\frac{1}{2}az=\frac{1}{2}ah,$$

于是 $x+y+z=h$(定值).

现在证明: 若点 F 在 $\triangle ABC$ 内部, 满足 $\angle FAB=\angle FBC=\angle FCA=\pi/3$, I 是 $\triangle ABC$ 内部另外任意一点, 则 $FA+FB+FC<IA+IB+IC$.

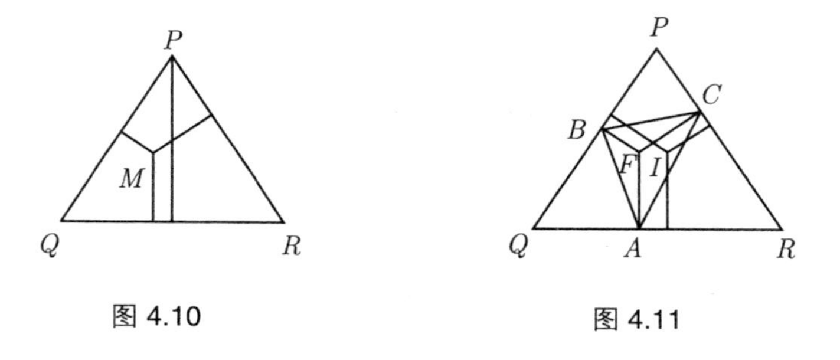

图 4.10　　　　图 4.11

为此分别过点 A,B,C 作直线与 FA,FB,FC 垂直, 那么它们交出 $\triangle PQR$(图 4.11). 因为点 P,B,F,C 共圆, 所以 $\angle P=\pi-\angle BFC=\pi/3$; 类似地, $\angle Q=\pi/3$. 因此 $\triangle PQR$ 是正三角形. 将点 I 与 QR,RP,PQ 的距离记为 x,y,z, 那么依辅助命题 1 可知 $x+y+z=FA+FB+FC$. 又因为 I 与 F 是不同的点, 所以点组 $(I,F,A),(I,F,B),(I,F,C)$ 中至多有一组共线. 例如, 设只有 I,F,A 共线, 那么 $IA=x$, 并且 $IB>y,IC>z$(斜线段大于垂线段), 于是 $x+y+z<IA+IB+IC$; 如果不存在共线点组, 那

么 $IA>x, IB>y, IC>z$, 自然有 $x+y+z<IA+IB+IC$. 所以 $FA+FB+FC=x+y+z<IA+IB+IC$. 因此点 F 确实符合要求.

解法 2 如图 4.12 所示, 以线段 BC 为一边, 在 $\triangle ABC$ 外部作正三角形 BCD 及其外接圆. 因为外接圆的圆周角 BDC 所对的弧的度数是 $2\pi/3$, 而 $\angle A<2\pi/3$, 所以这条弧整个位于点 A 的下方. 因此 DA 与此弧的交点 F 在 $\triangle ABC$ 内部, 并且 $\angle BFC=2\pi/3, \angle AFB=\pi-\angle BFD=\pi-\angle BCD=2\pi/3$, 可见这里确定的点 F 也就是解法 1 中确定的点 F.

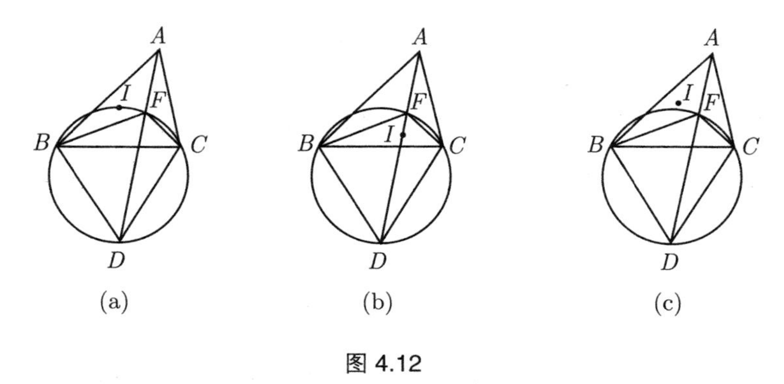

图 4.12

用另一种方法证明点 F 符合要求, 为此需要应用下列辅助命题 2:

设四边形 $ABCD$ 是任意凸四边形, 则

$$AB\cdot CD+BC\cdot DA\geqslant AC\cdot BD,$$

并且当且仅当四边形内接于圆时等式成立 (证明见本例后的注).

现在证明: 对于 $\triangle ABC$ 中任意异于 F 的点 I, 总有 $IA+IB+IC>FA+FB+FC$(注意, 图 4.12 中有些线段未画出). 记

$BC = DB = DC = a$. 由辅助命题 2,

$$FB \cdot CD + FC \cdot BD = FD \cdot BC,$$

即 $a(FB+FC) = a \cdot FD$, 因此 $FD = FB + FC$, 从而

$$FA + FB + FC = AD. \tag{4.6.1}$$

类似地,

$$IB \cdot CD + IC \cdot BD \geqslant ID \cdot BC,$$

因此

$$IA + IB + IC \geqslant IA + ID. \tag{4.6.2}$$

若点 I 在弧 BC 上 (图 4.12(a)), 则上式是等式, 但此时点 I 不可能在 AD 上 (因为点 I, F 互异), 所以 $IA + ID > AD$, 因此由式 (4.6.1) 得到

$$IA + IB + IC = IA + ID > AD = FA + FB + FC.$$

类似地, 若点 I 在线段 AD 上 (图 4.12(b)), 则 I 不可能在圆弧上, 所以式 (4.6.2) 是严格不等式, 从而由式 (4.6.1) 得到

$$IA + IB + IC > IA + ID = AD = FA + FB + FC.$$

最后, 若点 I 不在弧 BC 上, 也不在线段 AD 上 (图 4.12(c)), 则由严格不等式 (4.6.2) 和式 (4.6.1) 得到

$$IA + IB + IC > IA + ID > AD = FA + FB + FC.$$

合起来可知上述结论成立. 于是完成情形 1 的证明.

情形 2　设 $\triangle ABC$ 的一个内角 (例如)$\angle A \geqslant 2\pi/3$.

如图 4.13 所示, 作 $\angle BAC$ 的平分线 AT, 然后分别过点 A,B,C 作 AT,AB,AC 的垂线, 它们交出 $\triangle PQR$. 因为 $\angle Q$ 与 $\angle BAQ$ 互余, $\angle R$ 与 $\angle CAR$ 互余, 并且由 AT 的定义可知

$$\angle BAQ = \pi/2 - \angle BAT = \pi/2 - \angle CAT = \angle CAR,$$

所以 $\angle Q = \angle R$, 从而 $PQ = PR$. 又因为点 A,B,P,C 共圆, 所以 $\angle P = \pi - \angle BAC < \pi/3$; 而 $\angle Q = \pi/2 - \angle BAQ > \pi/2 - \angle BAT > \pi/3$, 因此 $\angle Q > \angle P$, 从而 $PQ = PR > QR$.

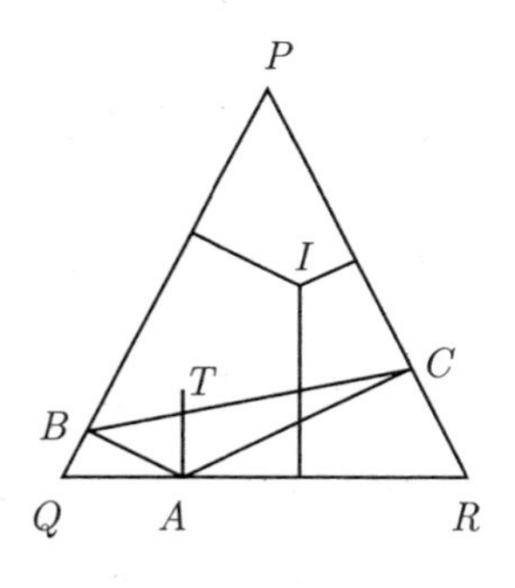

图 4.13

现在证明: 对于 $\triangle PQR$ 内部 (当然也包括 $\triangle ABC$ 内部) 任意一点 I, 有 $AB+AC < IA+IB+IC$. 为此设点 I 与边 QR,RP,PQ 的距离分别是 x,y,z, 并且记 $PQ = PR = a, QR = b$, 那么由面积等式

$$S(\triangle PQA)+S(\triangle PRA) = S(\triangle IPQ)+S(\triangle IQR)+S(\triangle IRP)$$

得到

$$a(AB+AC) = az+bx+ay.$$

于是 (注意 $b<a$)

$$AB+AC=y+z+\frac{b}{a}x<x+y+z.$$

类似地, 可以证明 $x+y+z<IA+IB+IC$, 因此确实 $AB+AC<IA+IB+IC$. 于是对于情形 2, 所求的点是三角形的不小于 $2\pi/3$ 的内角的顶点. □

注 现在证明辅助命题 2, 它可等价地叙述为下列两个定理:

(a) (托勒密定理) 如果凸四边形 $ABCD$ 内接于圆, 则

$$AB\cdot CD+BC\cdot DA=AC\cdot BD.$$

(b) (托勒密不等式) 如果凸四边形 $ABCD$ 不内接于圆, 则

$$AB\cdot CD+BC\cdot DA>AC\cdot BD.$$

这些定理有多种证法, 下面的证法只用到中学几何知识.

定理 (a) 的证明 如图 4.14(a) 所示, 过点 B 作射线 BI 交 AC 于点 I, 使得 $\angle CBI=\angle ABD$, 因为 (依圆周角定理)$\angle BCI=\angle BDA$, 所以 $\triangle BIC\sim\triangle BAD$, 于是

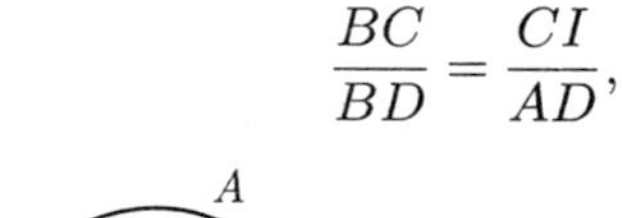

$$\frac{BC}{BD}=\frac{CI}{AD},$$

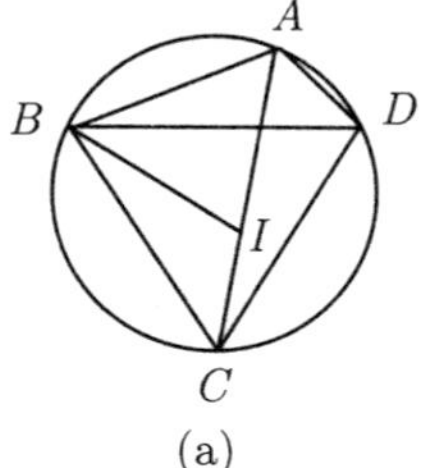

(a)

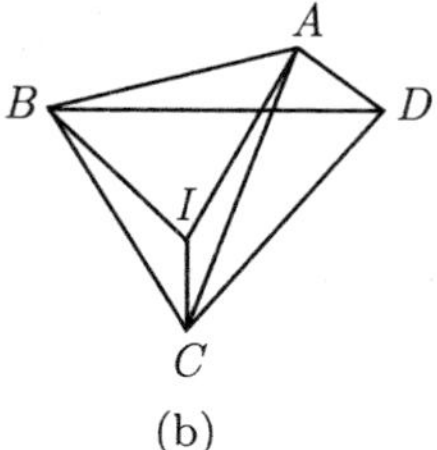

(b)

图 4.14

由此得到

$$BC \cdot AD = BD \cdot CI. \tag{4.6.3}$$

类似地, 由 $\angle CBD = \angle ABI$ 以及 $\angle CDB = \angle CAB$ 可知 $\triangle BCD \sim \triangle BIA$, 得到

$$AB \cdot CD = BD \cdot AI. \tag{4.6.4}$$

将式 (4.6.3) 和式 (4.6.4) 相加, 即得所要的等式.

定理 (b) 的证明 如图 4.14(b) 所示. 因为 A,B,C,D 不共圆, 所以不妨认为 $\angle BCA > \angle BDA$. 分别过点 C 和点 B 作射线交于凸四边形内一点 I, 使得 $\angle BCI = \angle BDA, \angle CBI = \angle DBA$. 于是点 I 不在线段 AC 上. 易见 $\triangle IBC \sim \triangle ABD$, 所以

$$BC \cdot AD = BD \cdot IC. \tag{4.6.5}$$

类似地, 由 $\triangle ABI \sim \triangle DBC$ 得到

$$AB \cdot CD = BD \cdot IA. \tag{4.6.6}$$

将式 (4.6.5) 和式 (4.6.6) 相加, 得到

$$AB \cdot CD + BC \cdot AD = BD \cdot (IC + IA).$$

最后注意 $IC + IA > AC$, 由上式即得所要的不等式.

例 4.7 求锐角三角形的具有最小周长的内接三角形.

解 这个问题有多种解法, 这里给出两个初等几何解法. 一个是证明对于给定的锐角三角形, 最小周长的内接三角形一定是它的垂足三角形 (即三个顶点是给定三角形三边上的高的垂足); 另一个是直接证明它的垂足三角形就是其最小周长的内接三角形.

解法 1 设 $\triangle PQR$ 内接于锐角三角形 ABC, 即其顶点 P,Q,R 分别在边 BC,CA,AB 上, 将所有内接三角形组成的集合记作 $\mathscr{A}$, 所有顶点 P 固定的内接三角形组成的集合记作 $\mathscr{A}_P$. 类似地, 定义集合 $\mathscr{A}_Q$ 和 $\mathscr{A}_R$.

首先给出下列辅助命题:

设 $\angle MON$ 是给定锐角, K 是角内一个定点. 那么对于边 OM 和 ON 上的动点 X 和 Y, 当且仅当 $\angle KXM=\angle OXY$, 并且 $\angle KYN=\angle OYX$ 时, $\triangle KXY$ 的周长最小 (图 4.15).

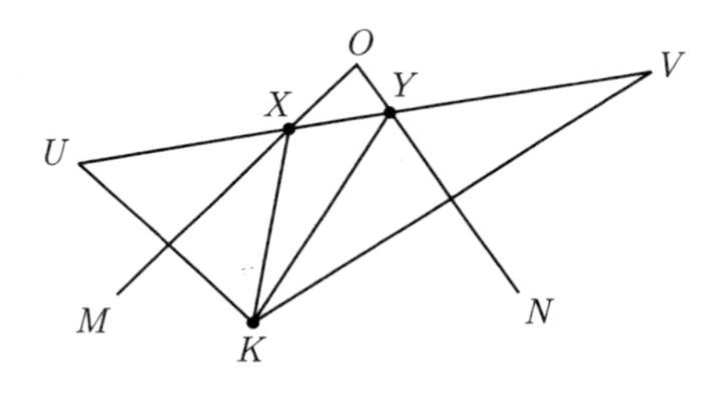

图 4.15

证明 首先设 $\triangle KXY$ 的周长最小. 分别作点 K 以 OM 和 ON 为轴的对称点 U 和 V, 那么连接 U,X,Y,V 必得一条线段; 因为不然, 线段 UV 将与 OM,ON 交于点 X',Y', 折线 $UXYV$ 的长度大于线段 UV 的长度, 即 $\triangle KXY$ 的周长大于 $\triangle KX'Y'$ 的周长, 与假设矛盾. 因此 U,X,Y,V 共线, 由此推出 $\angle KXM=\angle UXM=\angle OXY,\angle KYN=\angle VYN=\angle OYX$.

反过来, 设点 X,Y 分别在 OM,ON 上, 满足条件 $\angle KXM=\angle OXY,\angle KYN=\angle OYX$. 将线段 XY 分别向两端延长到点 U,V 使得 $XU=XK,YV=YK$, 由给定的等角条件可知 K,U 以及 K,V 分别关于 OM 和 ON 轴对称. 由此可以证明: 若 X',Y' 分别是边

OM, ON 上的任意两点, 其中 X'(或 Y') 不同于点 X(或点 Y), 那么 $UX'Y'V$ 不与线段 UV 重合, 从而 $\triangle KX'Y'$ 的周长大于 $\triangle KXY$ 的周长, 即 $\triangle KXY$ 的周长最小.

现在来解本题 (图 4.16). 设 $\triangle DEF$ 是 $\triangle ABC$ 的周长最小的内接三角形, 即它是集合 $\mathscr{A}$ 中的极值元素, 那么它也是集合 $\mathscr{A}_D$(即 $\triangle ABC$ 的一个顶点 D 固定的内接三角形的集合) 中的极值元素 (因为 $\mathscr{A}_D \subset \mathscr{A}$), 即在 $\triangle ABC$ 的顶点 D 固定的内接三角形中它的周长最小. 依辅助命题 (将 $\angle BAC$ 取作 $\angle MON$, 点 D 取作点 K), $\angle BFD = \angle AFE, \angle CED = \angle AEF$; 类似地, $\angle BDF = \angle CDE$.

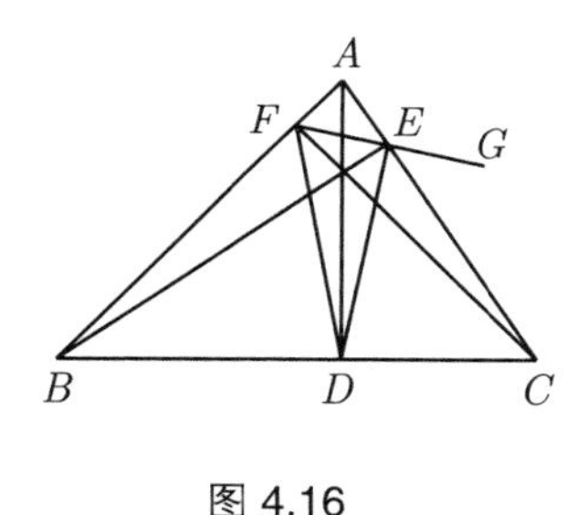

图 4.16

现在证明 $\triangle DEF$ 是 $\triangle ABC$ 的垂足三角形, 即点 D, E, F 分别是 $\triangle ABC$ 三边上的高的垂足. 延长线段 FE 到点 G, 那么 $\angle GEC = \angle AEF$. 又因为 $\angle CED = \angle AEF$, 所以 $\angle GEC = \angle CED$. 因为点 C 位于 $\angle GED$ 的角平分线上, 所以它与 $\angle GED$ 两边等距, 从而点 C 与 FE, DE 等距. 类似地 (延长 FD), 可证点 C 与 FD, DE 等距. 因此点 C 与 $\angle DFE$ 的两边等距, 从而 CF 平分 $\angle DFE$, 也就是 $\angle DFC = \angle EFC$; 将此与 $\angle BFD = \angle AFE$ 结合, 可知 $\angle BFC = \angle AFC$. 于是 CF 与 AB 垂直, 即 CF 是边 AB 上的高. 同法可证 AD, BE 分别是边 BC, AC 上的高.

最后, 垂足三角形 DEF 是集合 $\mathscr{A}$ 中的成员, 所以 $\mathscr{A}$ 中确实存在极值元素. 因此垂足三角形 DEF 是锐角三角形 ABC 的具有最小周长的内接三角形.

解法 2 设 $\triangle DEF$ 是 $\triangle ABC$ 的垂足三角形 (图 4.17), $\triangle PQR$ 是 $\triangle ABC$ 的任意一个内接三角形, 但不是垂足三角形. 下面证明 $\triangle PQR$ 的周长大于 $\triangle DEF$ 的周长 (在图 4.17 中, 为便于比较, $\triangle DEF$ 和 $\triangle PQR$ 是分开画的).

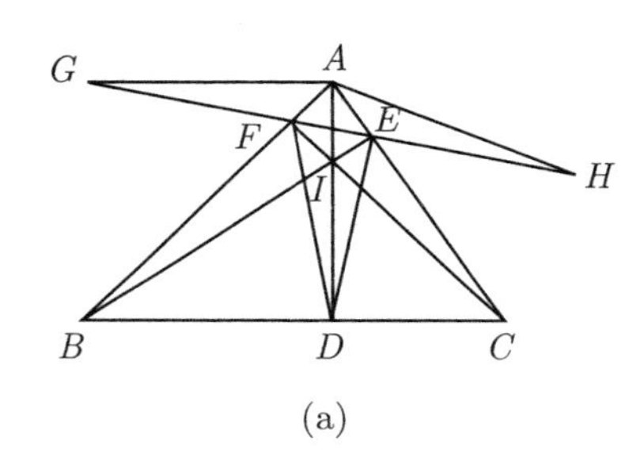

(a)

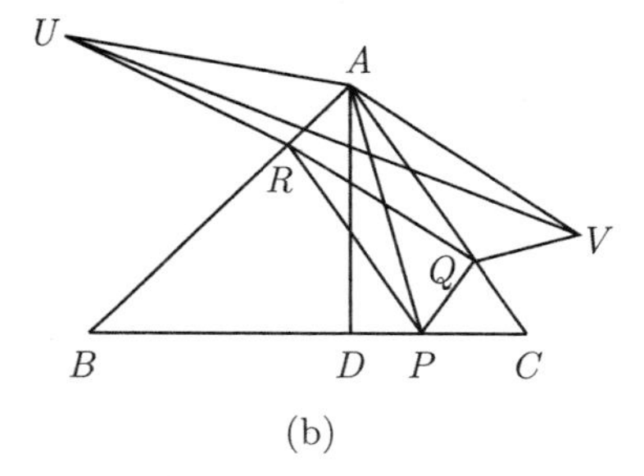

(b)

图 4.17

因为 $\triangle PQR$ 不是垂足三角形, 所以不妨认为边 BC 上的垂足 D 与顶点 P 不重合. 分别作点 D 的以 AB 和 AC 为轴的对称点 G 和 H(图 4.17(a)), 那么 $\triangle DEF$ 的周长

$$l_1 = DE + EF + FD = HE + EF + FG.$$

设点 I 是 $\triangle ABC$ 的垂心 (即三条高的公共点). 因为 $\angle IFB + \angle IDB = \pi$, 所以 I, F, B, D 四点共圆, 从而 $\angle BFD = \angle BID = \angle EIA$; 同理 A, E, I, F 四点共圆, 所以 $\angle EIA = \angle EFA$. 于是 $\angle BFD = \angle EFA$. 又由轴对称性可知 $\angle GFB = \angle BFD$, 因此 $\angle GFB = \angle EFA$. 这表明点 G, F, E 在一条直线上. 同理可证点 H, E, F 在

一条直线上, 因此点 G,F,E,H 共线. 于是 $\triangle DEF$ 的周长 $l_1=GH$.

类似地, 分别作点 P 以 AB 和 AC 为轴的对称点 U 和 V(图 4.17(b)), 那么 $\triangle PQR$ 的周长

$$l_2=PR+RQ+QP=UR+RQ+QV.$$

因为 UV 是线段, 所以 $\triangle PQR$ 的周长 $l_2\geqslant UV$.

对于 $\triangle AGH$ 和 $\triangle AUV$, 依据轴对称性质可见 $\angle GAH=\angle UAV(=2\angle BAC)$, 并且 $AG=AH(=AD),AU=AV(=AP)$, 因此两个等腰三角形 $\triangle AGH\sim\triangle AUV$, 于是

$$\frac{GH}{UV}=\frac{AH}{AV}.$$

因为 $AH=AD<AP=AV$, 所以 $GH<UV$, 于是确实 $l_1<l_2$. □

例 4.8 过 $\odot O$ 内的定点 P 作两条相交的弦 AB 和 CD, 求 $AB\cdot CD$ 的最大值和最小值.

解 设圆的半径为 $r,OP=a,\angle APD=\alpha$, 还设圆心 O 位于 $\angle APD$ 内部. 令 $\angle APO=\theta,\angle DPO=\phi$, 于是 $\theta+\phi=\alpha$(图 4.18). 点 O 与 AB 的距离是 $h_1=a\sin\theta$, 与 CD 的距离是 $h_2=a\sin\phi$, 所以

$$AB=2\sqrt{r^2-h_1^2}=2\sqrt{r^2-a^2\sin^2\theta},$$

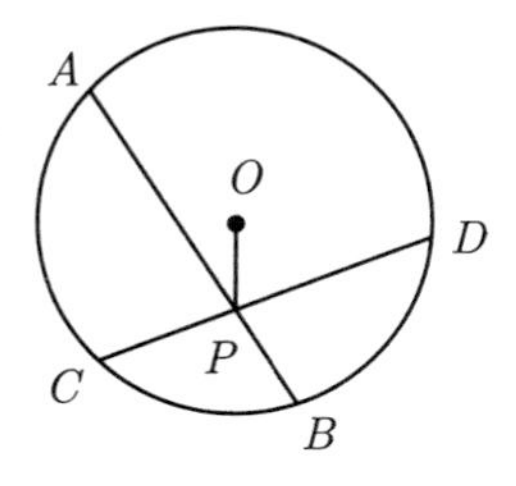

图 4.18

$$CD = 2\sqrt{r^2 - h_2^2} = 2\sqrt{r^2 - a^2\sin^2\phi},$$

于是

$$(AB\cdot CD)^2 = 16(r^2 - a^2\sin^2\theta)(r^2 - a^2\sin^2\phi).$$

由此得到

$$\frac{1}{16}(AB\cdot CD)^2 = r^4 - r^2a^2(\sin^2\theta + \sin^2\phi) + a^4\sin^2\theta\sin^2\phi.$$

算出

$$\begin{aligned}\sin^2\theta + \sin^2\phi &= \frac{1-\cos 2\theta}{2} + \frac{1-\cos 2\phi}{2}\\ &= 1 - \frac{1}{2}(\cos 2\theta + \cos 2\phi)\\ &= 1 - \cos(\theta+\phi)\cos(\theta-\phi)\\ &= 1 - \cos\alpha\cos(\theta-\phi),\end{aligned}$$

以及

$$\begin{aligned}\sin^2\theta\sin^2\phi &= \frac{1}{4}\big(\cos(\theta-\phi) - \cos(\theta+\phi)\big)^2\\ &= \frac{1}{4}\big(\cos(\theta-\phi) - \cos\alpha\big)^2.\end{aligned}$$

于是

$$\begin{aligned}\frac{1}{16}(AB\cdot CD)^2 = r^4 - r^2a^2 + \left(r^2 - \frac{a^2}{2}\right)a^2\cos\alpha\cos(\theta-\phi)\\ + \frac{a^4}{4}\cos^2(\theta-\phi) + \frac{a^4}{4}\cos^2\alpha.\end{aligned}$$

因为 P 是圆内一点, 所以 $r > a > (\sqrt{2}/2)a$, 可见 $r^2 - a^2/2 \geqslant 0$. 由此可知上式右边是 $\cos(\theta-\phi)$ 的增函数, 于是当 $\theta-\phi=0$, 即 OP

平分 $\angle APD$(及其对顶角) 时, $AB\cdot CD$ 最大. 此时,

$$\begin{aligned}\frac{1}{16}(AB\cdot CD)^2 &= r^4 - r^2a^2(1-\cos\alpha) + \frac{a^4}{4}(1-2\cos\alpha+\cos^2\alpha)\\ &= r^4 - r^2a^2(1-\cos\alpha) + \frac{a^4}{4}(1-\cos\alpha)^2\\ &= \frac{1}{4}\big(2r^2 - a^2(1-\cos\alpha)\big)^2,\end{aligned}$$

因而

$$\begin{aligned}(AB\cdot CD)_{\max} &= 2\big(2r^2 - a^2(1-\cos\alpha)\big)\\ &= 2\left(2r^2 - 2a^2\sin^2\frac{\alpha}{2}\right) = 4(r^2-h^2),\end{aligned}$$

其中 $h = a\sin(\alpha/2)$ 是圆心 O 与 AB 及 CD 的距离.

当 $\theta-\phi=\pi/2$, 即 AB 或 CD 中有一个与 OP 垂直时, $AB\cdot CD$ 最小, 并且

$$(AB\cdot CD)_{\min} = 2\sqrt{(2r^2-a^2)^2-(a^2\sin\alpha)^2}.\qquad \square$$

注 考虑特殊情形 $\alpha=\pi/2$(即 AB,CD 互相垂直), 那么当 OP 平分 $\angle APD$(及其对顶角) 时,

$$(AB\cdot CD)_{\max} = 2(2r^2-a^2);$$

当 AB 和 CD 之一经过点 O 和 P 时 (因为 $\theta-\phi=\pi/2, \theta+\phi=\alpha=\pi/2$ 蕴含 $\theta=\pi/2, \phi=0$),

$$(AB\cdot CD)_{\min} = 4r\sqrt{r^2-a^2}.$$

例 4.9 在坐标平面 Oxy 上, 设曲线 $\mathscr{C}$ 由方程 $y=\sqrt{1-x^2}$ 给出, $P(a,0)$ (其中 $a>1$) 是一个定点. 若过点 P 的动直线 l 与曲线

$\mathscr{C}$ 交于 A,B 两点, 求出使 $\triangle OAB$ 的面积达到最大时 l 的位置 (即求其斜率).

解 下面给出两种大同小异的解法 (图 4.19).

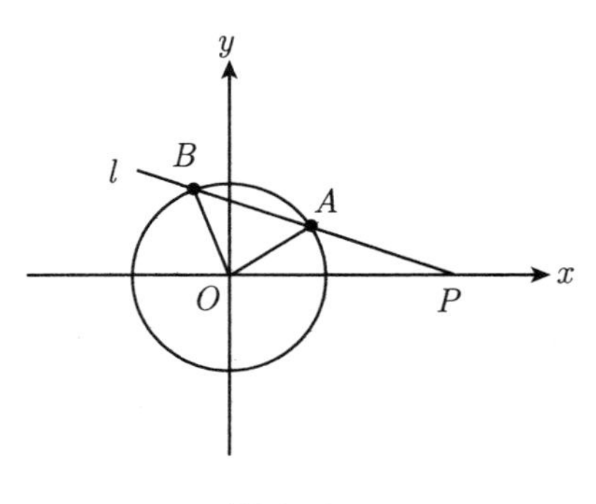

图 4.19

解法 1 (i) 曲线 $\mathscr{C}$ 是上半圆周 $x^2+y^2=1\,(y\geqslant 0)$. 因为 A,B 是单位圆周上的点, 所以分别有坐标 $(\cos\alpha,\sin\alpha),(\cos\beta,\sin\beta)$. 于是 $\triangle OAB$ 的面积

$$S=\frac{1}{2}\sin|\alpha-\beta|.$$

可见当 $\sin|\alpha-\beta|=1$, 即 $\beta-\alpha=\pm\pi/2$, 也就是 OA,OB 互相垂直时, $S_{\max}=1/2$. 设直线 l 的斜率为 k, 那么 l 的方程是 $y=k(x-a)$. 我们要在 OA,OB 互相垂直的条件下来确定 k.

(ii) 分别改记点 A 和 B 的坐标为 (x_1,y_1) 和 (x_2,y_2). 如果 $x_1=0$, 那么 A 是 $\mathscr{C}$ 与 y 轴正向部分的交点, 于是另一交点 B 位于第一象限, 从而 $\angle AOB<\pi/2$. 同样, 若 $x_2=0$, 则也可推出 $\angle AOB<\pi/2$. 在这两种情形下, $\triangle OAB$ 的面积都未达到最大值. 于是可以认为 $x_1x_2\neq 0$. 因为直线 OA,OB 的斜率分别是

$$k_1=\frac{y_1}{x_1},\quad k_2=\frac{y_2}{x_2},$$

OA,OB 互相垂直等价于

$$k_1k_2=-1,$$

所以

$$\frac{y_1y_2}{x_1x_2}=-1 \quad (x_1x_2\neq 0). \tag{4.9.1}$$

(iii) 因为点 A,B 是直线 l 与半圆周 $\mathscr{C}$ 的交点, 所以由两者的方程 $y=k(x-a),x^2+y^2=1$ 消去变量 y, 得到的方程

$$(1+k^2)x^2-2ak^2x+(a^2k^2-1)=0$$

的两个实根就是点 A,B 的横坐标 x_1,x_2. 由二次方程根与系数的关系可知

$$x_1+x_2=\frac{2ak^2}{1+k^2},\quad x_1x_2=\frac{a^2k^2-1}{1+k^2}. \tag{4.9.2}$$

特别地, 由前述条件 $x_1x_2\neq 0$ 推出

$$a^2k^2-1\neq 0. \tag{4.9.3}$$

因为点 A,B 都在直线 l 上, 所以 $y_1=k(x_1-a),y_2=k(x_2-a)$, 从而

$$\begin{aligned}y_1y_2&=k^2(x_1-a)(x_2-a)=k^2\big(x_1x_2-(x_1+x_2)a+a^2\big)\\&=k^2\left(\frac{a^2k^2-1}{1+k^2}-\frac{2ak^2}{1+k^2}\cdot a+a^2\right)=\frac{k^2(a^2-1)}{1+k^2}.\end{aligned}$$

由此式及式 (4.9.1)~ 式 (4.9.3) 得到

$$\frac{k^2(a^2-1)}{a^2k^2-1}=-1.$$

注意式 (4.9.3) 及 $a>1$ 蕴含 $2a^2-1>0$. 由上述方程解出 $k=\pm 1/\sqrt{2a^2-1}$. 为确定符号, 注意在 $y_1=k(x_1-a)$ 中 $x_1<1<a, y_1>0$, 所以 $k<0$, 于是最终得知当

$$k=-\frac{1}{\sqrt{2a^2-1}}$$

时, $\triangle OAB$ 的面积达到最大值 $S_{\max}=1/2$.

解法 2 (i) 与解法 1 同样地可推出当

$$|\sin(\alpha-\beta)|=\sin|\alpha-\beta|=1 \tag{4.9.4}$$

时, $S_{\max}=1/2$.

(ii) 设 l 的方程是 $y=k(x-a)$, 点 A 和 B 的坐标分别是 (x_1,y_1) 和 (x_2,y_2), 那么 $y_1=k(x_1-a), y_2=k(x_2-a)$, 以及

$$\sin\alpha=y_1,\quad \cos\alpha=x_1,\quad \sin\beta=y_2,\quad \cos\beta=x_2.$$

于是

$$\begin{aligned}\sin(\alpha-\beta)&=\sin\alpha\cos\beta-\cos\alpha\sin\beta=y_1x_2-x_1y_2\\&=k(x_1-a)x_2-x_1k(x_2-a)=ak(x_1-x_2),\end{aligned}$$

由此式及式 (4.9.4) 得到

$$|ak(x_1-x_2)|=1. \tag{4.9.5}$$

(iii) 由方程 $y=k(x-a), x^2+y^2=1$ 消去变量 y, 得到方程

$$(1+k^2)x^2-2ak^2x+(a^2k^2-1)=0.$$

由此可解出 x_1,x_2, 进而求出 x_1-x_2(通过 a,k 表出). 我们将此留给读者自行完成. 下面换一个方法. 由式 (4.9.2) 得到

$$(x_1-x_2)^2=(x_1+x_2)^2-4x_1x_2$$

$$= \frac{4a^2k^4}{(1+k^2)^2} - \frac{4(a^2k^2-1)}{1+k^2} = \frac{4(k^2-a^2k^2+1)}{(1+k^2)^2}.$$

由此式及式 (4.9.5) 推出

$$a^2k^2 \cdot \frac{4(k^2-a^2k^2+1)}{(1+k^2)^2} = 1.$$

因为 $(1+k^2)^2 \neq 0$, 所以得到

$$a^2k^2 \cdot 4(k^2-a^2k^2+1) - (1+k^2)^2 = 0,$$

即

$$\big((2a^2-1)k^2-1\big)^2 = 0.$$

注意 $2a^2-1>0$, 于是 $k=\pm 1/\sqrt{2a^2-1}$(其余从略). □

例 4.10 设给定 $\triangle ABC$ 以及 CB 延长线上的一个定点 Q. 证明: 存在一条过点 Q 的射线 l_0, 设它与边 AB,AC 分别交于点 R,S, 而 l' 是另一条任意的过 Q 的射线, 与边 AB,AC 分别交于点 R',S'. 那么对于线段 BC 上任意一点 P, 有

$$S(\triangle PRS) > S(\triangle PR'S').$$

证明 (i) 在边 BC 上确定点 D 满足

$$\frac{QB}{QD} = \frac{QD}{QC}$$

(即 QD 是 QB,QC 的比例中项); 过点 D 作 AC 的平行线交 AB 于点 R. 过点 Q,R 作射线与 AC 交于点 S(图 4.20), 那么射线 QS 就是题中所说的 l_0.

(ii) 首先, 因为

$$\frac{QR}{QS} = \frac{QD}{QC},$$

于是

$$\frac{QB}{QD}=\frac{QR}{QS}.$$

所以 SD 平行于 AB.

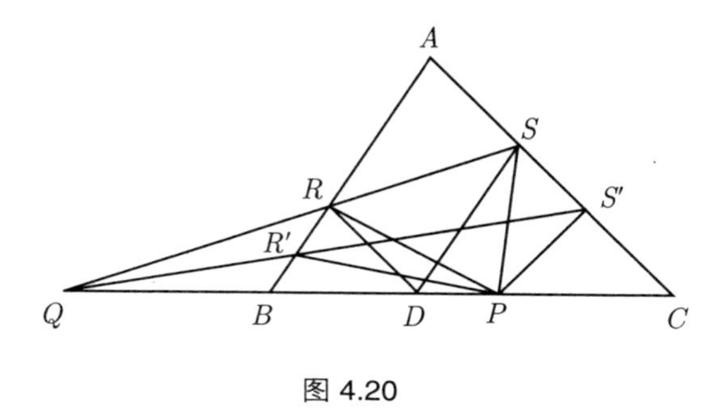

图 4.20

其次, 过点 Q 作任意射线分别与 AB,AC 交于点 R',S'. 下面来证明: $S(\triangle PRS)>S(\triangle PR'S')$(在图 4.20 中, 若射线 QR' 不在 $\angle SQC$ 内部, 证明可类似进行).

因为 $\triangle PRS$ 和 $\triangle DRS$ 同底, 其面积之比等于底边上的高之比, 由此可以推出

$$\frac{S(\triangle PRS)}{S(\triangle DRS)}=\frac{PQ}{DQ}.$$

同理可知

$$\frac{S(\triangle PR'S')}{S(\triangle DR'S')}=\frac{PQ}{DQ}.$$

(注意: 在图 4.20 中没有画出所有的三角形). 由此,

$$\frac{S(\triangle PRS)}{S(\triangle PR'S')}=\frac{S(\triangle DRS)}{S(\triangle DR'S')}.$$

又因为 RD 平行于 AC, 所以 $S(\triangle DRS)=S(\triangle DRS')$, 从而

$$\frac{S(\triangle PRS)}{S(\triangle PR'S')}=\frac{S(\triangle DRS')}{S(\triangle DR'S')}.\tag{4.10.1}$$

另一方面, $\triangle DRS'$ 和 $\triangle DR'S'$ 有公共底边 DS'. 直线 DS' 与直线 AB 相交 (因为线段 DS' 位于平行线 AB,DS 形成的带形区域之外), 若交点为 O, 则 $OR>OR'$(因为射线 QR' 在 $\angle SQC$ 内部), 从而 R 与 DS' 的距离大于 R' 与 DS' 的距离. 因此

$$S(\triangle DRS')>S(\triangle DR'S').$$

由此式及式 (4.10.1) 立得 $S(\triangle PRS)>S(\triangle PR'S')$. □

4.2 补 充 (2)

例 4.11 如图 4.21 所示, 已知 OX,OY,OZ 是空间中两两互相垂直的三条射线, 三个动点 A,B,C 分别在 OX,OY,OZ 上移动, 使得立体 $OABC$ 的体积保持不变. 求 A,B,C 的位置使得线段之和 $OA+OB+OC+AB+BC+CA$ 最小, 并求此最小值.

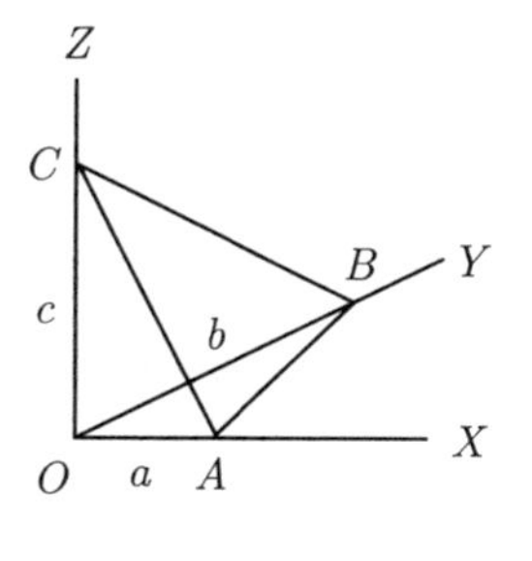

图 4.21

解 设 $OA=a,\cdots$, 如图 4.21 所示, 那么

$$AB=\sqrt{a^2+b^2},\quad BC=\sqrt{b^2+c^2},\quad CA=\sqrt{c^2+a^2}.$$

显然 CO 垂直于平面 OXY, 所以立体 $OABC$ 的体积

$$V=\frac{1}{3}\cdot\frac{1}{2}AO\cdot OB\cdot OC=\frac{1}{6}abc.$$

依题意, $abc=6V$ 是一个定值. 此外, 设线段之和 $OA+OB+OC+AB+BC+CA=l$, 则

$$l=a+b+c+\sqrt{a^2+b^2}+\sqrt{b^2+c^2}+\sqrt{c^2+a^2}. \tag{4.11.1}$$

下面估计 l 的下界. 由算术-几何平均不等式, 有

$$\begin{aligned}&a+b+c\geqslant 3\sqrt[3]{abc},\\&\sqrt{a^2+b^2}+\sqrt{b^2+c^2}+\sqrt{c^2+a^2}\geqslant\sqrt{2ab}+\sqrt{2bc}+\sqrt{2ca}\\&\qquad\geqslant 3\sqrt[3]{\sqrt{2ab}\cdot\sqrt{2bc}\cdot\sqrt{2ca}}\\&\qquad=3\sqrt{2}\sqrt[3]{abc},\end{aligned}$$

其中等式都是当且仅当 $a=b=c$ 时成立. 由此式及式 (4.11.1) 得到

$$l\geqslant 3(1+\sqrt{2})\sqrt[3]{abc}=3(1+\sqrt{2})\sqrt[3]{6V},$$

并且当且仅当 $a=b=c$ 时, 等式成立, 此时得到

$$l_{\min}=3(1+\sqrt{2})\sqrt[3]{6V}.$$

□

例 4.12 过正三棱柱底面一边作棱柱的三角形截面, 棱柱介于截面与底面之间的体积是 V, 截面面积是 S. 问当截面与底面间的夹角多大时 S^3/V^2 最小? 并且指出为了问题有解, 棱柱应满足的条件.

解 设截面 ABD 与底面 ABC 间的夹角为 α, 底面 ABC 的面积为 S_0(图 4.22), 那么

$$S_0=S\cos\alpha$$

(见例 1.2 注 1), 并且

$$V=\frac{1}{3}CD\cdot S_0=\frac{1}{3}CD\cdot S\cos\alpha. \tag{4.12.1}$$

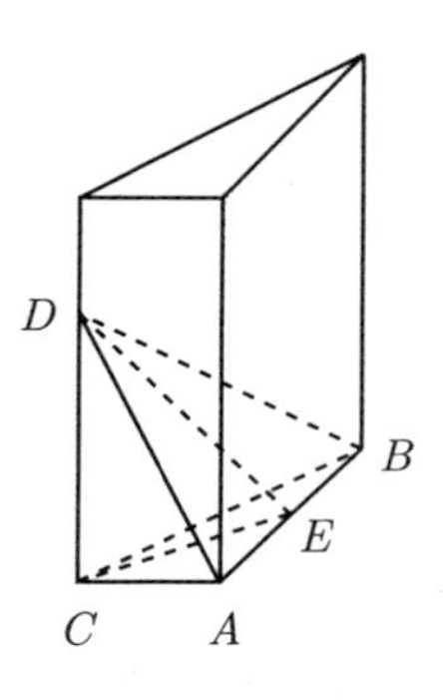

图 4.22

为了确定 V 与 S 间的关系式, 我们通过 α 和 S 来表示 CD. 为此在平面 ABC 上过点 C 作 AB 的垂线 CE(垂足为点 E), 连接 DE. 因为 CD 垂直于底面, 所以 DE 垂直于 AB, 从而 $\angle CED$ 是二面角 C-AB-D 的平面角, 即 $\angle CED=\alpha$. 设底面 (正) $\triangle ABC$ 的边长为 a, 那么由直角三角形 CED 可知

$$CD=CE\cdot\tan\alpha=\frac{\sqrt{3}}{2}a\tan\alpha;$$

另一方面, 由 $S_0=(\sqrt{3}/4)a^2$ 得到

$$a=\sqrt{\frac{4S_0}{\sqrt{3}}}=\sqrt{\frac{4S\cos\alpha}{\sqrt{3}}}.$$

因此

$$CD=\frac{\sqrt{3}}{2}\sqrt{\frac{4S\cos\alpha}{\sqrt{3}}}\tan\alpha=\sqrt[4]{3}\sqrt{S\cos\alpha}\tan\alpha,$$

从而由式 (4.12.1) 推出

$$\begin{aligned}V &= \frac{1}{3}\cdot\sqrt[4]{3}\sqrt{S\cos\alpha}\tan\alpha\cdot S\cos\alpha\\&= \frac{\sqrt[4]{3}}{3}\sqrt{S^3\cos\alpha}\sin\alpha,\end{aligned}$$

两边平方得到

$$V^2 = \frac{\sqrt{3}}{9}S^3\sin^2\alpha\cos\alpha,$$

于是

$$\frac{S^3}{V^2} = \frac{3\sqrt{3}}{\sin^2\alpha\cos\alpha}.$$

现在只需求 $f = \sin^2\alpha\cos\alpha\big(\alpha\in(0,\pi/2)\big)$ 的最大值. 因为 $\cos^2\alpha, 1-\cos^2\alpha > 0$, 所以由算术 - 几何平均不等式得到

$$\begin{aligned}2f^2 &= 2\sin^4\alpha\cos^2\alpha = (1-\cos^2\alpha)^2\cdot 2\cos^2\alpha\\&\leqslant \frac{1}{3^3}\big((1-\cos^2\alpha)+(1-\cos^2\alpha)+2\cos^2\alpha\big)^3\\&= \frac{8}{27},\end{aligned}$$

并且当且仅当 $1-\cos^2\alpha = 2\cos^2\alpha$ 时, 等式成立, 于是当

$$\alpha = \arccos\frac{\sqrt{3}}{3}$$

时, 达到 $f_{\max} = 2\sqrt{3}/9$, 从而 S^3/V^2 达到最小值 $27/2$.

显然, 为了能产生三角形截面, 当且仅当棱柱的侧棱长 (即棱柱的高)$h \geqslant CD$, 即

$$h \geqslant CE\cdot\tan\alpha = \frac{\sqrt{3}}{2}a\tan\arccos\frac{\sqrt{3}}{3},$$

由 $\tan\alpha = \sqrt{1-\cos^2\alpha}/\cos\alpha$ 可知问题有解的条件是 $h \geqslant \sqrt{6}a/2$. □

例 4.13　用 l 表示正四面体内部一点 P 与四个顶点距离之和. 证明: 当 P 为正四面体的中心时, l 最小.

证明　(i) 首先证明: 正四面体 $ABCD$ 内部任意一点 X 与四面体各界面 ($\triangle ABC$ 等) 的距离 d_1,d_2,d_3,d_4 之和是一个定值. 事实上, 若四面体棱长为 a, 那么四面体 $OABC$ 的体积等于

$$\frac{1}{3}d_1S(\triangle ABC)=\frac{1}{3}d_1\cdot\frac{\sqrt{3}}{4}a^2=\frac{\sqrt{3}}{12}a^2d_1.$$

对于四面体 $OBCD$ 等的体积有类似的结果. 它们的体积之和等于正四面体的体积, 因此

$$V=\frac{\sqrt{3}}{12}a^2(d_1+d_2+d_3+d_4).$$

又因为正四面体的高

$$h=\sqrt{\left(\frac{\sqrt{3}}{2}a\right)^2-\left(\frac{1}{3}\cdot\frac{\sqrt{3}}{2}a\right)^2}=\frac{\sqrt{6}}{3}a,$$

所以

$$V=\frac{1}{3}\cdot\frac{\sqrt{6}}{3}a\cdot\frac{\sqrt{3}}{4}a^2=\frac{\sqrt{2}}{12}a^3.$$

于是

$$\frac{\sqrt{3}}{12}a^2(d_1+d_2+d_3+d_4)=\frac{\sqrt{2}}{12}a^3.$$

可见 $d_1+\cdots+d_4=(\sqrt{6}/3)a$ 是定值.

(ii) 证明原题 (图 4.23). 过正四面体 $ABCD$ 各顶点作平面平行于此顶点所对的界面 (即不含此顶点的界面), 设过点 A 的平面 α 平行于界面 BCD, 过点 X 作直线 XA' 垂直于平面 α(点 A' 是垂足). 类似地, 平面 β 过点 B 且平行于界面 ACD, 线段 XB' 垂直于 β(点 B' 是垂足); 平面 γ 过点 C 且平行于界面 ABD, 线段 XC'

垂直于 γ (点 C' 是垂足); 平面 δ 过点 D 且平行于界面 ABC, 线段 XD' 垂直于 δ(点 D' 是垂足). 那么四个平面 $\alpha,\beta,\gamma,\delta$ 围成一个新的正四面体 $\widehat{A}\widehat{B}\widehat{C}\widehat{D}$, 它含有原正四面体, X 是它内部的一个点. 依 (i) 中所证明的结论, X 到新正四面体各界面距离之和是定值 c_0; 又因为 XA' 是平面 α 的垂线段, 所以 $XA \geqslant XA'$(对于其余三条垂线段类似). 于是有

$$XA \geqslant XA', \quad XB \geqslant XB', \quad XC \geqslant XC', \quad XD \geqslant XD', \quad (4.13.1)$$

以及

$$l = XA + XB + XC + XD \geqslant XA' + XB' + XC' + XD' = c_0. \quad (4.13.2)$$

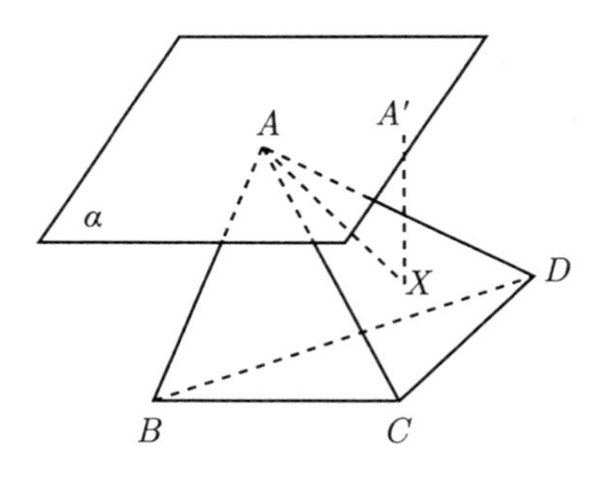

图 4.23

容易证明当且仅当式 (4.13.1) 全是等式时, 式 (4.13.2) 成为等式. 因为 $XA = XA'$ 等价于 XA 与 XA' 重合, 即 XA 垂直于平面 α, 从而垂直于界面 BCD(因为它与 α 平行). 因此式 (4.13.1) 全是等式, 等价于点 X 是正四面体四条高的交点, 即 X 是正四面体的中心. 于是题中结论得证; 并且 $l_{\min} = c_0$. 注意, 我们不必对正四面

体 $\widehat{A}\widehat{B}\widehat{C}\widehat{D}$ 求常数 c_0, 实际上此时 $XA=XB=XC=XD$ 等于原正四面体外接球的半径 R, 所以 $l_{\min}=4\cdot(\sqrt{6}/4)a=\sqrt{6}a$($a$ 为正四面体的棱长). □

注 下面计算正四面体外接球的半径 R.

如图 4.24 所示, 设正四面体的棱长为 a, 点 O 是其外接球的球心, 那么它在四面体的高 AH 上, 作 $OP\perp AB$(点 P 是垂足), 那么 P 是 AB 的中点, 所以 $AP=a/2$. 此外, 点 H 是底面 $\triangle BCD$ 的中心, 所以 BH 等于 $\triangle BCD$ 底边上的中线 (高) 的 2/3, 于是

$$BH=\frac{2}{3}\cdot\sqrt{a^2-\left(\frac{a}{2}\right)^2}=\frac{1}{\sqrt{3}}a,$$

从而

$$AH=\sqrt{AB^2-BH^2}=\frac{\sqrt{6}}{3}a.$$

最后, 由 $\triangle AOP\sim\triangle ABH$ 得到

$$\frac{AP}{AO}=\frac{AH}{AB},$$

由此求出 $R=AO=(\sqrt{6}/4)a$.

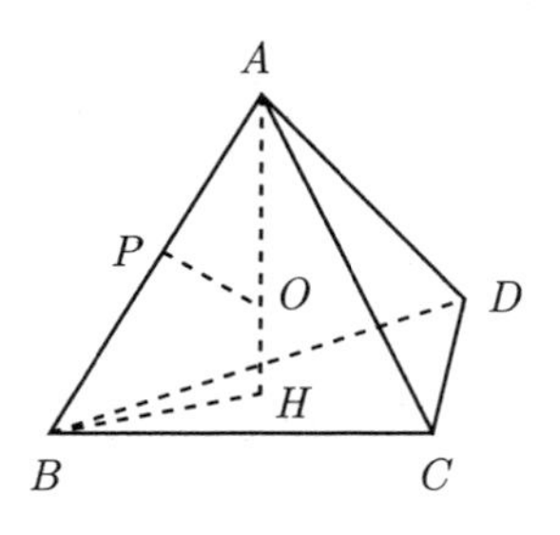

图 4.24

例 4.14 证明: 如果四面体至少有 5 条棱长不超过 1, 则其体积不超过 1/8.

证明 (i) 依题设, 不妨设界面 $\triangle CAB$ 和 $\triangle DAB$ 的边长都不超过 1(图 4.25). 令 CG 是四面体底面 $\triangle ABD$ 上的高, $AB=t$, 则 $0<t\leqslant 1$. 分别作 $\triangle CAB$ 和 $\triangle DAB$ 的高 CE 和 DF, 记 $\angle CEG=\phi, CE=h_1, DF=h_2$. 那么四面体的体积

$$\begin{aligned} V&=\frac{1}{3}CG\cdot\frac{1}{2}AB\cdot DF=\frac{1}{3}(CE\cdot\sin\angle CEG)\cdot\frac{1}{2}AB\cdot DF\\ &=\frac{1}{6}ah_1h_2\sin\phi. \end{aligned}$$

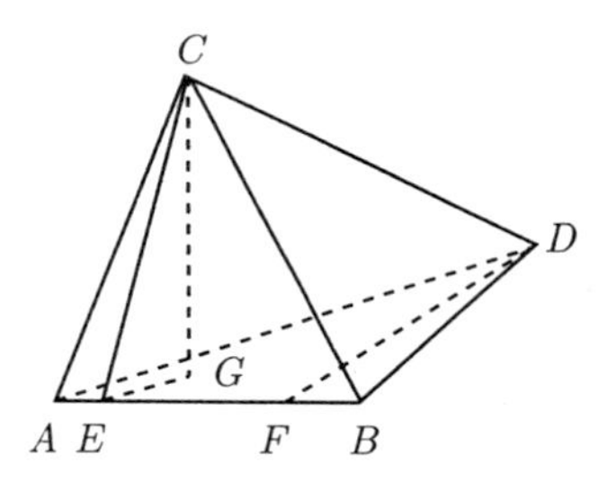

图 4.25

(ii) 为了下文的需要, 现在给出下列辅助命题:

设 $\triangle ABC$ 中顶点 A,B,C 的对边长分别是 a,b,c, 边 BC 上的高 $AH=h$, 那么

$$h^2\leqslant\frac{1}{2}\left(b^2+c^2-\frac{a^2}{2}\right).$$

证明 若 $\triangle ABC$ 是锐角三角形, 如图 4.26(a) 所示, 令 $HB=x$, 则 $CH=a-x$, 从而 $h^2=c^2-x^2=b^2-(a-x)^2$, 于是

$$\begin{aligned} h^2&=\frac{1}{2}\big((c^2-x^2)+(b^2-(a-x)^2)\big)\\ &=\frac{1}{2}(b^2+c^2)-\frac{1}{2}\big(x^2+(a-x)^2\big). \end{aligned}$$

因为 $\xi^2+\eta^2\geqslant(\xi+\eta)^2/2$(当 $\xi,\eta\in\mathbb{R}$ 时), 所以 $x^2+(a-x)^2\geqslant a^2/2$, 从而得到所要的不等式. 若 $\angle B$ 是钝角, 如图 4.26(b) 所示. 令 $HC=x$, 则 $HB=x-a$. 于是 $h^2=c^2-(x-a)^2=c^2-(a-x)^2$, 以及 $h^2=b^2-x^2$, 所以

$$\begin{aligned}h^2&=\frac{1}{2}\left((c^2-(a-x)^2)+(b^2-x^2)\right)\\&=\frac{1}{2}\left((b^2+c^2)-\left(x^2+(a-x)^2\right)\right).\end{aligned}$$

仍然得到相同结论.

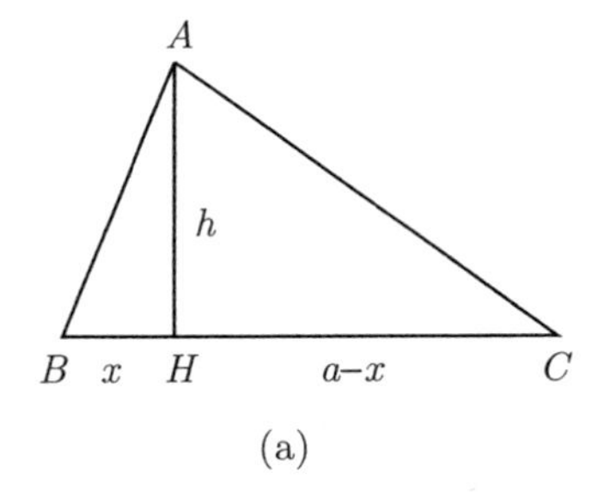

(a)

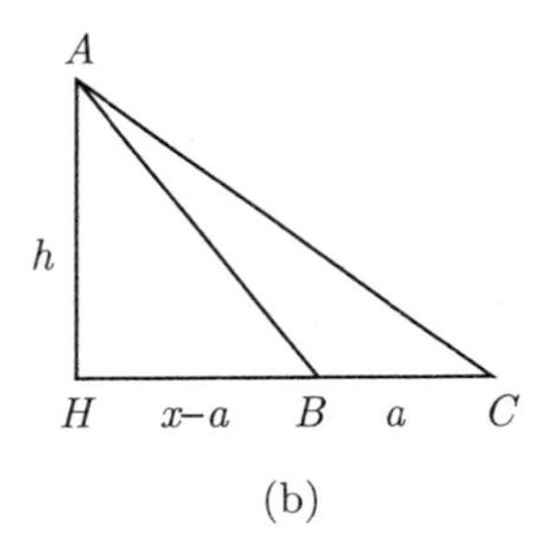

(b)

图 4.26

(iii) 现在将辅助命题分别应用于 h_1,h_2, 注意在此有 $b,c\leqslant 1$, 我们得到

$$h_1^2\leqslant 1-\frac{t^2}{4},\quad h_2^2\leqslant 1-\frac{t^2}{4},$$

于是 (因为 $0<\sin\phi\leqslant 1$)

$$V\leqslant\frac{1}{6}ah_1h_2\leqslant\frac{1}{6}\cdot t\left(1-\frac{t^2}{4}\right).$$

(iv) 只需证明当 $0<t\leqslant 1$ 时, 函数 $f(t)=t-t^3/4$ 不超过 $3/4$, 下面给出两种证法.

证法 1　求当 $0<t\leqslant 1$ 时, 函数 $f(t)=t-t^3/4$ 的最大值, 为此证明在 $(0,1]$ 上 f 严格单调增加. 设 $0<t_1<t_2\leqslant 1$, 那么

$$\begin{aligned}f(t_1)-f(t_2)&=(t_1-t_2)-\frac{1}{4}(t_1^3-t_2^3)\\&=(t_1-t_2)-\frac{1}{4}(t_1-t_2)(t_1^2+t_1t_2+t_2^2)\\&=(t_1-t_2)\left(1-\frac{1}{4}(t_1^2+t_1t_2+t_2^2)\right)\\&=(t_1-t_2)\left(1-\frac{1}{4}\Big((t_1-t_2)^2+3t_1t_2\Big)\right)\\&=(t_1-t_2)\left(\frac{3}{4}(1-t_1t_2)+\frac{1}{4}\Big(1-(t_1-t_2)^2\Big)\right).\end{aligned}$$

因为 $0<t_1t_2<1,0<(t_1-t_2)^2<1$, 所以 $f(t_1)-f(t_2)<0$, 即上述结论成立, 于是当 $0<t\leqslant 1$ 时, $f(t)<f(1)=3/4$, 从而得到 $V\leqslant 1/8$.

证法 2　因为

$$\begin{aligned}t^3&=\big(1-(1-t)\big)^3=1-3(1-t)+3(1-t)^2-(1-t)^3\\&=1-3(1-t)+3(1-t)^2-(1-t)(1-t)^2\\&=1-3(1-t)+3(1-t)^2-(1-t)^2+t(1-t)^2\\&=1-3(1-t)+2(1-t)^2+t(1-t)^2,\end{aligned}$$

所以

$$\begin{aligned}4f(t)&=4t-t^3=4t-1+3(1-t)-2(1-t)^2-t(1-t)^2\\&=3-(1-t)-2(1-t)^2-t(1-t)^2.\end{aligned}$$

由此及 $0<t\leqslant 1$ 推出 $4f(t)\leqslant 3$, 即当 $t\in(0,1]$ 时, $f(t)\leqslant 3/4$(其余从略). □

注　尝试应用算术-几何平均不等式求 $f(t)$ 的最大值.

尝试 1 因为 $f^2/2 = t^2/2\cdot(1-t^2/4)\cdot(1-t^2/4)$, 其中 $t^2/2+(1-t^2/4)+(1-t^2/4)$ 等于常量, 所以当 $t^2/2 = 1-t^2/4$, 即 $t=2/\sqrt{3}$ 时, $f_{\max} = 4\sqrt{3}/9$. 但取得此最大值的 $t=2/\sqrt{3}>1$, 不在问题中 t 的取值范围内, 所以不能将上述方法应用于本题. 实际上, f 在 $\left(0,2/\sqrt{3}\ \right]$ 上严格单调增加, 而 $2/\sqrt{3}>1$.

尝试 2 因为 $4f = t(2+t)(2-t)$, 与例 2.8 的解法 1 类似, 所以需要引进待定常数 k,l. 考虑

$$f_1(t) = kl\cdot f(t) = t\cdot k(2+t)\cdot l(2-t),$$

要求 3 个因子之和

$$t+k(2+t)+l(2-t) = 2(k+l)+(k-l+1)t$$

为常数 (即与 t 无关), 于是

$$k-l+1=0.$$

还要求 $t=k(2+t)=l(2-t)$, 即同时满足 $t=2k/(1-k), t=2l/(1+l)$, 于是

$$\frac{2k}{1-k}=\frac{2l}{1+l},\quad k\neq 1.$$

由此得到 $k+kl=l-kl$, 或 $2kl+(k-l)=0$. 由此及 $k-l+1=0$ 推出 $2kl=1$, 或 $k=1/(2l)$. 最后将此关系代入 $k-l+1=0$, 解出参数值

$$l=\frac{\sqrt{3}+1}{2},\quad k=\frac{\sqrt{3}-1}{2}(\neq 1).$$

现在对

$$f_1(t) = kl\cdot f(t) = t\cdot\frac{\sqrt{3}+1}{2}(2+t)\cdot\frac{\sqrt{3}-1}{2}(2-t)$$

应用算术-几何平均不等式, 可知当 $t=t_0=2\sqrt{3}/3$ 时, $f_1(t)$ 有最大值, 从而 $f(t)$ 有最大值. 但 $t_0=2\sqrt{3}/3>1$, 不符合问题的要求.

练习题 4

4.1 在 $\angle MAN(<\pi)$ 内部给定一点 P, 求过点 P 作直线 l 与角的两边分别交于点 B,C, 使得 $\sigma=\dfrac{1}{BP}+\dfrac{1}{CP}$ 最大.

4.2 在 $\triangle ABC$ 中, $AB=c,BC=a,CA=b$. 在它的任意两边上各取一点使得连接它们所得线段平分三角形的面积. 如果 $c<a<b$, 求此两点的位置, 使得连接它们所得线段最短.

4.3 给定 $\triangle ABC$ 以及 CB 延长线上的一个定点 Q. 点 R,S 分别在边 AB,AC 上, 并且 Q,R,S 保持在一条直线上. 点 R,S 与 BC 的距离分别为 h_1,h_2. 确定 R,S 的位置, 使得 h_2-h_1 最大.

4.4 两定圆 $\odot O,\odot P$ 相交于点 A,B, 过点 A 作直线与 $\odot O$ 交于点 M, 与 $\odot P$ 交于点 N, 并且点 A 是 MN 的内点, 求 $AM\cdot AN$ 的最大值.

4.5 过 $\odot O$ 内的定点 P 作两条相交的弦 AB 和 CD, 求 $AB+CD$ 的最大值.

4.6 过 $\odot O$ 内的定点 P 作两条互相垂直的弦 AB 和 CD, 求 $AC\cdot BD$ 的最大值.

4.7 设 A,B 是 $\odot O$(圆周) 上的两个定点. 分别过此两点作圆的互相平行的弦 AP 和 BQ, 求 $AP\cdot BQ$ 的最大值.

4.8 设 $\triangle ABC_1$ 和 $\triangle ABC_2$ 有公共底边 AB, 顶角 $\angle AC_1B=\angle AC_2B$. 证明: 若 $|AC_1-BC_1|<|AC_2-BC_2|$, 则

(1) 面积 $S(\triangle ABC_1)>S(\triangle ABC_2)$.

(2) 周长 $l(\triangle ABC_1) > l(\triangle ABC_2)$.

4.9 (1) 在坐标平面 Oxy 上给定直线 $l: y = 4x$ 和点 $A(6,4)$, 求 l 上的点 $B(x,y)$, 使得过 A,B 的直线及直线 l 与 x 轴在第一象限中围成的三角形的面积最小.

(2) 在坐标平面 Oxy 上, $\triangle OPQ$ 的三个顶点是 $O(0,0),P(1,0)$ 及 $Q(0,1)$. 将边 OPn 等分, 过其中一个分点 A 作 x 轴的垂线交 PQ 于点 B. 求点 A 的位置, 使得 $\triangle OAQ$ 与 $\triangle APB$ 的面积之和最小, 并求此最小值.

4.10 在坐标平面 Oxy 上, 设 $\mathscr{C}$ 是上半圆周 $x^2+y^2=1\,(y>0)$, $A(a,0)$(其中 $a>1$) 是一个定点. 点 B 在 $\mathscr{C}$ 上移动. 以 AB 为一边在上半平面 (即所有满足 $y>0$ 的点组成的集合) 内作正三角形 ABC. 求四边形 $OACB$ 的面积的最大值.

4.11 (1) 在坐标平面 Oxy 上, 设 C 是椭圆 $(x+2)^2+y^2/4=1$ 上的动点. 以 CO 为边作正方形 $COAB$, 求其面积 S 的最大值和最小值.

(2) 给定椭圆 $\mathscr{D}_1: a^2x^2+y^2=a^2$. 设 $\mathscr{D}_1$ 包含椭圆 $\mathscr{D}_2$(后者的焦点在 x 轴上), $\mathscr{P}$ 是内接于 $\mathscr{D}_1$ 的面积最大的长方形. 若 $\mathscr{P}$ 外切于 $\mathscr{D}_2$, 求 $\mathscr{D}_2$ 的方程.

4.12 (1) $\triangle ABC$ 的三边 $AC=3, BC=4, AB=5$. 动点 P 在其内切圆上. 求 $PA^2+PB^2+PC^2$ 的最大值和最小值.

(2) 在所有内接于给定圆的三角形中, 求三边平方和最大的一个.

4.13 一个平面与三棱锥的从同一顶点出发的三条棱相交, 将棱锥截为两个立体. 设平面与三条棱的交点将各棱分割所得两线段

(以共同顶点为始点) 的比分别为 $\lambda, \lambda, 1/\lambda$, 求 λ 的值, 使得两个立体体积之比最大.

4.14 (1) 如果正三棱锥与其内切球的体积之比达到最小值, 求棱锥侧面与底面的夹角.

(2) 如果圆锥与其外接球的体积之比达到最大值, 求圆锥的高与其外接球的半径之比.

4.15 设 AB 是 $\odot O$ 的直径, P 是弧 AB 上一点, 圆的过点 P 的切线与过 A, B 的切线分别交于点 C, D. 确定点 P 的位置, 使得将此图形绕 AB 旋转一周所得到的圆台与球的体积之比 τ 最小.

4.16 一个圆锥和一个圆柱的底面在同一个平面上, 底面中心重合, 并且两者有共同的内切球. 用 V_1, V_2 分别表示圆锥和圆柱的体积. 求 $\tau = V_1/V_2$ 的最小值.

4.17 证明: 任何含于体积为 1 的圆柱内的四面体的体积不超过 $2/(3\pi)$.

4.18 令 $\mathscr{F}$ 是四条高 (即各顶点与对面的距离) 都不小于 1 的四面体的集合. 求可以内含于 $\mathscr{F}$ 中的所有四面体的球的最大半径.

4.19 两个球相交, 它们的公共部分具有凸透镜的形状. 设透镜直径(即两球相交所得交线 (圆) 的直径)为 $2R$, 厚度 (即球心连线与透镜表面交点间的距离) 为 $2a$. 分别求两球的半径, 使得透镜表面积或体积最小.

5 杂　　例

本章汇集了一些与前文不同的涉及极值的问题, 其中少数问题是为扩大读者视野而设, 仅供参考.

例 5.1 用几何方法求函数

$$f(x)=\sqrt{x^2+a}+\sqrt{(x-c)^2+b}\quad (a,b,c>0)$$

的最小值.

解 构造一个几何情景, 使得它的"数学模型"就是上面的问题. 题中的二次根式容易使人联想到平面距离概念.

考虑一条长为 c 的线段 AB, 过点 A 作 AB 的垂线 $AC=\sqrt{a}$, 过点 B 作 AB 的垂线 $BD=\sqrt{b}$, 并且点 C,D 分别位于 AB 两侧. 设 M 是 AB 的任意内点, 令 $AM=x$, 那么 $f(x)=AM+MB$. 因此所给问题就是求线段 AB 上点 M 的位置, 使得 $AM+MB$ 最短 (图 5.1).

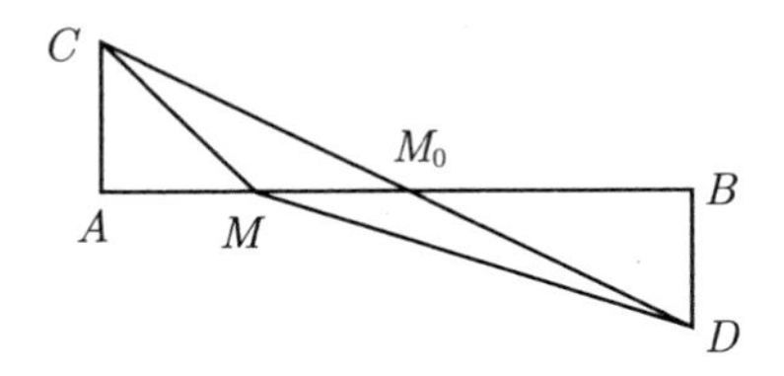

图 5.1

显然, 若直线 AB 与 CD 交于点 M_0, 那么 $x_0 = AM_0$ 就给出 $f_{\min} = f(x_0)$. 现在通过 a, b, c 表示 x_0 和 $f(x_0)$ 的值. 由 $\triangle CAM_0 \sim \triangle DBM_0$ 可知

$$\frac{x_0}{c - x_0} = \frac{\sqrt{a}}{\sqrt{b}},$$

由此解出

$$x_0 = \frac{c\sqrt{a}}{\sqrt{a} + \sqrt{b}},$$

因而

$$f_{\min} = f(x_0) = \sqrt{\frac{ac^2}{(\sqrt{a} + \sqrt{b})^2} + a} + \sqrt{\frac{bc^2}{(\sqrt{a} + \sqrt{b})^2} + b}. \qquad \square$$

例 5.2 单位正方形 $ABCD$ 的内接四边形 (其不同顶点位于正方形的不同边上) 边长为 a, b, c, d, 则

$$\frac{\sqrt{2}}{2} \leqslant \max\{a, b, c, d\} \leqslant \sqrt{2},$$

并且下界 $\sqrt{2}/2$ 是最优的 (即不可换为更大的常数).

解 定义 $a, b, c, d, m, m', \cdots$, 如图 5.2 所示, 其中 $m + m' = 1, \cdots$.

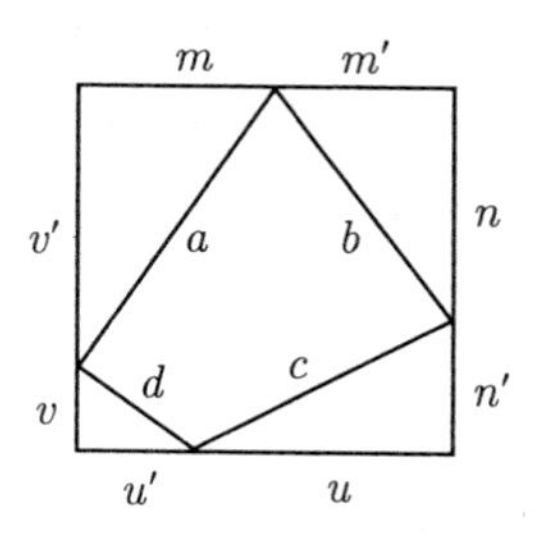

图 5.2

显然

$$a^2 = m^2 + v'^2 < 1^2 + 1^2 = 2,$$

所以 $a<\sqrt{2}$. 对于 b,c,d 同样的不等式也成立, 所以得到原式右半不等式.

下面证明原式左半不等式, 给出三个解法.

解法 1 我们有

$$\begin{aligned}
&a^2+b^2+c^2+d^2\\
&\quad=(m^2+v'^2)+(n^2+m'^2)+(u^2+n'^2)+(v^2+u'^2)\\
&\quad=(m^2+m'^2)+(n^2+n'^2)+(u^2+u'^2)+(v^2+v'^2),
\end{aligned}$$

又因为 $m+m'=1$, 所以

$$m^2+m'^2=m^2+(1-m)^2=2m^2-2m+1=2\left(m-\frac{1}{2}\right)^2+\frac{1}{2},$$

于是

$$m^2+m'^2\geqslant\frac{1}{2},$$

并且当且仅当 $m=1/2$(即四边形的这个顶点是单位正方形相应边的中点) 时等式成立. 对于 $n^2+n'^2\geqslant\dfrac{1}{2}$ 等类似不等式 (及等式情形) 也成立. 由此得到

$$a^2+b^2+c^2+d^2\geqslant\frac{1}{2}+\frac{1}{2}+\frac{1}{2}+\frac{1}{2}=2,$$

从而

$$4\max\{a,b,c,d\}^2\geqslant 2,$$

由此即得原式左半不等式. 当内接四边形的顶点分别是单位正方形相应边的中点时, $a=b=c=d=\sqrt{(1/2)^2+(1/2)^2}=\sqrt{2}/2$, 等式成立, 由此不等式最优.

解法 2　用反证法. 设 a,b,c,d 都小于 $\sqrt{2}/2$, 那么

$$v'^2+m^2=a^2<\frac{1}{2}.$$

类似地,

$$m'^2+n^2<\frac{1}{2},\quad n'^2+u^2<\frac{1}{2},\quad u'^2+v^2<\frac{1}{2}.$$

将四个不等式相加, 得到

$$(m^2+m'^2)+(n^2+n'^2)+(u^2+u'^2)+(v^2+v'^2)<2.$$

因为 $m^2+m'^2=(m+m')^2-2mm'=1-2mm'$, 等等, 所以上式左边等于 $4-2(mm'+nn'+uu'+vv')$, 从而推出

$$mm'+nn'+uu'+vv'>1.$$

另一方面,

$$mm'\leqslant\left(\frac{m+m'}{2}\right)^2=\frac{1}{4}.$$

类似地, $nn'\leqslant 1/4, uu'\leqslant 1/4, vv'\leqslant 1/4$, 所以

$$mm'+nn'+uu'+vv'\leqslant 1.$$

我们得到矛盾 (不等式的最优性证明同上).

解法 3　由练习题 5.3(2) 直接推出. □

例 5.3　对于任意三角形, 设其内切圆半径为 r, 最大边上的高为 h_0, 则

$$\frac{r}{h_0}<\frac{1}{2},$$

若再设其最大内角 $\geqslant\pi/2$, 则

$$\frac{r}{h_0}\geqslant\sqrt{2}-1,$$

并且下界是最优的.

解　(i) 设三角形顶角 A,B,C 所对边长 $a\leqslant b\leqslant c$. 将内切圆的圆心与三角形各顶点相连, 则三角形被分成三个小三角形, 所以三角形面积

$$S=\frac{1}{2}ar+\frac{1}{2}br+\frac{1}{2}cr=\frac{1}{2}(a+b+c)r,$$

此外还有 $S=ch_0/2$, 因此

$$\frac{1}{2}(a+b+c)r=\frac{1}{2}ch_0,$$

从而

$$\frac{r}{h_0}=\frac{c}{a+b+c}. \tag{5.3.1}$$

因为 $a+b>c$, 所以

$$\frac{r}{h_0}<\frac{c}{c+c}=\frac{1}{2}.$$

(ii) 由余弦定理, 并注意 $\angle C\geqslant\pi/2$, 我们有

$$c^2=a^2+b^2-2ab\cos C\geqslant a^2+b^2,$$

当且仅当 $C=\pi/2$ 时等式成立. 又因为

$$a^2+b^2=\frac{1}{2}(a+b)^2+\frac{1}{2}(a-b)^2,$$

所以

$$a^2+b^2\geqslant\frac{1}{2}(a+b)^2,$$

当且仅当 $a=b$ 时等式成立. 于是

$$c^2\geqslant a^2+b^2\geqslant\frac{1}{2}(a+b)^2,$$

从而

$$a+b \leqslant \sqrt{2}c.$$

由此及式 (5.3.1) 推出

$$\frac{r}{h_0}=\frac{c}{a+b+c} \geqslant \frac{c}{\sqrt{2}c+c}=\frac{1}{\sqrt{2}+1}=\sqrt{2}-1.$$

依上所述, 当 $\angle C=\pi/2$ 且 $a=b$(即 $\triangle ABC$ 是等腰直角三角形) 时等式成立, 因此下界最优. □

例 5.4 单位正方形内部有 n 个不同的点, 以这些点及正方形顶点作为顶点形成的三角形组成集合 $\mathscr{S}$, 用 $S(\triangle)$ 表示这样的三角形的面积. 证明:

$$\min_{\triangle \in \mathscr{S}} S(\triangle) \leqslant \frac{1}{2(n+1)}.$$

证明 只需证明在集合 $\mathscr{S}$ 中必定存在一个三角形, 其面积不超过 $\dfrac{1}{2(n+1)}$.

将题中的 n 个点记作 $P_1,\cdots,P_n$. 将 P_1 与正方形 4 个顶点相连形成 4 个互不交迭 (约定: 指无公共内点, 即不计公共边界上的点) 的三角形. 考虑点 P_2 的位置. 若 P_2 位于某个三角形内部, 则将它与此三角形的 3 个顶点相连, 并去掉原三角形, 那么将增加两个互不交迭的三角形, 即总共得到 $4+2$ 个 (互不交迭的) 三角形. 若 P_1 位于某两个三角形的边界上, 则将它分别与这两个三角形的不在公共边界上的那个顶点相连, 并去掉原来的两个三角形, 那么结果也是增加两个三角形, 总共得到 $4+2$ 个互不交迭的三角形. P_2 不可能还有其他位置. 于是上述操作的结果是形成 $4+2$ 个互不交迭的三角形. 接着对于点 $P_3,\cdots,P_n$ 依次进行这样的操作, 最终增加 $2(n-1)$ 个三角形, 总共形成 $4+2(n-1)=2(n+1)$ 个互不交迭的三角形. 这些互不交迭的三角形都属于集合 $\mathscr{S}$, 它们的面积之和不超过单位正方形的面积, 因此其中必有一个面积不超过 $\dfrac{1}{2(n+1)}$. 于是本题得证. □

例 5.5 设 $\mathscr{C}$ 是单位圆中有限条弦组成的集合. 证明: 如果圆的每条直径都与 $\mathscr{C}$ 中至多 k 条弦相交, 则 $\mathscr{C}$ 中的弦长之和不超过 $k\pi$.

证明 用反证法. 设弦长之和 $s > k\pi$, 证明存在一条直径与 $\mathscr{C}$ 中至少 $k+1$ 条弦相交.

将 $\mathscr{C}$ 中的弦所对的弧 (在此约定为劣弧, 即不超过半圆周) 的集合记作 $\mathscr{C}_1$. 因为弦所对的弧长超过弦长, 所以 $\mathscr{C}_1$ 中的弧长之和 $s_1 > k\pi$. 对于 $\mathscr{C}_1$ 中的每条弧 MN(长度为 l), 唯一存在一条弧 $M'N'$ (长度为 l') 关于圆心与之对称 (图 5.3(a)), 易见过弧 MN 或弧 $M'N'$ 上任何一点 (K 或 K') 的直径都同时与弦 MN 和 $M'N'$ 相交, 即与一对互相对称的弧所对的两条弦相交, 并且 $l=l'$. 用 $\mathscr{C}_2$ 记 $\mathscr{C}_1$ 中的所有弧及其对称弧组成的集合, 那么 $\mathscr{C}_2$ 中的每条弧与其对称弧是成对出现的. 于是 $\mathscr{C}_2$ 中的所有弧的长度之和 $s_2 = 2s_1 > 2k\pi$. $\mathscr{C}_2$ 中的每条弧与其对称弧至多形成一个圆周,

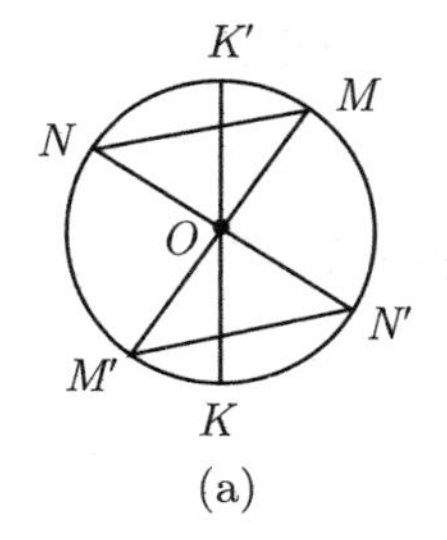

(a)

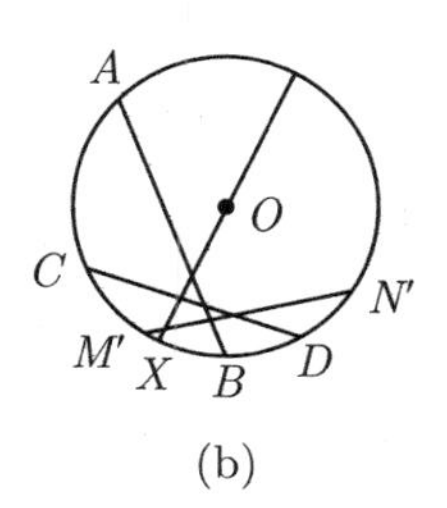

(b)

图 5.3

所以两者长度之和 $\leqslant 2\pi$(单位圆周长). 由此可推出, 圆周上必然有一点 X 同时位于 $\mathscr{C}_2$ 中的至少 $k+1$ 条弧上; 不然, 圆周上每个点都只能位于 $\mathscr{C}_2$ 中的至多 k 条弧上, 从而 $\mathscr{C}_2$ 中全部弧长之和不超过 $k\cdot 2\pi$, 与上述结果 $s_2 > 2k\pi$ 矛盾. 于是过点 X 的直径与 $\mathscr{C}_2$ 中的至少 $k+1$ 对弧 (每对弧关于圆心对称) 所对的弦相交 (图 5.3(b)), 从而与 $\mathscr{C}_1$ 中的至少 $k+1$ 条弧所对的弦 (是集合 $\mathscr{C}$ 中的成员) 相交, 于是本题得证. □

例 5.6 设一个三角形含在单位圆内部. 证明: 若它的面积不小于 1, 则单位圆的圆心必位于三角形内部.

证明 用反证法. 设圆心位于三角形边界上或外部, 要导出矛盾.

(i) 首先, 设圆心 O 在三角形边界上, 例如在边 AC 上 (图 5.4(a)), 那么 AC 位于圆的一条直径上, 所以 $AC < 2$; 并且边 AC 上的高 $\leqslant BO < 1$(圆的半径), 因此三角形的面积 $S(\triangle ABC) < 1$, 我们得到矛盾.

(ii) 现在设圆心 O 位于三角形外部, 那么过点 A 的直径 SS' 分单位圆 (盘) 为两个半圆 (盘). 如果点 B,C 分列于 SS' 两侧 (图 5.4(b)), 那么 SS' 与 BC 相交于某点 P, 并且圆心 O 不可能位于线段 AP 上 (不然圆心 O 将位于三角形内部). 不妨设在直径 SS' 上点的排列次序是 S,A,P,S', 可见圆心 O 只可能位于线段 SA 上或线段 PS' 上, 无论哪种可能情形都有 $AP < 1$(圆的半径), 于是三角形的边 BC 上的高 $\leqslant AP < 1$, 并且 $BC < 2$, 可见 $S(\triangle ABC) < 1$, 仍然得到矛盾. 如果点 B,C 同位于 SS' 一侧 (图 5.4(c)), 那么直线 BC 与 SS' 相交于某点 P', 不妨设点的排列次序

是点 B,C,P', 于是 $AP'<2$, 点 B 与 SS' 的距离 $\leqslant BO<1$, 由此可推出 $S(\triangle ABC)<S(\triangle ABP')<(2\cdot 1)/2=1$. 我们再次得到矛盾.

□

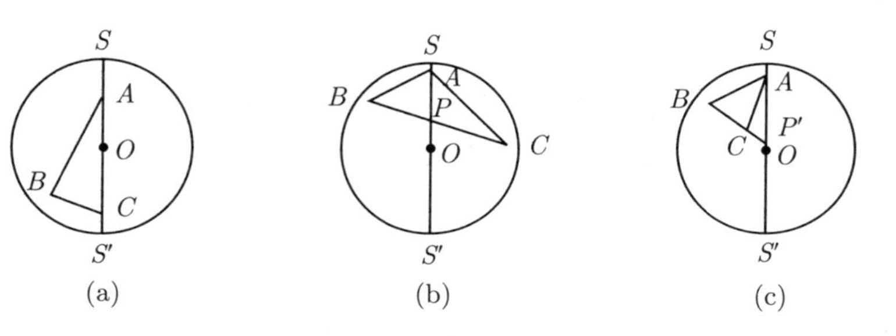

图 5.4

例 5.7　已知立方体 $ABCD\text{-}A'B'C'D'$ 的棱长为 a. 空间中任意一点 M 到棱 $AA',B'C',CD$ 的距离分别为 d_1,d_2,d_3. 证明:$\max\{d_1,d_2,d_3\}\geqslant(\sqrt{2}/2)a$.

证明　只需证明 d_1,d_2,d_3 中至少有一个不小于 $(\sqrt{2}/2)a$. 为此建立坐标系, 如图 5.5 所示. 设点 M 的坐标是 (x,y,z), 我们通过坐标来给出 d_1,d_2,d_3 的表达式.

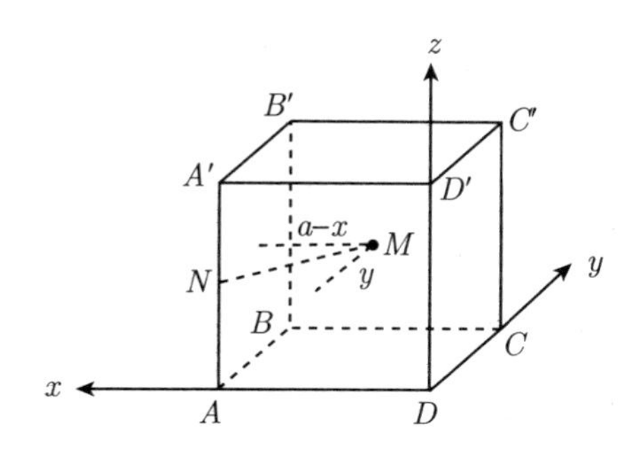

图 5.5

过点 M 作平面垂直于直线 AA', 记交点为 N. 注意直线 AA' 是

平面 $ABB'A'$ 与平面 $ADD'A$ 的交线, 并且点 M 与平面 $ABB'A'$ 的距离为 $a-x$, 与平面 $ADD'A'$ 的距离为 y, 因此

$$d_1^2=MN^2=(a-x)^2+y^2.$$

类似地, 直线 $B'C'$ 是平面 $BCC'B'$ 与平面 $A'D'C'B'$ 的交线, 点 M 与它们的距离分别是 $a-y$ 和 $a-z$, 所以

$$d_2^2=(a-y)^2+(a-z)^2.$$

直线 CD 是平面 $ADCB$ 与平面 $D'C'CD$ 的交线, 点 M 与它们的距离分别是 z 和 x, 所以

$$d_3^2=z^2+x^2.$$

于是

$$d_1^2+d_2^2+d_3^2=x^2+(a-x)^2+y^2+(a-y)^2+z^2+(a-z)^2.$$

应用不等式 $\alpha^2+\beta^2\geqslant(\alpha+\beta)^2/2(\alpha,\beta\in\mathbb{R})$, 可得

$$d_1^2+d_2^2+d_3^2\geqslant 3\cdot\frac{a^2}{2}=\frac{3}{2}a^2.$$

因此, d_1^2,d_2^2,d_3^2 中至少有一个不小于 $a^2/2$, 从而推出题中的结论. □

例 5.8 设点 O 在四面体 $ABCD$ 的内部. 记 $l=OA+OB+OC+OD$, 用 σ 记四面体棱长之和. 证明:$\sigma/2<l<\sigma$.

证明 (i) 我们有

$$OA+OB>AB,\quad OB+OC>BC,$$

$$OC+OD>CD,\quad OD+OA>AD,$$

将这四个不等式相加, 即得 $l > \sigma/2$.

(ii) 现在证明右半不等式 (图 5.6). 设 M 和 N 分别是平面 AOB 与棱 CD、平面 COD 与棱 AB 的交点. 因为 $\triangle AOB$ 的顶点 O 位于 $\triangle AMB$ 的内部, 若延长 AO 交 BM 于点 T, 则 $AM+MT > AO+OT, OT+TB > OB$, 将此二式相加得到

$$AO+BO < AM+BM.$$

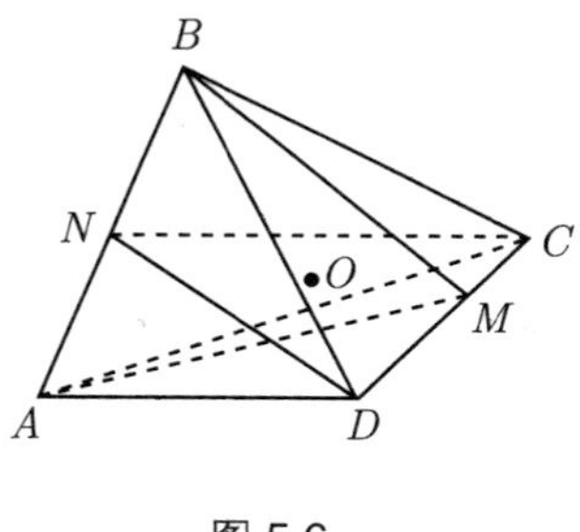

图 5.6

类似地,

$$CO+DO < CN+DN.$$

于是

$$AO+BO+CO+DO < AM+BM+CN+DN.$$

因此只需证明上式右边不超过四面体棱长之和.

为此首先给出下列简单的平面几何结果: 若 X 是 $\triangle A'B'C'$ 的边 $A'B'$ 上任意一点, 则 $C'X$ 小于 $\triangle A'B'C'$ 周长的一半. 这可以将两个不等式 $C'X \leqslant C'B'+B'X$ 和 $C'X \leqslant C'A+A'X$(此处等式不可能同时成立) 相加推出.

据此可得

$$2AM < AC + CD + DA,$$

$$2BM < BC + CD + DB,$$

$$2CN < BA + AC + CB,$$

$$2DN < BA + AD + DB,$$

将这四式相加, 然后两边除以 2, 即得所要求的不等式. □

例 5.9 证明: 四面体的任意三角形截面的面积不超过四面体的某个界面 (三角形) 的面积.

证明 不妨认为如图 5.7 所示, 三角形截面 PQR 的三个顶点位于以四面体顶点 C 为公共端点的三条棱上.

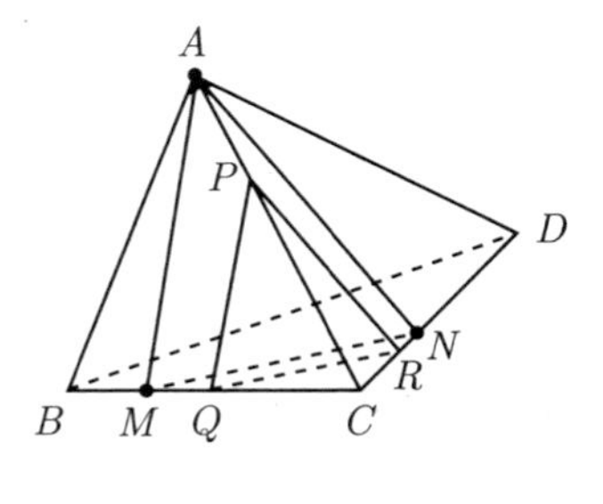

图 5.7

(i) 若截面 PQR 平行于界面 ABD, 则 $\triangle PQR \sim \triangle ABD$, 因此 $S(\triangle PQR) \leqslant S(\triangle ABD)$, 题中结论成立.

(ii) 下面设截面 PQR 不平行于界面 ABD, 那么

$$\frac{CP}{CA}, \quad \frac{CQ}{CB}, \quad \frac{CR}{CD}$$

不可能全相等, 不妨设 CP/CA 最大. 过点 A 分别在界面 ABC 和 ADC 上作 AM 平行于 PQ, AN 平行于 PR(图 5.7), 那么点 M 在

B,Q 之间, 点 N 在 R,D 之间. 这是因为 (例如) 如果点 M 在 QB 的延长线上, 那么 $CM > CB$, 于是 $CP/CA = CQ/CM < CQ/CB$, 与假设矛盾.

因为 $CP/CA < 1, \triangle PQR \sim \triangle AMN$, 所以 $S(\triangle AMN) > S(\triangle PQR)$, 我们只需用 $\triangle AMN$ 代替截面三角形 PQR 证明题中结论成立 (图 5.8).

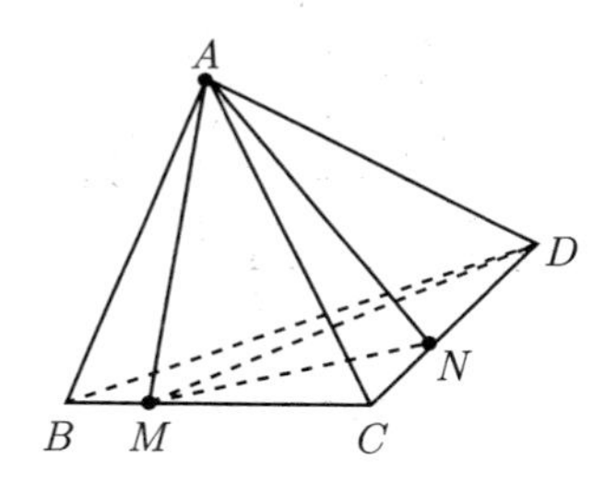

图 5.8

(iii) 将练习题 5.15(2) 应用于点 C,N,D(它们在一条直线上) 和点 A,M(它们在另一条直线上), 可知或者 $S(\triangle AMN) < S(\triangle CAM)$, 或者 $S(\triangle AMN) < S(\triangle DAM)$. 若前者成立, 则有 $S(\triangle AMN) < S(\triangle CAM) < S(\triangle CAB)$, 题中结论已成立. 若后者即 $S(\triangle AMN) < S(\triangle DAM)$ 成立, 则将练习题 5.15(2) 应用于点 B,M,C(它们共线) 和点 A,D, 可知不等式 $S(\triangle DAM) < S(\triangle BAD)$ 和 $S(\triangle DAM) < S(\triangle CAD)$ 中有一个成立, 于是或者 $S(\triangle AMN) < S(\triangle BAD)$, 或者 $S(\triangle AMN) < S(\triangle CAD)$, 因此题中结论也成立. □

例 5.10　设 r 和 R 分别是正四棱锥的内切球和外接球的半径, 证明:$R/r \geqslant 1 + \sqrt{2}$.

证明　证法 1　(i) 如图 5.9 所示, 设棱锥底面 (正方形) 边长为

$2a$, 高 PH 长为 h, 那么棱锥四条侧棱 (PA, PB, PC, PD) 之长为 $\sqrt{2a^2+h^2}$. 设 M, N 分别是棱 AD, BC 的中点, 那么棱锥外接球与对角面 PAC 相交得到的大圆就是 $\triangle PAC$ 的外接圆, 棱锥内切球与平面 PMN 相交得到的大圆就是 $\triangle PMN$ 的内切圆.

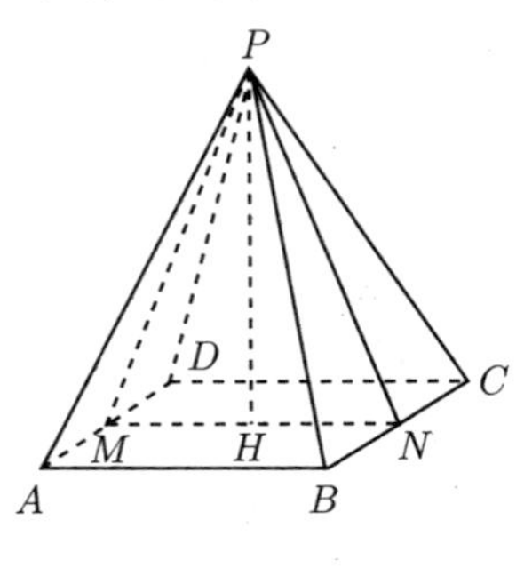

图 5.9

(ii) 设 $\odot O$ 是 $\triangle PMN$ 的内切圆 (图 5.10), 由 $\triangle PEO \sim \triangle PHM$ 可知

$$\frac{PE}{PO} = \frac{PH}{PM}.$$

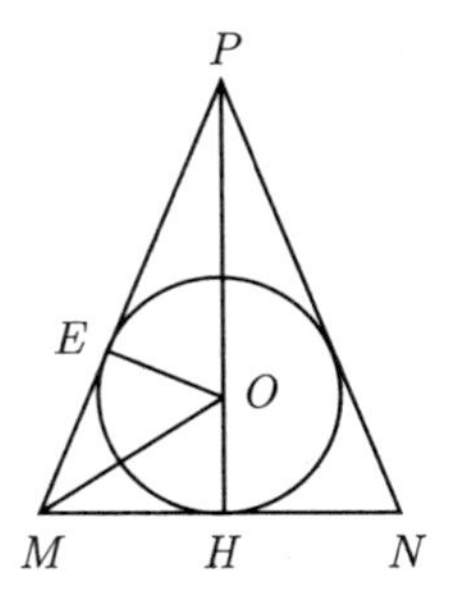

图 5.10

因为

$$PM = \sqrt{PA^2 - AM^2} = \sqrt{(\sqrt{2a^2+h^2})^2 - a^2} = \sqrt{a^2+h^2},$$

$$ME = MH = a, \quad PE = PM - ME = \sqrt{a^2+h^2} - a,$$

所以

$$\frac{\sqrt{a^2+h^2}-a}{h-r} = \frac{h}{\sqrt{a^2+h^2}},$$

因此

$$rh = a(\sqrt{a^2+h^2} - a). \tag{5.10.1}$$

或者 (另一种推导方法): 因为 $\triangle PMN$ 的面积等于

$$\frac{1}{2}\cdot r\cdot(PM+PN+MN) = r(\sqrt{a^2+h^2}+a),$$

也等于 $PH\cdot MN/2 = ah$, 所以 $r(\sqrt{a^2+h^2}+a) = ah$, 于是

$$r = \frac{ah}{\sqrt{a^2+h^2}+a} = \frac{ah(\sqrt{a^2+h^2}-a)}{(\sqrt{a^2+h^2})^2-a^2}.$$

从而得到式 (5.10.1).

(iii) 对角截面 PAC 是等腰三角形 (图 5.11), 其外接圆中心 Q 在棱锥的高 PH 上, H 是底边中点. 过点 Q 作 PA 的垂线 QT(T 是垂足). 由 $QP = QA = R$ 可知 $PT = PA/2$. 因为 $\triangle PQT \sim \triangle PAH$, 所以

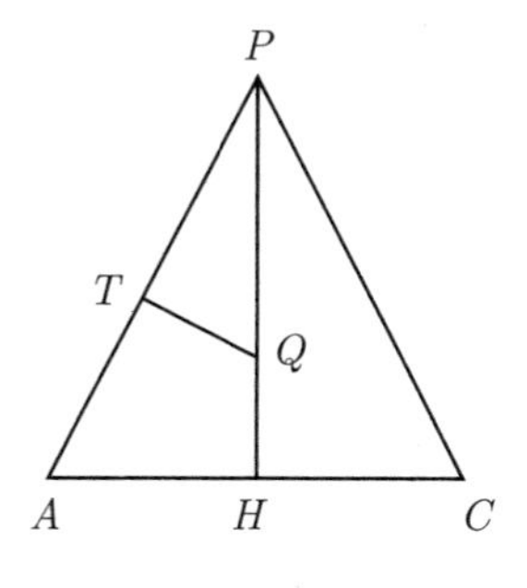

图 5.11

$$\frac{PQ}{PT}=\frac{PA}{PH}.$$

由此容易算出

$$Rh=a^2+\frac{h^2}{2}. \tag{5.10.2}$$

令 $\lambda=R/r$, 将式 (5.10.2) 与式 (5.10.1) 相除, 得

$$\lambda=\frac{2a^2+h^2}{2a(\sqrt{a^2+h^2}-a)}.$$

有理化后可知 $x=h^2/a^2$ 满足二次方程

$$x^2+4(1+\lambda+\lambda^2)x+(4+8\lambda)=0.$$

由方程的判别式

$$16\lambda^2(\lambda^2-2\lambda-1)\geqslant 0,$$

立知 $\lambda\geqslant 1+\sqrt{2}$.

证法 2 设棱锥侧面与底面夹角为 α, 于是 $\angle PMH=\alpha$(图 5.10). 由直角三角形 PMH 得

$$r=a\tan\frac{\alpha}{2}, \tag{5.10.3}$$

以及

$$PM=\frac{MH}{\cos\alpha}=\frac{a}{\cos\alpha},$$
$$PH=MH\tan\alpha=a\tan\alpha.$$

由此从 $\triangle PMA$(图 5.9) 得到

$$PA=\sqrt{PM^2+AM^2}=\sqrt{\frac{a^2}{\cos^2\alpha}+a^2}$$
$$=a\sqrt{\frac{1}{\cos^2\alpha}+1}=a\sqrt{2+\tan^2\alpha}.$$

此外, 从 $\triangle PAC$(图 5.11) 可知

$$\sin\angle PAC=\frac{PH}{PA}=\frac{\tan\alpha}{\sqrt{2+\tan^2\alpha}},$$

于是, 应用正弦定理得到

$$R=\frac{PC}{2\sin\angle PAC}=\frac{PA}{2\sin\angle PAC}=\frac{2+\tan^2\alpha}{2\tan\alpha}\cdot a.$$

由此式及式 (5.10.3) 推出

$$\frac{R}{r}=\frac{2+\tan^2\alpha}{2\tan\alpha\cdot\tan\dfrac{\alpha}{2}}.$$

记 $t=\tan(\alpha/2)$, 则 $\tan\alpha=(2t)/(1-t^2)$, 于是

$$\lambda=\frac{R}{r}=\frac{1+t^4}{2t^2(1-t^2)}.$$

由此可见

$$(1+2\lambda)t^2-2\lambda t^2+1=0,$$

由二次方程的判别式非负立得 $\lambda\geqslant 1+\sqrt{2}$. □

练习题 5

5.1 (1) 设 $A'B'C'D'$ 是单位正方形 $ABCD$ 的内接正方形, 四个顶点 A',B',C',D' 分别在边 AB,BC,CD,DA 上. 证明: $A'B'C'D'$ 的面积 S 满足不等式

$$\frac{1}{2}\leqslant S\leqslant 1,$$

并且上、下界是最优的.

(2) 若边长为 a 的正方形外接于单位正方形, 则 $1 < a \leqslant \sqrt{2}$, 并且上、下界是最优的.

5.2 设单位圆的内接四边形的四边为 a,b,c,d, 则

$$\min\{a,b,c,d\} \leqslant \sqrt{2},$$

并且不等式是最优的.

5.3 (1) 证明: 若线段 AB 在两条互相垂直的直线上的 (正) 投影长度分别为 x 和 y, 则 AB 的长度不小于 $(x+y)/\sqrt{2}$.

(2) 单位正方形 $ABCD$ 的内接四边形 (其不同顶点位于正方形的不同边上) 边长为 a,b,c,d, 则 $a+b+c+d \geqslant 2\sqrt{2}$.

5.4 设直角三角形 ABC 的勾股弦为 a,b,c(因此 $\angle C$ 是直角), 用 r 表示其内切圆的半径, 证明:

(1) $a+b \leqslant \sqrt{2}c$.

(2) $\dfrac{1}{4}\min\{a,b\} < r \leqslant \dfrac{\sqrt{2}-1}{2}c$.

5.5 设 $\triangle ABC$ 的边 $BC=a, CA=b, AB=c$, 用 h_a,h_b,h_c 分别表示各边上的高, r 和 R 分别表示三角形内切圆和外接圆的半径, $2s$ 表示三角形周长. 证明:

(1) $h_a < \dfrac{h_b h_c}{|h_b-h_c|}$.

(2) $\dfrac{1}{2r} < \dfrac{1}{h_a} + \dfrac{1}{h_b} < \dfrac{1}{r}$.

(3) $h_a+h_b+h_c \geqslant 9r$(当且仅当正三角形情形时等式成立).

(4) $\min\left\{\dfrac{1}{h_a},\dfrac{1}{h_b},\dfrac{1}{h_c}\right\} \leqslant \dfrac{1}{3r}, \max\left\{\dfrac{1}{h_a},\dfrac{1}{h_b},\dfrac{1}{h_c}\right\} \geqslant \dfrac{1}{4r}$.

(5) $h_a \leqslant \sqrt{s(s-a)}$.

(6) $h_a \leqslant \dfrac{a}{2\tan\dfrac{A}{2}}$.

(7) $r/R \leqslant 1/2$.

5.6 单位正方形内部有 n 个不同的点, 其中没有三点共线. 以这些点为顶点形成的三角形组成集合 $\mathscr{S}$, 用 $S(\triangle)$ 表示 $\mathscr{S}$ 中三角形的面积. 证明:

$$\min_{\triangle\in\mathscr{S}} S(\triangle) \leqslant \frac{1}{n-2}.$$

5.7 一个点与一条折线上的各点间的距离的最小值称为该点与折线的距离. 单位正方形内部有一条长度为 L 的折线, 正方形的边界上每个点与折线上任何一点的距离都小于 δ(一个正常数). 证明: $L \geqslant 1/(2\delta) - (\pi/2)\delta$.

5.8 设点 A', B', C' 分别在 $\triangle ABC$ 的边 BC, CA, AB 上, 证明:

$$\min\{S(\triangle AB'C'), S(\triangle BC'A'), S(\triangle CA'B')\} \leqslant \frac{1}{4}S(\triangle ABC).$$

5.9 (1) 设 $\triangle ABC$ 的边 BC, CA, AB 上分别存在点 A', B', C', 使得 AA', BB', CC' 都小于 1, 则三角形的面积小于 $\sqrt{3}/3$.

(2) 若还设题 (1) 中的线段 AA', BB', CC' 交于一点, 则三角形的面积小于 1.

(3) 分别用 t_a, t_b, t_c 表示 $\triangle ABC$ 的内角 A, B, C 的平分线之长. 证明: 若三角形的面积 $\geqslant \sqrt{3}/3$, 则 $\max\{t_a, t_b, t_c\} \geqslant 1$.

5.10 证明:

(1) 如果三角形三边长度都小于 1, 那么其面积小于 $\sqrt{3}/4$.

(2) 若三角形面积为 1, 三边 $a \leqslant b \leqslant c$, 则 $b \geqslant \sqrt{2}$.

(3) 若三角形面积为 $1/\pi$, 则三角形周长大于 2.

(4) 若两个面积大于 1 的三角形都含于一个单位圆内部, 则两三角形必定相交.

5.11 (1) 在单位正方形中任意给定 5 个点. 证明: 其中必有两点距离不超过 $\sqrt{2}/2$.

(2) 在单位圆中给定 17 个点, 其中无 3 点共线. 取其中每 3 个点作为顶点形成三角形. 证明: 在这些三角形中必有一个周长不超过 $1+2\sqrt{3-\sqrt{2}}$.

5.12 设 P,Q 是凸多面体内部任意两点, 则多面体至少有一个顶点 X 满足 $XP>XQ$.

5.13 设线段 UV 位于凸多面体的内部, 证明: 其长度不超过所有以多面体顶点为端点形成的线段的长度的最大值.

5.14 设 l_1 和 l_2 是空间中两条直线, 点 P,M,Q 在 l_1 上 (M 在 P,Q 之间), 点 A,B 在 l_2 上, 则 $\triangle MAB$ 的周长小于 $\triangle PAB$ 和 $\triangle QAB$ 之一的周长.

5.15 (1) 设 a 和 b 是空间中两条直线, 点 A_1,A_2,A_3 位于直线 a 上 (A_2 在 A_1,A_3 之间), 线段 A_1B_1,A_2B_2,A_3B_3 与直线 a 垂直相交于点 B_1,B_2,B_3, 则 A_2B_2 的长度介于 A_1B_1 和 A_3B_3 的长度之间.

(2) 设 l_1 和 l_2 是空间中两条直线, 点 P,M,Q 在 l_1 上 (M 在 P,Q 之间), 点 A,B 在 l_2 上, 则 $\triangle MAB$ 的面积小于 $\triangle PAB$ 和 $\triangle QAB$ 之一的面积.

5.16 设 M 是空间中一点, 它在平面 α 上的 (正) 投影是点 P, 点 A,B,C 在平面 α 上. 证明: 若线段 PA,PB,PC 能组成一个三角形的三条边, 则线段 MA,MB,MC 也能组成一个三角形的三条边.

5.17 证明: 四面体的任意三角形截面的周长不超过四面体的某个界面 (三角形) 的周长.

5.18 (1) 设四面体 $ABCD$ 中以 A 为顶点的三个面角都等于 $\pi/3$, 证明: $AB+AC+AD<BC+CD+DB$.

(2) 设 a,b,c 是平行六面体的边长, d 是它的一条对角线之长, 则 $a^2+b^2+c^2>d^2/3$.

(3) 已知立方体棱长为 1, 证明: 由空间任意一点到它所有顶点距离之和不小于 $4\sqrt{3}$.

5.19 证明: 四面体任何一个界面 (三角形) 的面积小于它的其余三个界面面积之和.

练习题的解答或提示

1.1 *解法* 1 设 $\triangle ABC$ 的三条边长是 a,b,c, 它们的对角分别是 α,β,γ, 应用正弦定理得到

$$\frac{b}{\sin\beta}=\frac{c}{\sin\gamma}=\frac{a}{\sin\alpha}.$$

由比例性质可知

$$\frac{b+c}{\sin\beta+\sin\gamma}=\frac{a}{\sin\alpha},$$

从而三角形周长

$$l=a+(b+c)=a+\frac{\sin\beta+\sin\gamma}{\sin\alpha}a.$$

因为 a,α 是定值, 所以只需求 $F(\beta,\gamma)=\sin\beta+\sin\gamma$ 的最大值. 因为

$$\begin{aligned}F(\beta,\gamma)&=2\sin\frac{\beta+\gamma}{2}\cos\frac{\beta-\gamma}{2}=2\sin\frac{\pi-\alpha}{2}\cos\frac{\beta-\gamma}{2}\\&=2\cos\frac{\alpha}{2}\cos\frac{\beta-\gamma}{2},\end{aligned}$$

所以当 $\beta=\gamma$, 即 $\triangle ABC$ 为等腰三角形时, 周长 l 最大, 并且

$$l_{\max}=a+\frac{2\cos\dfrac{\alpha}{2}}{\sin\alpha}a=a\left(1+\frac{1}{\sin\dfrac{\alpha}{2}}\right).$$

解法 2 因为顶角 $\angle A$ 和底边 a 是定值, 所以问题等价于下列问题 (图 J.1): 设给定长度为 a 的线段 BC 以及大小为 α 的 $\angle A$, 移动角的顶点 A 但保持其两边分别通过点 B,C, 求 $AB+AC$ 的最大值. 由于对称性, 不妨认为顶点 A 始终位于直线 BC 同一侧.

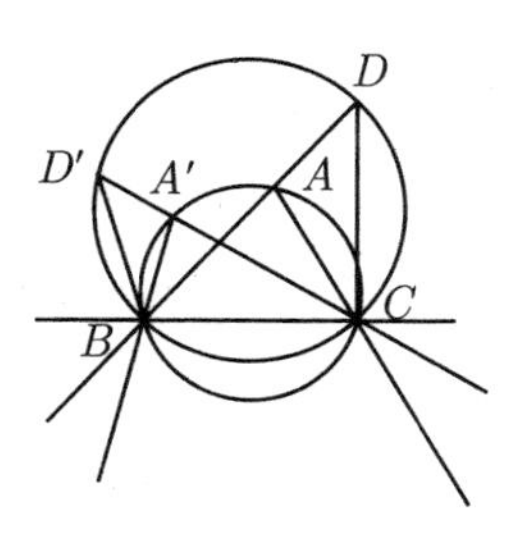

图 J.1

因为 BC 固定, 所以点 A 的运动轨迹是以 BC 为弦的一条弧 (以下称它为小弧), 其所含圆周角的大小是 α. 若延长 BA 到点 D 使得 $AD=AC$, 那么 $\angle BDC=\angle BAC/2=\alpha/2$, 从而点 D 的轨迹是以 BC 为弦的一条弧 (以下称它为大弧), 其所含圆周角的大小是 $\alpha/2$, 并且包含点 A 所形成的小弧.

考虑 A 的特殊位置, 即设它满足 $AB=AC$, 那么由 $AB=AC=AD$ 可知 $\angle DCB$ 是直角, 因此 BD 是大弧 (所在圆) 的一条直径, 并且 A 是大弧所在圆的圆心. 设 A' 是角的顶点的任意一个位置 (在小弧上, 但异于 A), 将 CA' 延长交大弧于点 D', 那么 $CD'=A'B+A'C$. 因为点 A,A' 互异, 所以 CD' 不是大弧所在圆的直径, 从而

$$A'B+A'C=CD'<BD=AB+AC.$$

因此当 $AB=AC$ 时, $AB+AC$ 达到最大值, 并且最大值等于 $a/\sin(\alpha/2)$ (从而得出三角形周长的最大值).

1.2 *解法1* 暂时不考虑一个底角大小是定值的限制. 设底边和其上的高之和 $a+h=l$(常数). 那么三角形面积

$$S=\frac{1}{2}ah\leqslant\frac{1}{2}\left(\frac{a+h}{2}\right)^2=\frac{l^2}{8}.$$

当且仅当 $a=h=l/2$ 时等式成立, 此时得到三角形面积最大值为 $l^2/8$. 这些三角形组成一个无穷集. 若所有这些三角形的底边是同一个长度为 $l/2$ 的线段 BC, 那么顶点与 BC 的距离都等于 $l/2$, 因此位于与 BC 平行且距离为 $l/2$ 的直线 e 上 (当然, 这样的直线 e 有两条, 但它们产生的三角形集合是一样的). 我们只需从这些三角形中选取一个底角为定值的三角形即可.

解法 2 **提示** 设 $\triangle ABC$ 的底边 $BC=a$, 其上的高等于 h, 底角 $B=\beta$(定值). 那么 $AB=h/\sin\beta, BC=l-h$, 三角形面积

$$S=\frac{1}{2}AB\cdot BC\cdot\sin\beta=\frac{1}{2}\cdot\frac{h}{\sin\beta}\cdot(l-h)\sin\beta=\frac{1}{2}h(l-h),$$

然后应用算术-几何平均不等式.

1.3 解法 1 设底边 $CB=a$ 位置固定 (图 J.2), 边 $AC=b$(定长), 那么顶点 A 位于以 C 为中心、b 为半径的圆上. 当 A 位于圆周的最高点 (相对于直线 CB 而言) 时, 底边 CB 上的高最大, 对应的三角形面积最大. 因此所求的三角形是直角三角形, 它的面积是 $ab/2$.

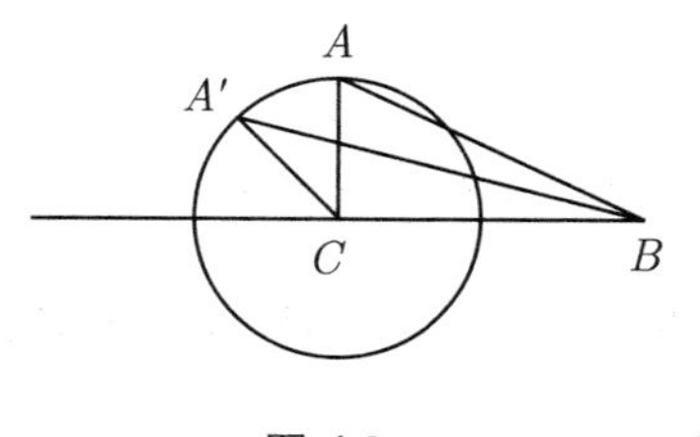

图 J.2

解法 2 设边 $CB=a, CA=b$ 是定长, 记 $\angle C=\theta$, 那么 $0<\theta<\pi$. 三角形面积 $S=(1/2)ab\sin\theta$. 因此当 $\theta=\pi/2$ 时, 三角形面积达到最大值 $S_0=ab/2$. 所求的三角形是直角三角形.

1.4 提示 在约束条件 $x+y=a(>0), x>0, y>0$ 下求 $S=xy$ 的最大值 (图 J.3).

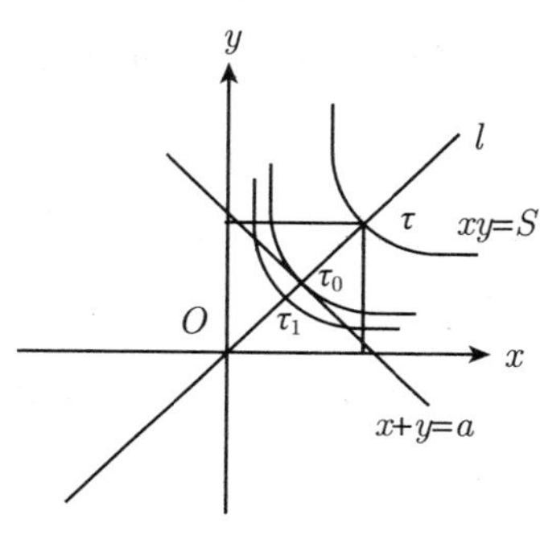

图 J.3

1.5 (1) 解法 1 参考例 1.3 证法 8, 如图 J.4 所示.

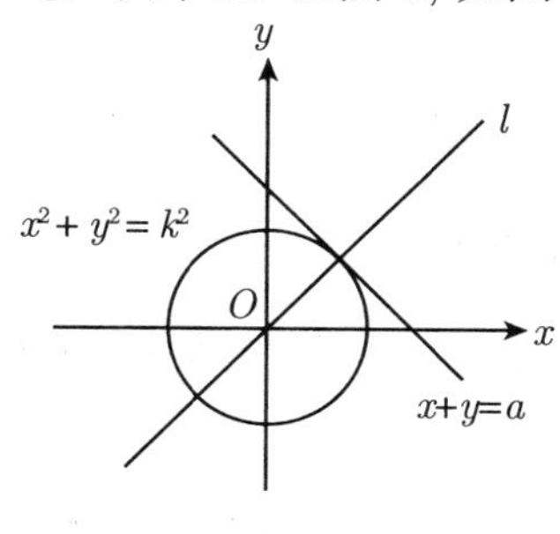

图 J.4

解法 2 在图 J.1 中, 取 $A'B=x, A'C=y, BC=k$, 那么 $\angle BA'C$ 是直角. 当 A' 取点 A 位置时, $AB+AC$ 最大.

当然, 代数解法也很简单: 因为 $(x+y)^2=x^2+y^2+2xy\leqslant 2(x^2+y^2)=2k^2$, 所以 $x+y\leqslant\sqrt{2}k$, 由此得到结论.

(2) 本题是练习题 1.1 的特殊情形, 这里单独给出两种解法.

解法 1 周长 $l=c+c\sin A+c\cos A$, 其中 $\angle A$ 是一个锐角. $f=\sin A+\cos A=\sqrt{2}\sin(\pi/4+A)$, 当 $\pi/4+A=\pi/2$ 时, f 最大.

答案: 当等腰直角三角形时, $l_{\max}=(\sqrt{2}+1)c$.

解法 2 设直角边长为 a,b, 则 $a^2+b^2=c^2$ 为定值, 于是可应用本题 (1) 求 $a+b$ 的最大值. 实际上, 也可直接应用本题 (1) 的解法 2 的方法.

(3) 解法 1 由本题 (2) 解法 1 可知, $c=l/\big(1+\sqrt{2}\sin(\pi/4+A)\big)$. 因此当三角形为等腰直角三角形时, $c_{\min}=l/(\sqrt{2}+1)$.

解法 2 设直角三角形的斜边长为 z, 直角边长分别为 x,y, 那么周长 l 满足条件

$$x+y+z=l,\quad z^2=x^2+y^2.$$

消去 y 可知 x 满足二次方程

$$2x^2-2(l-z)x+(l^2-2lz)=0.$$

由方程的判别式非负得到 $z^2+2lz-l^2\geqslant 0$. 注意 $z>0$, 解出 $z\geqslant(\sqrt{2}-1)l$, 可见 $z_{\min}=(\sqrt{2}-1)l$, 从而 $x=y=(2-\sqrt{2})l/2$(即等腰直角三角形).

1.6 提示 应用练习题 1.1 的解法 2 求出 $AB+AC$ 的最大值为 $1/\sin(\theta/2)$. 应用例 1.1 可知

$$\frac{1}{2}(AB\cdot AC)_{\max}\cdot\sin\theta=\frac{1}{2}\cdot 1\cdot\frac{1}{2}\cot\frac{\theta}{2},$$

因此 $AB\cdot AC$ 的最大值为 $1/(4\sin^2(\theta/2))$.

1.7 (1) 令 $\mathscr{F}$ 是半径为 r 的圆的内接三角形的集合. 设其中存在一个三角形 (记为 $\triangle_0$) 具有最大面积. 我们来研究它的性质. 设它的一条边长为 a, 对角为 α, 那么 a,α 都是定值. 令 $\mathscr{F}_1$ 是半径为 r 的圆的内接三角形中一条边长为 a, 并且对角为 α 的那些三角

形组成的集合. 那么 $\mathscr{F}_1 \subseteq \mathscr{F}$, 并且 $\triangle_0 \in \mathscr{F}_1$. 因为 $\triangle_0$ 是 $\mathscr{F}$ 中面积最大的三角形, 所以也是集合 $\mathscr{F}_1$ 中面积最大的三角形. 但容易证明 $\mathscr{F}_1$ 中面积最大的三角形的另外两边一定相等 (参见例 1.1), 所以 $\triangle_0$ 是等腰三角形. 类似地, 以 $\triangle_0$ 的另一条边作为底边, 可知 $\triangle_0$ 是正三角形. 因为任何圆都有内接正三角形, 所以集合 $\mathscr{F}$ 中确实存在面积最大的三角形 $\triangle_0$, 即正三角形. 容易算出最大面积等于 $(3\sqrt{3}/4)r^2$.

(2) 由例 1.3 证法 7 中的公式, 圆内接四边形面积 $S = (ef\sin\phi)/2$, 其中 e,f 是对角线长, ϕ 是对角线间的夹角. 因为 $e,f \leqslant 2r, \sin\phi \leqslant \sin(\pi/2)$, 所以当圆内接四边形是正方形时其面积最大 (等于 $2r^2$).

1.8 在平面 α 上过点 O 分别作直线 a 和 b, 其中 a 与 l 垂直. 我们来证明 a 与平面 β 的夹角大于 b 与平面 β 的夹角, 因此所求的最大角就是二面角的平面角.

在平面 α 上任作直线 l' 平行于 l, 设分别交 a,b 于点 A,B. 设 A',B' 分别是 A,B 在 β 上的投影 (图 J.5). 因为 l' 与 β 平行, 所以 $AA' = BB'$. 又因为 l' 垂直于 OA, 所以 $OB > OA$. 于是由

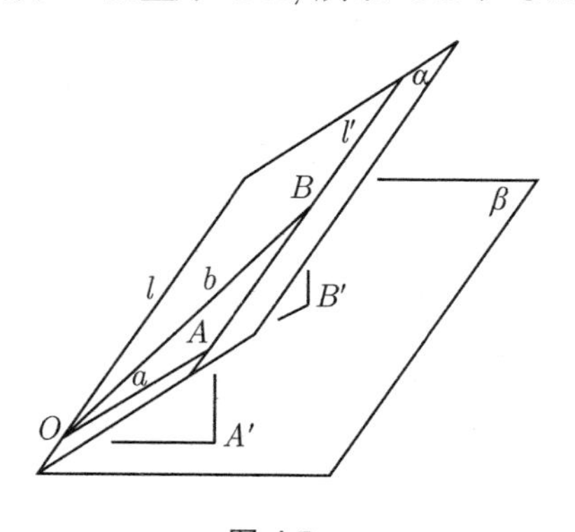

图 J.5

$$\sin\angle BOB'=\frac{BB'}{OB},\quad \sin\angle AOA'=\frac{AA'}{OA},$$

推出 $\sin\angle BOB'<\sin\angle AOA'$, 注意此处二角都是锐角, 所以 $\angle BOB'<\angle AOA'$.

1.9 提示 截面是等腰三角形, 两腰长是定值 (圆锥的母线), 所以只需考虑底边的最大值. 底边是圆锥底面圆的一条弦.

答案: 最大值在轴截面情形取得.

1.10 提示 这是平面情形问题在空间情形的类似, 参见例 2.3 解法 1. 答案: 当截面经过给定点和球心时得到大圆, 截面面积最大; 当截面与球心和给定点的连线垂直时, 截面面积最小.

2.1 (1) 过点 P,O 作一条直线与圆交于点 A,B(点的排列顺序是 P,A,O,B), 那么线段 PA 和 PB 分别给出所求的最小值和最大值. 证明如下: 任取圆周上一点 M(异于点 A,B), 那么 $PM+MO>PO=PA+AO$. 因为 $MO=AO$, 所以 $PM>PA$. 类似地, $PB=PO+OB=PO+OM>PM$.

(2) **提示** 过点 O_1,O_2 作一条直线分别交 $\odot O_1$ 和 $\odot O_2$ 于点 A_1,B_1 和 A_2,B_2(排列顺序是 A_1,O_1,B_1,A_2,O_2,B_2), 那么线段 B_1A_2 和 A_1B_2 分别给出所求的最小值和最大值. 证法与本题 (1) 类似. 在 $\odot O_1$ 和 $\odot O_2$ 上分别任取异于 A_1,B_1 的点 P_1 和异于 A_2,B_2 的点 P_2, 证明 $B_1A_2<P_1P_2<A_1B_2$.

(3) 切线长等于 $\sqrt{l^2-r^2}$, 其中 r 是圆的半径, l 是圆外点与圆心间的距离. 因此, 应当求 l 的最大值或最小值. 设过 O,O_1 的直线交 $\odot O_1$ 于点 S,S_1, 排列次序是 S,O_1,O,S_1. 设 S' 是 $\odot O_1$ 上任意一点 (异于点 S,S_1), 那么应用三角形不等式可知

$$SO=SO_1+O_1O=S'O_1+O_1O>S'O;$$

以及

$$S_1O = S_1O_1 - O_1O = S'O_1 - O_1O < S'O.$$

可见 $\odot O_1$ 上各点与点 O 的距离, 以 SO 最大, S_1O 最小. 于是由点 S 所作的 $\odot O$ 的切线最长, 由点 S_1 所作的 $\odot O$ 的切线最短.

2.2 提示 (1) 参见 2.1 节注 1. 过点 A,B 分别作圆与 $\odot O$ 外切和内切. 设切点为 P_1(外切) 和 P_2(内切), 则 $\angle AP_1B$ 最大, $\angle AP_2B$ 最小.

(2) 过点 M,N 作圆与 $\odot O$ 外切, 则切点 P 即为所求.

2.3 提示 (1) 过 M,N 作圆与直线 l 相切, 这样的圆至多两个, 其中较小的圆与 l 的切点 P 即合要求 (参见例 2.2).

(2) 求点 P: 若 $AB = AC$, 则对于角平分线 AX 上任意一点 P 都有 $\angle ABP = \angle ACP$. 因此不妨设 $AB > AC$. 设 P 为所求的点, 那么在 AB 上存在点 C' 满足 $AC = AC'$, 于是 $\angle PCA = \angle PC'A > \angle PBA$, 从而

$$\begin{aligned}|\angle PBA - \angle PCA| &= |\angle PBA - \angle PC'A| = \angle PC'A - \angle PBA \\ &= \angle BPC'.\end{aligned}$$

于是只需使 $\angle BPC'$ 最大. 可见问题归结为本题 (1).

求点 Q: 不妨设 $AB > AC$, 那么 $\angle ABC < \angle ACB$. 于是

$$\begin{aligned}|\angle QBC - \angle QCB| &= |(\angle QBA - \angle ABC) - (\angle QCA - \angle ACB)| \\ &= |(\angle QBA - \angle QCA) + (\angle ACB - \angle ABC)|.\end{aligned}$$

因为 $\angle ACB - \angle ABC > 0$ 是定值, 所以只需求 $|\angle QBA - \angle QCA|$ 的最大值, 从而求点 Q 等价于求点 P.

(3) 不妨设 $AB < AC$, 那么在 AC 上存在点 B' 使得 $AB' = AB$. 于是 $\angle AMB = \angle AMB'$, 从而 $\angle DMB = \angle DMB' > \angle DMC$, 由此可知

$$
\begin{aligned}
|\angle DMB - \angle DMC| &= \angle DMB - \angle DMC = \angle DMB' - \angle DMC \\
&= \angle B'MC.
\end{aligned}
$$

因此只需使 $\angle B'MC$ 最大. 可见问题归结为本题 (1).

2.4 提示 (1) 逆向思维. 首先在 l 上任意位置取点 M', N' 使得 $M'N' = a$, 然后过点 P 作直线 l' 平行于 l, 那么依练习题 2.3(1), 可在 l' 上确定点 P' 使得 $\angle M'P'N'$ 最大 (当 M', N' 固定, 而 P' 在 l' 上移动时). 最后, 过点 P 分别作直线与 $P'M'$ 及 $P'N'$ 平行. 那么它们与 l 的交点 M, N 即合所求.

(2) 类似地, 在任意位置作 l_1, l_2 的公垂线 $M'N'$(点 M' 在 l_1 上, N' 在 l_2 上). 然后过点 P 作 l_1 的平行线 l. 那么依练习题 2.3(1), 可在 l 上确定点 P' 使得 $\angle M'P'N'$ 最大 (当 M', N' 固定, 而 P' 在 l 上移动时). 最后, 过点 P 作直线与 $P'M'$ 平行交 l_1 于点 M, 作直线与 $P'N'$ 平行交 l_2 于点 N. 那么线段 MN 即合所求.

2.5 不妨设 $AB = 1, BC = AD = x$, 那么 $AB : BC = 1/x$. 于是

$$
BK = \frac{\lambda}{\lambda+1}x, \quad MD = \frac{1}{\lambda+1}.
$$

记 $\angle BAK = \alpha, \angle DAM = \beta$, 那么 $\angle KAM = \pi/2 - (\alpha+\beta)$, 只需求 $\alpha+\beta$ 的最小值. 因为

$$
\tan\alpha = \frac{\lambda}{\lambda+1}x, \quad \tan\beta = \frac{1}{(\lambda+1)x}.
$$

所以 (注意 λ 是常数)

$$\tan(\alpha+\beta)=\frac{\tan\alpha+\tan\beta}{1-\tan\alpha\tan\beta}=\frac{\dfrac{\lambda}{\lambda+1}x+\dfrac{1}{(\lambda+1)x}}{1-\dfrac{\lambda}{(\lambda+1)^2}}$$

$$\geqslant\frac{(\lambda+1)^2}{\lambda^2+\lambda+1}\cdot 2\sqrt{\frac{\lambda}{\lambda+1}x\cdot\frac{1}{(\lambda+1)x}}$$

$$=\frac{2\sqrt{\lambda}(\lambda+1)}{\lambda^2+\lambda+1},$$

并且当

$$\frac{\lambda}{\lambda+1}x=\frac{1}{(\lambda+1)x}$$

时, 等式成立, 于是当 $x=1/\sqrt{\lambda}$ 或 $AB:BC=1/x=\sqrt{\lambda}$ 时, $\angle KAM$ 最大, 并且最大值等于 $\pi/2-\arctan\big(2\sqrt{\lambda}(\lambda+1)/(\lambda^2+\lambda+1)\big)$.

2.6 解法 1 这是例 2.1 的特例. 因为 OA 在一条直径上, 所以过点 O,A 与 $\odot O$ 相切的圆有两个, 并且是等圆, 两个切点都符合要求 (请读者自行画图).

解法 2 设点 P 是圆周上任意一点. 在 $\triangle POA$ 中, 由正弦定理得到

$$\sin P=\frac{OA}{OP}\sin\angle PAO,$$

因为 OA 在一条直径上, 所以 $\angle P\in(0,\pi/2)$. 注意 OA,OP 的长度是定值, 可见当且仅当 $\sin\angle PAO$ 最大时, $\angle P$ 最大. $\sin\angle PAO$ 的最大值等于 1 (当 $\angle PAO=\pi/2$ 时达到). 因此过点 A 作圆的垂直于 OA 的弦 PP', 点 P,P' 就是全部符合要求的点.

解法 3 设点 P 是圆周上任意一点. 过点 P,O 作圆的直径 PQ, 过点 P,A 作圆的弦 PP'. 那么 $\angle PP'Q=\pi/2$(定值), 所以 $\angle P$ 最大

等价于 $\angle Q$ 最小, 也等价于圆的过点 A 的弦 PP' 长度最短. 这当且仅当 OA 与 PP' 垂直时达到, 这样产生的点 P,P' 就是全部符合要求的点.

2.7 设平行四边形对角线交点是 D, 那么 AD 是 $\triangle PAB$ 的一条中线 (图 J.6), 于是 $AQ=2\cdot AD$, 所以只需确定 AD 的极值. 因为 $OD\perp PB$, 所以当点 P 在 $\odot O$ 上移动时, 点 D 的轨迹是以 (定线段)OB 为直径的圆. 因为 $AO=BO$, 所以点 A 在此圆外. 于是问题归结为练习题 2.1(1).

2.8 如图 J.7 所示, 连接 AB, 交 l 于点 P, 则 $AP=a,PB=b$ 是定值. 设过 A,B 的圆与 l 交于点 M,N, 那么 $AP\cdot PB=MP\cdot PN$. 令 $MP=x,MN=y$, 则有 $x(y-x)=ab$. 由算术-几何平均不等式可知

$$ab=x(y-x)\leqslant\left(\frac{x+(y-x)}{2}\right)^2=\frac{y^2}{4}$$

(当且仅当 $x=y-x$ 时等式成立), 因此 $y\geqslant 2\sqrt{ab}$. 于是截得的线段 MN 以 P 为中点时最短, 相应的长度为 $2\sqrt{AP\cdot PB}$.

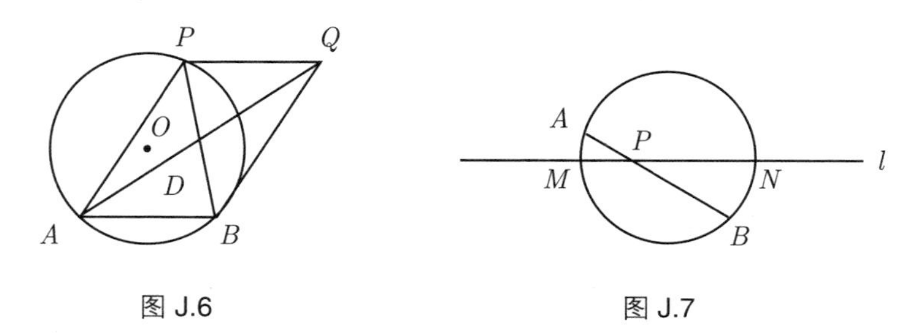

图 J.6　　图 J.7

当然, 也可由方程 $x^2-y\cdot x+ab=0$ 有实根 x 推出 $y^2-4ab\geqslant 0$.

注 极值圆的作法:

方法 1 首先确定 AB 与 l 的交点 P, 然后在 l 上取点 M, 使

得 $PM=\sqrt{AP\cdot PB}$(即 AP 和 PB 的比例中项), 那么过点 A,B,M 的圆即合要求 (因为 $PM=PN$, 所以在直线 l 上所取点 M 位于点 P 任何一侧结果都一样).

方法 2 设求作的圆的中心是 O. 显然 O 位于 AB 的垂直平分线上. 又因为 P 是 MN 的中点, 所以 $OP\perp MN$, 可见 O 也在 l 的过点 P 的垂线上. 因此, 只需首先确定 AB 与 l 的交点 P, 然后作 l 的过点 P 的垂线以及 AB 的垂直平分线, 两者的交点 O 就是所求作的圆的中心. 这种方法称作交轨法.

2.9 (1) 解法1 记圆的半径为 r. 设 AB 过点 C 的垂线交圆于点 D 和 D'(它们关于 AB 对称), 那么 $\triangle ADD'$ 的面积是 $\triangle ACD$ 面积的 2 倍. 只需使 $\triangle ADD'$ 的面积最大. 依练习题 1.7(1), 此时 $\triangle ADD'$ 是正三角形. 于是圆心 O 也是 $\triangle ADD'$ 的重心, 从而 $AC=(3/2)AO=(3/2)r$, 且 $\triangle ACD$ 的面积最大值是 $(1/2)\cdot(\sqrt{3}/4)r^2=(\sqrt{3}/8)r^2$.

解法2 设 $AC=x$, 则

$$CB=2r-x,\quad CD=\sqrt{x(2r-x)}.$$

于是 $\triangle ACD$ 的面积

$$S=\frac{1}{2}AC\cdot CD=\frac{1}{2}x\sqrt{x(2r-x)}.$$

由此可知

$$(2S)^2=x^3(2r-x),$$

于是

$$3\cdot 4S^2=x\cdot x\cdot x(3\cdot 2r-3x).$$

因为 $x+x+x+(6r-3x)=6r$ 是常数, 所以由算术-几何平均不等式推出: 当 $x=6r-3x$, 即 $x=(3/2)r$ 时, S 最大 (余略).

(2) **提示** 问题等价于求圆上与 AB 距离最大和最小的点. 过圆心 O 作 AB 的垂线, 垂线与圆交于点 P_1,P_2, 那么圆过 P_1,P_2 的切线与 AB 平行, 并且整个圆介于这两条切线之间. 由此容易证明点 P_1,P_2 即为所求.

(3) $\triangle OAB$ 的顶角 $\angle AOB$ 的两边 OA 和 OB 是定值 r (此处 r 是 $\odot O$ 的半径). 依练习题 1.3, 当 $\angle AOB$ 是直角时, 其面积最大. 计算出三角形的边 AB 上的高等于 $(\sqrt{2}/2)r$. 作已知圆的半径为 $(\sqrt{2}/2)r$ 的同心圆, 当直线 l 是此同心圆的切线时, 即可确定点 A,B 的位置, 并且面积最大值等于 $r^2/2$.

(4) **提示** 对于 l 的每个位置 (参见图 2.16), 对应的 $\triangle BMN$ 互相相似, 所以只需使线段 MN 最长, 于是问题归结为例 2.6.

(5) 设 $\odot O$ 和 $\odot P$ 的半径分别为 r 和 R, 那么 $OA=\sqrt{2}r,PC=\sqrt{2}R$. 因为 $AO+OP+PC=\sqrt{2}$, 所以 $\sqrt{2}r+r+R+\sqrt{2}R=\sqrt{2}$, 由此解得 $R=2-\sqrt{2}-r$. 两圆半径均不超过正方形边长之半, 所以 $r\leqslant 1/2, 2-\sqrt{2}-r\leqslant 1/2$, 因此 r 的定义域为 $[3/2-\sqrt{2},1/2]$. 两圆面积之和

$$
\begin{aligned}
S(r)&=\pi r^2+\pi(2-\sqrt{2}-r)^2\\
&=\pi\big(2r^2-2(2-\sqrt{2})r+(2-\sqrt{2})^2\big).
\end{aligned}
$$

注意 $r\in[3/2-\sqrt{2},1/2]$, 可知 $r=1-\sqrt{2}/2$(此时 $r=R$, 即二圆相等) 时, $S_{\min}=(3-2\sqrt{2})\pi$. 当 $r=1/2$(区间端点值) 时 (此时另一个圆消失), $S_{\max}=\pi/4$.

2.10 (1) 解法1 设 $\triangle ABC$ 是任意三角形, $\angle A=\alpha$ 及 $BA+$

$CA=2l$ 是定值. 若 $AB\neq AC$, 则不妨认为 $AB<l, AC>l$(图 J.8).

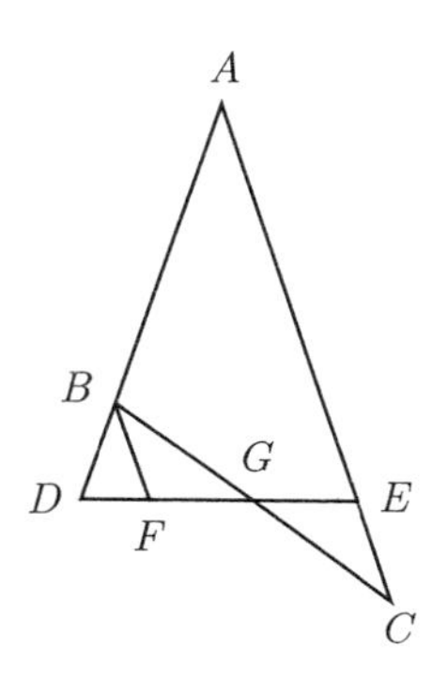

图 J.8

在 AC 上取点 E, 在 AB 延长线上取点 D, 使得 $AE=AD=l$. 连接 DE (与线段 BC 交于点 G), 那么 $\triangle ADE$ 是符合要求的等腰三角形, 并且是唯一确定的. 我们来证明不等式 $S(\triangle ABC)<S(\triangle ADE)$. 为此过点 B 作直线平行于 AC, 与直线 DE 交于点 F. 注意 $\angle DBG>\angle C$, 并且 $\angle FBG=\angle C$, 因此交点 F 位于 D,G 之间. 又因为 $AB+AC=AD+AE(=2l)$, 所以 $AD-AB=AC-AE$, 即 $BD=CE$. 此外, BF 平行于 AC 蕴含 $\angle BFD=\angle AED=\angle D$, 从而 $BF=BD=EC$. 因此 $\triangle BFG\cong\triangle CEG$, 于是 $S(\triangle CEG)<S(\triangle DBG)$. 由此即可推出上述不等式.

解法 2 由三角形面积公式 $\Delta=(bc\sin A)/2$ 及 $\angle A$ 为定值之题设, 只需求 bc 的最大值. 因为 $b+c=2l$ 是定值, 所以当 $b=c=l$ 时, 三角形面积最大, 并且 $\Delta_{\max}=(l^2\sin A)/2$.

(2) **提示** 可归结为本题 (1).

答案: 当平行四边形邻边相等 (即菱形) 时, 面积最大.

(3) 解法 1　设正方形边长为 $a, AP=x$. 那么 $PR=\sqrt{2}x, PQ=\sqrt{2}(a-x)$, 并且 $\angle RPQ$ 是直角, 因此 $\triangle PQR$ 的面积

$$S=x(a-x)=a^2/4-(x-a/2)^2.$$

可见 $x=a/2$, 即 P 是 AB 的中点时, S 最大, 并且 $S_{\max}=a^2/4$.

解法 2　因为 $\angle RPQ$ 是定值 (直角), $PR+PQ=\sqrt{2}a$ 也是定值, 所以现在的问题可归结为本题 (1). 此外, 显然它也是本题 (6) 的特例.

(4) 解法 1　设 $BC=a, BP=x$, 则 $PC=a-x$. 因为 $\triangle BPR\sim\triangle PCQ\sim\triangle BCA$, 所以

$$\frac{S(\triangle BPR)}{x^2}=\frac{S(\triangle PCQ)}{(a-x)^2}=\frac{S(\triangle BCA)}{a^2},$$

于是

$$\begin{aligned}S(PQAR)&=S(\triangle ABC)-S(\triangle BPR)-S(\triangle PCQ)\\&=\left(a^2-x^2-(a-x)^2\right)S(\triangle ABC)\\&=\left(\frac{a^2}{4}-\left(\frac{a}{2}-x\right)^2\right)\frac{S(\triangle ABC)}{a^2},\end{aligned}$$

因此当 $x=a/2$(即 P 是 BC 的中点) 时, $S(PQAR)$ 最大, 并且最大值为 $\triangle ABC$ 面积的一半, 从而 $S(\triangle PQR)$ 等于 $\triangle ABC$ 面积的 1/4.

解法 2　因为 $\angle RPQ=\angle A$ 是定值, $S(PQAR)=PR\cdot PQ\sin A$, 所以只需求 $PR\cdot PQ$ 的最大值. 因为

$$PR=\frac{BP}{BC}\cdot AC,\quad PQ=\frac{PC}{BC}\cdot AB,$$

所以

$$PR\cdot PQ=\frac{BP}{BC}\cdot AC\cdot\frac{PC}{BC}\cdot AB=(PB\cdot PC)\cdot\left(\frac{AC\cdot AB}{BC^2}\right).$$

注意上式右边第二项是常量, 并且 $PB+PC=BC$ 是定值, 可见当 $PB=PC$ 时, $PB\cdot PC$ 最大 (余略).

解法 3　几何证法 (图 J.9). 问题等价于使平行四边形 $PRAQ$ 面积最大.

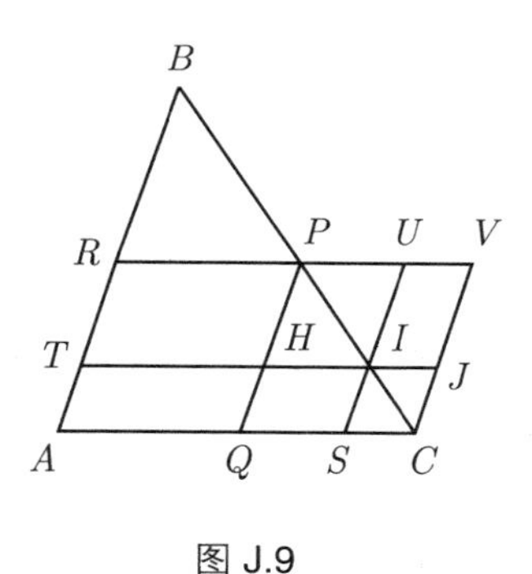

图 J.9

设 P 是边 BC 的中点, I 是边 BC 上任意一点, 分别作平行四边形 $PRAQ$ 和 $ITAS$, 我们来证明 $S(PRAQ)>S(ITAS)$. 扩充这两个平行四边形如图 J.9 所示. 那么易见 $RP=PV$, 并且 $S(PRTH)=S(PVJH)>S(UVJI)$. 因为点 I 在平行四边形 $PVCQ$ 的对角线上, 所以 $S(UVJI)=S(HISQ)$, 于是 $S(PRTH)>S(HISQ)$. 因此 $S(PRTH)+S(THQA)>S(HISQ)+S(THQA)$, 即 $S(PRAQ)>S(ITAS)$.

(5) 解法 1　设 O 是 BC 的中点 (但 O,P 不重合, 不妨设点 P 在 B,O 之间), 过点 O 作 OM,ON 分别垂直于 AC,AB(M,N 是

垂足), 记 $OP=x,OB=OC=t,OM=a,ON=b$, 那么

$$\frac{PQ}{OM}=\frac{PC}{OC}=\frac{x+t}{t},$$

由此解出

$$PQ=\frac{t+x}{t}a.$$

类似地, 求出

$$PR=\frac{t-x}{t}b.$$

于是

$$PQ\cdot PR=\frac{t^2-x^2}{t^2}ab.$$

因为 ab 和 t 是定值, 所以只需求 x 使得 t^2-x^2 最大. 可见当 $x=0$, 即 P 是 BC 的中点时, $\triangle PQR$ 的面积最大, 并且最大值为 ab.

下面通过原三角形的基本元素来表示 ab. 由面积公式可知

$$\frac{1}{2}a\cdot AC=S(\triangle AOC)=\frac{1}{2}\Delta,$$

其中 $\Delta=S(\triangle ABC)$, 所以 $a=\Delta/AC$. 类似地, $b=\Delta/AB$. 于是

$$ab=\frac{\Delta^2}{AB\cdot AC}.$$

注意 $\Delta=(AB\cdot AC\sin A)/2$, 所以

$$ab=\frac{\Delta^2\sin A}{AB\cdot AC\sin A}=\frac{\Delta^2\sin A}{2\Delta}=\frac{\sin A}{2}\cdot S(\triangle ABC).$$

解法 2　因为 $\triangle PQR$ 的面积

$$S(\triangle PQR)=\frac{1}{2}PQ\cdot PR\sin\angle QPR,$$

其中 $\angle QPR=2\pi-\angle A$ 是定值, 所以只需使 $PQ\cdot PR$ 最小. 又因为

$$PQ=PC\sin C,\quad PR=PB\sin B,$$

所以

$$PQ \cdot PR = PC \cdot PB \cdot \sin C \sin B.$$

其中 $\sin C \sin B$ 是定值, 因此只需使 $PC \cdot PB$ 最小. 因为 $PC + PB = BC$ 是定值, 所以当 $PC = PB = BC/2$(即 P 是 BC 的中点) 时, $\triangle PQR$ 的面积最大.

(6) 设 $AB = a, AP = \lambda$, 则 $PB = a - \lambda$. 那么

$$PR = \frac{\lambda}{a} BD, \quad PQ = \frac{a-\lambda}{a} AC.$$

类似于本题 (4) 的解法 2, 只需求

$$PR \cdot PQ = \frac{\lambda}{a} \cdot \frac{a-\lambda}{a} \cdot (BD \cdot AC)$$

的最大值. 所以最终归结为求 $\lambda(a-\lambda)$ 的最大值.

答案: $\lambda = a/2$, 即 P 是 AB 的中点时, $\triangle PQR$ 的面积最大, 并且等于平行四边形面积的 1/4.

2.11 (1) 解法 1 (i) 设底边中线 (AD) 长为 x, 另两边 (AB 和 AC) 长分别为 y 和 $e-y$. 将底边中线 AD 延长一倍到 A', 那么由平行四边形性质可知

$$(2x)^2 + a^2 = 2\big(y^2 + (e-y)^2\big),$$

即

$$4y^2 - 4e \cdot y + (2e^2 - a^2 - 4x^2) = 0.$$

此方程有实根 y, 所以判别式

$$16e^2 - 16(2e^2 - a^2 - 4x^2) \geqslant 0.$$

于是 $x^2 \geqslant (e^2-a^2)/4$, 因此最短中线长 $x_{\min} = \sqrt{e^2-a^2}/2$ (因为 $e > a$, 所以此式有意义). 相应地可知三角形是等腰的.

(ii) 三角形半周长 $s = (a+e)/2$, 由三角形面积公式得到

$$S = \sqrt{s(s-a)(s-y)(s-e+y)}.$$

注意 $s(s-a) > 0$, 于是 y 满足方程

$$y^2 - e\cdot y + \left(\frac{S^2}{s(s-a)} - s^2 + es\right) = 0.$$

仍然由判别式

$$e^2 - 4\left(\frac{S^2}{s(s-a)} - s^2 + es\right) \geqslant 0,$$

推出

$$S_{\max} = \frac{a}{4}\sqrt{e^2-a^2}.$$

对应的 $y = e/2$(等根), 因而三角形是等腰的 (注意: 此处求最大面积问题与例 2.7 有所不同, 这里的极值三角形只是等腰三角形).

解法 2 因为底边 BC 固定, 所以顶点 A 的轨迹是以 B,C 为焦点的椭圆. 椭圆上与 BC 距离最大的点是所求的顶点 A 的极值位置. 由此可推出结果 (细节由读者补出).

(2) 下面三个解法大同小异.

解法 1 因为三角形面积 $\varDelta = (bc\sin A)/2$ 以及顶角 $\angle A$ 都是定值, 所以 $bc = 2\varDelta/\sin A$ 也是定值. 由余弦定理可知底边 BC 之长 a 满足

$$a^2 = b^2 + c^2 - 2bc\cos A = (b-c)^2 + 2bc(1-\cos A),$$

其中右边第二项是定值. 因此当 $b=c$(即等腰三角形) 时, a 最小, 并且

$$a_{\min}=\sqrt{4\Delta\cdot\frac{1-\cos A}{\sin A}}=2\sqrt{\Delta}\cdot\frac{\sqrt{2}\sin\dfrac{A}{2}}{\sqrt{2\sin\dfrac{A}{2}\cos\dfrac{A}{2}}}$$
$$=2\sqrt{\Delta\tan\frac{A}{2}}.$$

解法 2　应用公式 $a^2=b^2+c^2-2bc\cos A$, 其中 (如解法 1 所指出) bc 和 $\cos A$ 是定值. 因为

$$b^2+c^2\geqslant 2bc=\frac{4\Delta}{\sin A},$$

当且仅当 $b=c$ 时, 等式成立, 所以当 $b=c$(即等腰三角形) 时,

$$(b^2+c^2)_{\min}=\frac{4\Delta}{\sin A},$$

从而

$$a_{\min}=\sqrt{(b^2+c^2)_{\min}-2bc\cos A}$$
$$=\sqrt{\frac{4\Delta}{\sin A}-\frac{4\Delta}{\sin A}\cdot\cos A}\quad(\text{下略}).$$

解法 3　由余弦定理,

$$a^2=b^2+c^2-2bc\cos A=(b+c)^2-2bc-2bc\cos A$$
$$=(b+c)^2-2bc(1+\cos A),$$

其中 (如解法 1 所指出)bc 和 $\cos A$ 是定值. 对于乘积为定值的两个正数 b,c, 当它们相等时, 其和 $b+c$ 最小, 因此当 $b=c$(等腰三角形) 时, a 最小 (下略).

(3) **提示** 因为底边上的高是定值, 所以底边最小等价于三角形面积最小, 从而问题归结于例 2.10.

答案: 等腰三角形的底边最小, 最小值是 $2h\tan\alpha$ (此处 h,α 的意义同例 2.10).

(4) **提示** 设在 $\triangle ABC$ 中, $\angle A=\alpha, BC$ 边的中线 $AM=m$, 它们都是定值, 延长 AM 到点 D 使得 $AM=MD$, 那么 $ABDC$ 是平行四边形, $\triangle ABD$ 的顶角 $\angle ABD=\pi-\alpha$, 底边 $AD=2m$, 它们都是定值, 并且 $\triangle ABC$ 与 $\triangle ABD$ 的面积相等. 于是问题归结为例 1.1.

答案: 当等腰三角形 $(AB=AC)$ 时, 三角形面积最大.

2.12 (1) 解法 1 设在直角三角形 ABC 中, $\angle C=\pi/2, CB=a, CA=b, AB=c$, 其面积为定值 Δ. 那么 $\Delta=ab/2$, 周长 $l=a+b+\sqrt{a^2+b^2}$. 因为

$$l=a+b+\sqrt{a^2+b^2}\geqslant 2\sqrt{ab}+\sqrt{2ab}=2(1+\sqrt{2})\sqrt{\Delta},$$

并且当且仅当 $a=b$ 时, 等式成立, 所以当等腰直角三角形情形时, 周长最小, 并且

$$l_{\min}=2(1+\sqrt{2})\sqrt{\Delta}.$$

解法 2 保留解法 1 中的记号, 并且记 $\angle B=\theta$, 那么 $a+b+c=l$. 因为 $a=c\cos\theta, b=c\sin\theta$, 所以 $c\cos\theta+c\sin\theta+c=l$, 于是

$$c=\frac{l}{1+\sin\theta+\cos\theta}.$$

三角形面积

$$\Delta=\frac{1}{2}c^2\sin\theta\cos\theta=\frac{l^2}{2}\cdot\frac{\sin\theta\cos\theta}{(1+\sin\theta+\cos\theta)^2}.$$

从而周长

$$l=\frac{1+\sin\theta+\cos\theta}{\sqrt{\sin\theta\cos\theta}}\cdot\sqrt{2\varDelta}.$$

可见只需求

$$f(\theta)=\frac{\sin\theta\cos\theta}{(1+\sin\theta+\cos\theta)^2}\quad\left(0<\theta<\frac{\pi}{2}\right)$$

的最大值. 下面给出两种繁简不一的三角恒等变形方法.

方法 1　因为

$$\begin{aligned}\sin\theta\cos\theta&=\frac{1}{2}\big((\sin\theta+\cos\theta)^2-(\sin^2\theta+\cos^2\theta)\big)\\&=\frac{1}{2}\big((\sin\theta+\cos\theta)^2-1\big)\\&=\frac{1}{2}(\sin\theta+\cos\theta+1)(\sin\theta+\cos\theta-1),\end{aligned}$$

所以

$$f(\theta)=\frac{1}{2}\cdot\frac{\sin\theta+\cos\theta-1}{\sin\theta+\cos\theta+1}=\frac{1}{2}\cdot\left(1-\frac{2}{\sin\theta+\cos\theta+1}\right).$$

注意

$$\sin\theta+\cos\theta=\sqrt{2}\left(\frac{1}{\sqrt{2}}\sin\theta+\frac{1}{\sqrt{2}}\cos\theta\right)=\sqrt{2}\sin\left(\theta+\frac{\pi}{4}\right),$$

可见当 $\theta+\pi/4=\pi/2$, 即 $\theta=\pi/4$ 时, $f(\theta)$ 最大, 并且

$$f_{\max}=\frac{1}{2}\left(1-\frac{2}{\sqrt{2}+1}\right)=\frac{(\sqrt{2}-1)^2}{2}.$$

于是

$$l_{\min}=\frac{1}{\sqrt{f_{\max}}}\cdot\sqrt{2\varDelta}=2(1+\sqrt{2})\sqrt{\varDelta}.$$

方法 2　作三角恒等变换:

$$(1+\sin\theta+\cos\theta)^2=1+\sin^2\theta+\cos^2\theta+2\sin\theta+2\cos\theta+2\sin\theta\cos\theta$$

$$
\begin{aligned}
&=2(1+\sin\theta+\cos\theta+\sin\theta\cos\theta)\\
&=2(1+\sin\theta)(1+\cos\theta),
\end{aligned}
$$

所以

$$
\begin{aligned}
f(\theta)&=\frac{1}{2}\cdot\frac{\sin\theta}{1+\cos\theta}\cdot\frac{\sin\left(\dfrac{\pi}{2}+\theta\right)}{1-\cos\left(\dfrac{\pi}{2}+\theta\right)}\\
&=\frac{1}{2}\tan\frac{\theta}{2}\cot\left(\frac{\pi}{4}+\frac{\theta}{2}\right)=\frac{1}{2}\frac{\sin\dfrac{\theta}{2}}{\cos\dfrac{\theta}{2}}\cdot\frac{\cos\left(\dfrac{\pi}{4}+\dfrac{\theta}{2}\right)}{\sin\left(\dfrac{\pi}{4}+\dfrac{\theta}{2}\right)}\\
&=\frac{1}{2}\frac{\sin\left(\dfrac{\pi}{4}+\theta\right)+\sin\left(-\dfrac{\pi}{4}\right)}{\sin\left(\dfrac{\pi}{4}+\theta\right)+\sin\dfrac{\pi}{4}}=\frac{1}{2}\frac{\sin\left(\dfrac{\pi}{4}+\theta\right)-\dfrac{\sqrt{2}}{2}}{\sin\left(\dfrac{\pi}{4}+\theta\right)+\dfrac{\sqrt{2}}{2}}\\
&=\frac{1}{2}\left(1-\frac{\sqrt{2}}{\sin\left(\dfrac{\pi}{4}+\theta\right)+\dfrac{\sqrt{2}}{2}}\right).
\end{aligned}
$$

由 $\theta\in(0,\pi/2)$ 可知 $\pi/4+\theta\in(\pi/4,3\pi/4)$, 因而当 $\pi/4+\theta=\pi/2$ 即 $\theta=\pi/4$ 时, $f(\theta)$ 取极大值, 并且

$$
f_{\max}=\frac{1}{2}\left(1-\frac{\sqrt{2}}{1+\dfrac{\sqrt{2}}{2}}\right)=\frac{(\sqrt{2}-1)^2}{2},
$$

从而 $l_{\min}=2(1+\sqrt{2})\sqrt{\Delta}$. 并且 $\theta=\pi/4$ 表明当 $\triangle ABC$ 是等腰直角三角形时达到.

(2) **提示** 一种代数解法如下: 设直角三角形的直角边为 x,y, 斜边为 z, 记面积为 Δ, 则

$$
x+y+z=l,\quad xy=2\Delta,\quad x^2+y^2=z^2.
$$

由 $z=l-(x+y), xy=2\Delta$ 可知

$$\begin{aligned} z^2 &= \big(l-(x+y)\big)^2 = l^2-2l(x+y)+(x+y)^2 \\ &= l^2-2l(x+y)+(x^2+y^2)+2xy \\ &= l^2-2l(x+y)+(x^2+y^2)+4\Delta. \end{aligned}$$

由此式及 $z^2=x^2+y^2$ 推出

$$l^2-2l(x+y)+(x^2+y^2)+4\Delta=x^2+y^2,$$

于是 $x+y=(l^2+4\Delta)/(2l)$. 将此式与 $xy=2\Delta$ 结合推出 x,y 满足二次方程

$$u^2-\frac{l^2+4\Delta}{2l}u+2\Delta=0.$$

由方程判别式非负可知

$$\left(\frac{l}{2}+\frac{2\Delta}{l}\right)^2-8\Delta\geqslant 0,$$

即

$$\Delta^2-\frac{3l^2}{2}\Delta+\frac{l^4}{16}\geqslant 0.$$

因此 $\Delta\leqslant(3-2\sqrt{2})l^2/4$. 另一解 $\Delta\leqslant(3+2\sqrt{2})l^2/4>l^2$ 显然不合理. 因此 $\Delta_{\max}=(3-2\sqrt{2})l^2/4$.

2.13 (1) 设 O 是单位圆圆心, 那么 $\triangle OAB$ 是正三角形, $\triangle OBC$ 是等腰直角三角形, 四边形 $ABCO$ 及 $\triangle AOC$ 固定. 因为 $\angle ADC=180°-60°-45°=75°$ 是定角, 并且四边形 $ABCD$ 的面积达到最大, 所以 $\triangle ADC$ 是等腰三角形, 由此推出 $\triangle ADO$ 与 $\triangle CDO$ 全等, 并且

$$\angle AOD=\angle COD=(360°-60°-90°)/2=105°.$$

由此可知 $\triangle ADO$ 和 $\triangle CDO$ 的面积都等于

$$\frac{1}{2}\sin 105^\circ = \frac{1}{2}\sin(60^\circ + 45^\circ) = \frac{\sqrt{6}+\sqrt{2}}{8}.$$

因此四边形 $ABCD$ 的面积的最大值是

$$\frac{\sqrt{3}}{4} + \frac{1}{2} + 2\cdot\frac{\sqrt{6}+\sqrt{2}}{8} = \frac{1}{4}(2+\sqrt{2}+\sqrt{3}+\sqrt{6}).$$

(2) 设 $BD = x$. 由面积公式 $S = \sqrt{s(s-a)(s-b)(s-c)}$ (其中 s 表示三角形的半周长) 得到

$$S_1^2 = \frac{1}{16}(-x^4 + 8x^2 - 4),$$
$$S_2^2 = \frac{1}{16}(-x^4 + 4x^2).$$

于是

$$S_1^2 + S_2^2 = -\frac{1}{8}(x^4 - 6x^2 + 2) = -\frac{1}{8}(x^2 - 3)^2 + \frac{7}{8}.$$

由三角形边之间的不等式可知 $0 < x < 2, \sqrt{3}-1 < x < \sqrt{3}+1$, 所以 $x \in (\sqrt{3}-1, 2)$. 于是当 $x^2 = 3$, 即 $x = \sqrt{3}$ 时, $S_1^2 + S_2^2$ 达到最大值 $7/8$. 此时 $\triangle ABD$ 是等腰三角形.

2.14 (1) 解法 1 对于椭圆弧 (位于第一象限内) 上的点 $P(x, y)$, 四边形面积

$$S(OAPB) = S(\triangle OPB) + S(\triangle OPA) = \frac{1}{2}(bx + ay).$$

由椭圆方程可知 $b^2x^2 + a^2y^2 = a^2b^2$, 所以

$$(bx + ay)^2 + (bx - ay)^2 = 2(b^2x^2 + a^2y^2) = 2a^2b^2$$

是定值, 从而当 $bx - ay = 0$(即点 P 是直线 $bx - ay = 0$ 与椭圆在第一象限中的交点) 时, $bx + ay$ 最大, 最大值为 $\sqrt{2a^2b^2} = \sqrt{2}ab$, 于是四边形 $OAPB$ 的面积的最大值是 $\sqrt{2}ab/2$.

解法 2 **提示** $\triangle AOB$ 的面积是定值, 只需确定点 P 的位置使得 $\triangle PAB$ 的面积最大. 因为椭圆 (盘) 是凸集, 所以椭圆平行于 AB 的切线在第一象限中的切点即合要求.

(2) **提示** 设椭圆方程为 $x^2/a^2+y^2/b^2=1(a>b)$, 并且梯形另一底位于上半椭圆, 那么梯形位于第一象限的顶点坐标为 $P(a\cos\theta,b\sin\theta)$, 其中 θ 为锐角, 于是梯形面积

$$S=(a\cos\theta+a)\cdot b\sin\theta=ab(1+\cos\theta)\sin\theta=4ab\cos^3\frac{\theta}{2}\sin\frac{\theta}{2}.$$

为应用算术-几何平均不等式, 考虑

$$\begin{aligned}S^2&=16a^2b^2\cos^6\frac{\theta}{2}\sin^2\frac{\theta}{2}\\&=\frac{16a^2b^2}{3}\cdot\cos^2\frac{\theta}{2}\cdot\cos^2\frac{\theta}{2}\cdot\cos^2\frac{\theta}{2}\cdot3\sin^2\frac{\theta}{2}.\end{aligned}$$

答案: 当 $\theta=\pi/3$ 时, $S_{\max}=3\sqrt{3}ab/4$.

2.15 解法 1 设椭圆 $x^2/a^2+y^2/b^2=1$ 的切线的斜率是 k, 那么切线方程是 $y=kx+h$. 由方程组

$$y=kx+h,\quad \frac{x^2}{a^2}+\frac{y^2}{b^2}=1$$

消去 y 后得到

$$\frac{x^2}{a^2}+\frac{(kx+h)^2}{b^2}=1,$$

即

$$\left(\frac{1}{a^2}+\frac{k^2}{b^2}\right)x^2+\frac{2kh}{b^2}x+\left(\frac{h^2}{b^2}-1\right)=0.$$

因为切线与椭圆只有一个公共点, 此方程的解给出切点的 x 坐标, 所以它有等根, 从而方程的判别式为零:

$$\frac{4k^2h^2}{b^4}-4\left(\frac{1}{a^2}+\frac{k^2}{b^2}\right)\left(\frac{h^2}{b^2}-1\right)=0,$$

于是 $h=\pm\sqrt{a^2k^2+b^2}$, 切线 (斜截式) 方程是

$$y=kx\pm\sqrt{a^2k^2+b^2}.$$

这是两条平行线, 它们的 x 截距和 y 截距分别等长但符号相反, 因此它们给出的长度 l 相等. 在其中令 $x=0$ 得到 y 截距 $\pm\sqrt{a^2k^2+b^2}$, 令 $y=0$ 得到 x 截距 $\mp\sqrt{a^2k^2+b^2}/k$, 于是

$$l^2=AB^2=a^2+b^2+a^2k^2+\frac{b^2}{k^2}.$$

应用算术-几何平均不等式可知当 $a^2k^2=b^2/k^2$, 即 $k=\pm\sqrt{b/a}$ 时, $l_{\min}=a+b$. 注意 4 条切线交出椭圆的外切菱形.

解法 2 (i) 椭圆上任意一点 $P(x,y)$ 由参数表示 $x=a\cos\phi, y=b\sin\phi$(其中 ϕ 称作点 P 的离心角). 我们只需确定以 $(a\cos\phi, b\sin\phi)$ 为切点的切线方程. 为此首先推导椭圆 $x^2/a^2+y^2/b^2=1$ 的切点为 (x_0,y_0) 的切线方程.

由解法 1 中得到的切线斜截式方程可知 $y_0=kx_0\pm\sqrt{a^2k^2+b^2}$, 将它改写为

$$(a^2-x_0^2)k^2+2x_0y_0k+(b^2-y_0^2)=0.$$

因为点 (x_0,y_0) 在椭圆上, 所以 $x_0^2/a^2+y_0^2/b^2=1$, 解出 $x_0^2=a^2-a^2y_0^2/b^2$, 所以

$$a^2-x_0^2=\frac{a^2y_0^2}{b^2}.$$

类似地,

$$b^2-y_0^2=\frac{b^2x_0^2}{a^2}.$$

将此二式代入前式, 得到

$$\frac{a^2y_0^2}{b^2}k^2+2x_0y_0k+\frac{b^2x_0^2}{a^2}=0,$$

即 $(ay_0k/b+bx_0/a)^2=0$. 因此当 $y_0\neq 0$ 时, $k=-b^2x_0/a^2y_0$. 因为经过点 (x_0,y_0), 并且斜率为 k 的直线方程可表示为 $y-y_0=k(x-x_0)$, 所以椭圆 $x^2/a^2+y^2/b^2=1$ 的切点为 $(x_0,y_0)(y_0\neq 0)$ 的切线方程是

$$y-y_0=-\frac{b^2x_0}{a^2y_0}(x-x_0),$$

两边乘以 y_0/b^2, 并且注意点 (x_0,y_0) 在椭圆上, 即得下列形式 (截距式) 的切线方程

$$\frac{x_0x}{a^2}+\frac{y_0y}{b^2}=1.$$

(ii) 由此可知椭圆以 $(a\cos\phi,b\sin\phi)$ 为切点的切线方程是

$$\frac{x\cos\phi}{a}+\frac{y\sin\phi}{b}=1.$$

其 x 截距和 y 截距分别是 $a/\cos\phi,b/\sin\phi$, 于是

$$\begin{aligned}l^2&=\frac{a^2}{\cos^2\phi}+\frac{b^2}{\sin^2\phi}=a^2(1+\tan^2\phi)+b^2(1+\cot^2\phi)\\&=a^2+b^2+a^2\tan^2\phi+b^2\cot^2\phi.\end{aligned}$$

由此应用算术 - 几何平均不等式即得结果.

2.16 (1) 设 $AC=x$, 则三角形和正方形的面积之和

$$S=\frac{\sqrt{3}}{4}x^2+(a-x)^2.$$

由此推出 x 的二次方程 $(\sqrt{3}+4)x^2-8ax+4(a^2-S)=0$ 有实根, 其判别式

$$(8a)^2-4(\sqrt{3}+4)\cdot 4(a^2-S)\geqslant 0.$$

因此 $S\geqslant a^2(4\sqrt{3}-3)/13$, 从而 $S_{\min}=a^2(4\sqrt{3}-3)/13$.

(2) 算出

$$
\begin{aligned}
S &= \frac{1}{8}\pi(AB^2 - AC^2 - CB^2) \\
&= \frac{1}{8}\pi\big((AC+CB)^2 - AC^2 - CB^2\big) \\
&= \frac{1}{4}\pi \cdot AC \cdot CB.
\end{aligned}
$$

过点 C 作 AB 的垂线交以 AB 为直径的半圆于点 D, 那么 $CD^2 = AC \cdot CB$, 因此 $S = (\pi/4)CD^2$. 因为圆的直径是最长的弦, 所以当 $CD = AB/2$, 即 C 是 AB 的中点时, S 最大, 并且等于 $\pi a^2/16$.

2.17 令 $\angle MDC = \angle NDC = \alpha, CD = h$. 在 $\triangle DMC$ 中,

$$\angle CMD = \pi - \angle DCM - \angle CDM = \pi - \angle B - \alpha.$$

由正弦定理得到

$$DM = \frac{h\sin B}{\sin(B+\alpha)}.$$

类似地,

$$DN = \frac{h\sin A}{\sin(A+\alpha)}.$$

于是

$$S(\triangle DMN) = \frac{h^2 \sin A \sin B \sin 2\alpha}{2\sin(A+\alpha)\sin(B+\alpha)}.$$

只需求

$$f = f(\alpha) = \frac{\sin 2\alpha}{\sin(A+\alpha)\sin(B+\alpha)}$$

的最大值. 因为

$$
\begin{aligned}
\sin(A+\alpha)\sin(B+\alpha) &= \frac{1}{2}\big(\cos(A-B) - \cos(A+B+2\alpha)\big) \\
&= \frac{1}{2}\left(\cos(A-B) - \cos\left(\frac{\pi}{2} + 2\alpha\right)\right)
\end{aligned}
$$

$$=\frac{1}{2}\big(\cos(A-B)+\sin 2\alpha\big),$$

并且 $f\neq 0$, 所以

$$\frac{1}{f}=2\left(\frac{\cos(A-B)}{\sin 2\alpha}+1\right).$$

因此当 $\alpha=\pi/4$ 时, $S_{\max}=h^2\sin A\sin B/\big(2\sin^2(A+\pi/4)\big)$. 注意: 因为 $A+\pi/4+B+\pi/4=\pi$, 所以 $\sin(A+\pi/4)=\sin(B+\pi/4)$.

2.18 (1) 参见图 2.27. 其中 $AB=c, BC=a, AC=b$. 并且保持 x,y 的意义, 那么

$$a+b-c=(y+r)+(x+r)-(x+y)=2r,$$

所以 $a+b=2r+c$. 又由 $a^2+b^2=c^2$ 可知

$$2ab=(a+b)^2-(a^2+b^2)=(a+b)^2-c^2=(2r+c)^2-c^2,$$

于是 $ab=2r(c+r)$. 因此 a,b 满足方程

$$z^2-(c+2r)z+2r(c+r)=0.$$

由二次方程判别式非负推出当等腰直角三角形时, $r_{\max}=c(\sqrt{2}-1)/2$.

(2) **提示** 因为 $c=2R$, 以及 $a+b-c=2r$(见本题 (1)), 所以

$$\frac{r}{R}=\frac{2r}{2R}=\frac{a+b-c}{c}=\sin A+\sin B-1=\sqrt{2}\sin\left(A+\frac{\pi}{4}\right)-1.$$

答案: 当 $\angle A=\pi/4$(即等腰三角形) 时, r/R 有最大值 $\sqrt{2}-1$.

2.19 令 $BC=a, AC=b, AB=c$, 那么线段 OA,OB,OC 将 $\triangle ABC$ 分为三个三角形 $\triangle OBC,\triangle OAC,\triangle OAB$. 由面积关系推出

$$ad_a+bd_b+cd_c=2S$$

(其中 S 表示 $\triangle ABC$ 的面积). 因为

$$d_ad_bd_c=\frac{1}{abc}ad_a\cdot bd_b\cdot cd_c,$$

其中 $ad_a+bd_b+cd_c$ 等于定值 $2S$, 所以由算术–几何平均不等式立知当 $ad_a=bd_b=cd_c$ 时, $d_ad_bd_c$ 有最大值 $8S^3/(27abc)$.

现在证明 $ad_a=bd_b=cd_c$ 蕴含点 O 是 $\triangle ABC$ 的重心. 设直线 AO 与 BC 交于点 A', 那么因为 $\triangle ABO$ 与 $\triangle ABA'$ 以及 $\triangle ACO$ 与 $\triangle ACA'$ 分别同高, 所以面积比

$$\frac{S(\triangle ABA')}{S(\triangle ABO)}=\frac{AA'}{AO}=\frac{S(\triangle ACA')}{S(\triangle ACO)},$$

从而 (由比例性质)

$$\frac{S(\triangle ABA')}{S(\triangle ACA')}=\frac{S(\triangle ABO)}{S(\triangle ACO)}. \tag{2.19.1}$$

另一方面, 因为 $\triangle ABA'$ 与 $\triangle ACA'$ 等高, 所以其面积之比

$$\frac{S(\triangle ABA')}{S(\triangle ACA')}=\frac{BA'}{CA'}, \tag{2.19.2}$$

而由面积公式可知

$$\frac{S(\triangle ABO)}{S(\triangle ACO)}=\frac{cd_c}{bd_b}=1.$$

由此式及式 (2.19.1) 和式 (2.19.2) 得到

$$\frac{BA'}{CA'}=1,$$

可见 A' 是 BC 的中点, 即点 O 位于边 BC 的中线上. 同理可证, 点 O 也位于边 AB 和 AC 的中线上. 因此极值情形为点 O 是 $\triangle ABC$ 的重心.

3.1 如图 J.10 所示. 在平面 $BCC'B'$ 内过点 M 作 $MM'\perp BC$ (点 M' 是垂足), 那么 MM' 与平面 ABC 垂直. 类似地, 在平面 $CAA'C'$ 内过点 N 作 $NN'\perp AC$(点 N' 是垂足), 那么 NN' 与平面 ABC 垂直. 因为 MM' 平行于 BB', 所以 MM' 与平面 $AA'B'B$ 平行. 又因为已知 MN 也与平面 $AA'B'B$ 平行, 并且 MM' 和 MN 是一对相交直线, 所以平面 $MNN'M'$ 与 $AA'B'B$ 平行, 从而 $M'N'$ 平行于 BA.

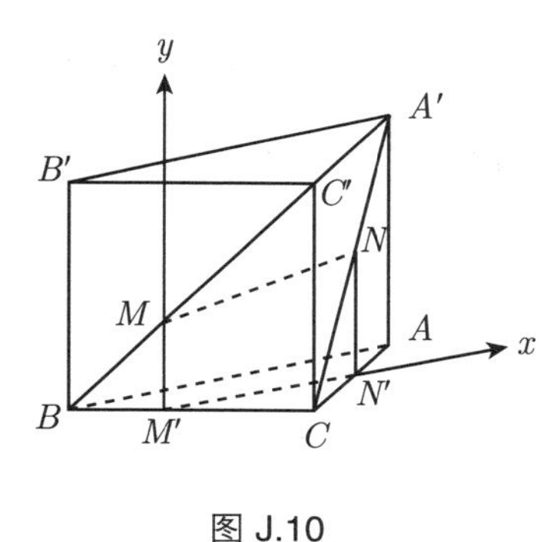

图 J.10

因为 $\triangle ABC$ 是正三角形, 所以 $\triangle M'N'C$ 也是正三角形, 于是可设 $M'N'=M'C=N'C=t$. 为了计算 MN 的长度, 在平面 $MNN'M'$ 内建立直角坐标系, 如图 J.10 所示. 点 M 的纵坐标由线段 MM' 的长度确定, 因为 $BCC'B'$ 是正方形, 所以 $BM'=MM'$, 从而点 M 的纵坐标是 $a-t$, 于是点 M 的坐标是 $(0,a-t)$. 类似地可知点 N 的坐标是 (t,t)(计算细节由读者补出). 由此推出

$$\begin{aligned}MN^2&=(0-t)^2+(a-t-t)^2=5t^2-4at+a^2\\&=5\left(t-\frac{2}{5}a\right)^2+\frac{1}{5}a^2\quad(0<t<a).\end{aligned}$$

求此二次三项式的极值, 可知 $(MN)_{\min}=\sqrt{5}a/5$(此时 $t=2a/5$, 所

以 $BM:MC'=A'N:NC=3:2$).

3.2 (i) 如图 J.11 所示. 注意 $A'D,D'C$ 是异面直线, 引进空间坐标系. 在平面 $ADD'A'$ 中过点 M 作 $MM'\perp AD$(点 M' 是垂足), 在平面 $DCC'D'$ 中过点 N 作 $NN'\perp DC$(点 N' 是垂足), 那么 M',N' 分别是 M,N 在底面 $ABCD$ 上的 (正) 投影. 令 $M'D=r,DN'=t$, 则 $MM'=M'D=r,AM'=a-r,NN'=CN'=a-t$, 于是点 M,N 的坐标分别为 $(r,0,r),(0,t,a-t)$, 从而

$$MN^2=r^2+t^2+(a-r-t)^2,\quad M'N'^2=r^2+t^2.$$

因为 MN 与底面 $ABCD$ 的夹角为 $\pi/3$, 所以 $MN=2M'N'$, 于是得到约束条件

$$(a-r-t)^2=3(r^2+t^2).\tag{3.2.1}$$

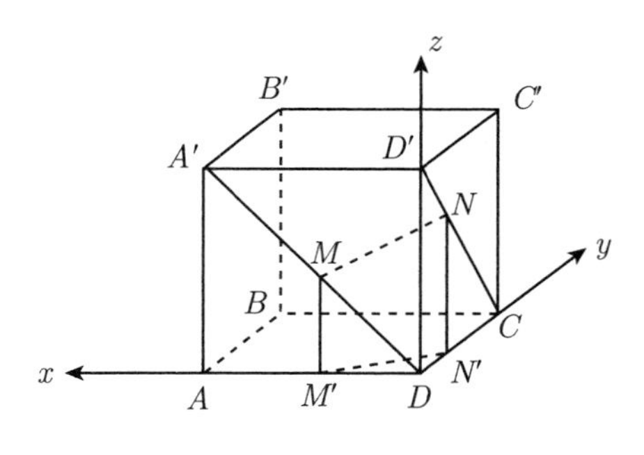

图 J.11

为求 MN 的最小值, 只需在上述约束条件 (3.2.1) 下求 $f=f(r,t)=r^2+t^2(=M'N'^2)$ 的最小值.

(ii) 因为 $2(r^2+t^2)\geqslant(r+t)^2(r,t\in\mathbb{R})$, 并且当且仅当 $r=t$ 时等式成立, 所以由式 (3.2.1) 得到

$$(a-r-t)^2=\frac{3}{2}\cdot 2(r^2+t^2)\geqslant\frac{3}{2}(r+t)^2,$$

其中当 $r=t$ 时等式成立. 上式表明 $r+t$ 满足二次不等式

$$(r+t)^2+4a(r+t)-2a^2\leqslant 0, \tag{3.2.2}$$

因此在约束条件

$$0<r+t\leqslant(\sqrt{6}-2)a\,(<a) \tag{3.2.3}$$

下求 $f=r^2+t^2$ 的最小值.

当 $r=t$ 时, $2(r^2+t^2)=(r+t)^2$, 从而式 (3.2.2) 成为等式

$$(r+t)^2+4a(r+t)-2a^2=0.$$

由此解得 $r+t=(\sqrt{6}-2)a$. 于是得知: 在约束条件 (3.2.3) 下, $f\geqslant(r+t)^2/2$, 并且当且仅当 $r=t$ 时等式成立. 因此, 当 $r=t=(r+t)/2=(\sqrt{6}-2)a/2$ 时,

$$f_{\min}=\frac{1}{2}(\sqrt{6}-2)^2a^2=(\sqrt{3}-\sqrt{2})^2a^2.$$

或者由式 (3.2.1) 也可得到

$$f_{\min}=\frac{1}{3}\big(a-(\sqrt{6}-2)a\big)^2=(\sqrt{3}-\sqrt{2})^2a^2.$$

于是当 $r=t=(\sqrt{6}-2)a/2$, 即 $DM'=DN'=(\sqrt{6}-2)a/2$ 时, $(MN)_{\min}=2(\sqrt{3}-\sqrt{2})a$.

3.3 提示 参考例 3.5.

答案: 6 尺.

3.4 (1) 立方体有一个唯一确定的外接球, 球心是立方体诸对角线的交点. 球面上任何一点与立方体某条对角线确定一个大圆, 圆上每点 (该对角线端点除外) 对于此条对角线的视角都是直角. 立

方体表面上的任意点 (8 个顶点即所有对角线端点除外) 都在外接球内部, 它与每条对角线都确定外接球的一个大圆, 而该点位于相应的大圆内部, 因而对于每条对角线的视角都是钝角. 因此所求的点共有 6 个, 即立方体中不是这条对角线的端点的那些顶点.

(2) 解法 1　如图 J.12(a) 所示. 设 D_1, D_2 在棱 CC' 上, $D_1C > D_2C$. 作 $\triangle ABC$ 的高 CE, 连接 D_1E 和 D_2E, 则 D_1E 和 D_2E 分别是 $\triangle D_1AB$ 和 $\triangle D_2AB$ 的高 (图中未画出这两个三角形). 由直角三角形 D_1CE 可知 $D_1E > D_2E$. 类似于例 1.2 的解法 1, 可证 $\angle AD_1B < \angle AD_2B$, 因此点 D 对于 AB 的视角是它的高度 (即与点 C 的距离) 的减函数. 于是所求的最大视角是 $\angle ACB$, 最小视角是 $\angle AC'B$.

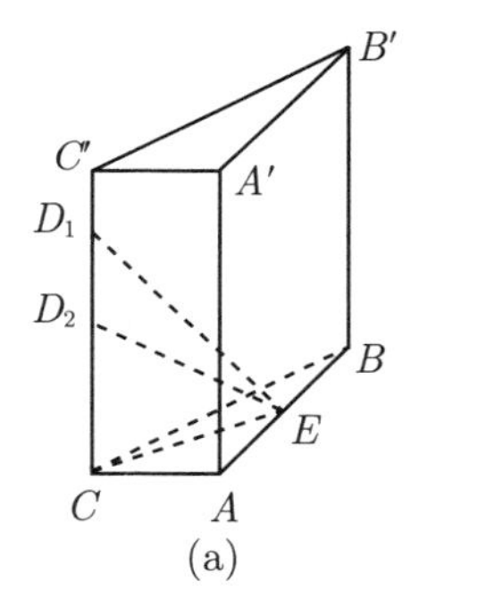

(a)

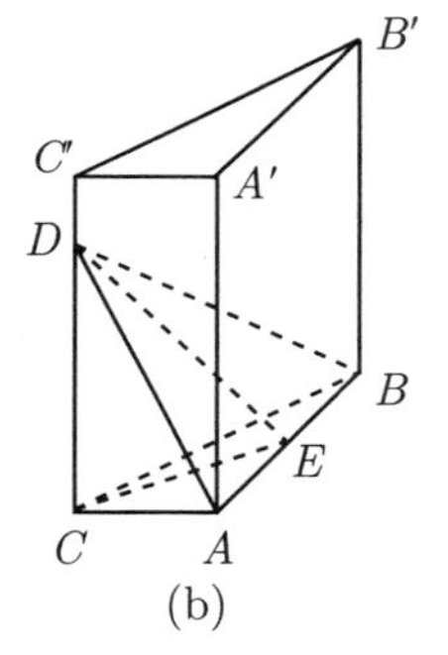

(b)

图 J.12

解法 2　如图 J.12(b) 所示, 设截面 DAB 与底面 ABC 的夹角是 θ. 作 $\triangle ABC$ 的高 CE, 连接 DE, 则 DE 垂直于 AB, 因此 $\angle CED = \theta$. 令 $CE = h, AE = a, BE = b$(定值), 则

$$DE = \frac{h}{\cos\theta},$$

$$\tan\angle ADE = \frac{AE}{DE} = \frac{a\cos\theta}{h},$$
$$\tan\angle BDE = \frac{BE}{DE} = \frac{b\cos\theta}{h},$$

于是

$$\tan\angle ADB = \tan(\angle ADE + \angle BDE) = \frac{h(a+b)\cos\theta}{h^2 - ab\cos^2\theta},$$

从而

$$\frac{1}{\tan\angle ADB} = \frac{h}{a+b}\cdot\frac{1}{\cos\theta} - \frac{ab}{h(a+b)}\cos\theta.$$

设平面 $C'AB$ 与 ABC 的夹角是 θ_0, 那么 $\theta \in [0,\theta_0] \subset [0,\pi/2]$, 所以 $1/\tan\angle ADB$ 是 θ 的单调增函数, 因此所求的最大视角是 $\angle ACB$, 最小视角是 $\angle AC'B$. 最大视角也可由例 1.2 推出.

3.5 如图 J.13 所示, 不妨设棱柱的底面棱长为 2, 高为 1. 另设 $AM = t$. 建立空间坐标系, 那么点 A', C' 和 M 的坐标分别是 $(2,0,1), (0,2,1)$ 和 $(2-t,0,0)$, 于是 $A'M^2 = t^2+1, C'M^2 = (2-t)^2+5, A'C'^2 = 8$. 由余弦定理得到

$$\cos\angle A'MC' = \frac{(t^2+1) + \left((2-t)^2+5\right) - 8}{2\sqrt{t^2+1}\cdot\sqrt{(2-t)^2+5}} = \frac{(t-1)^2}{\sqrt{t^2+1}\cdot\sqrt{(2-t)^2+5}}.$$

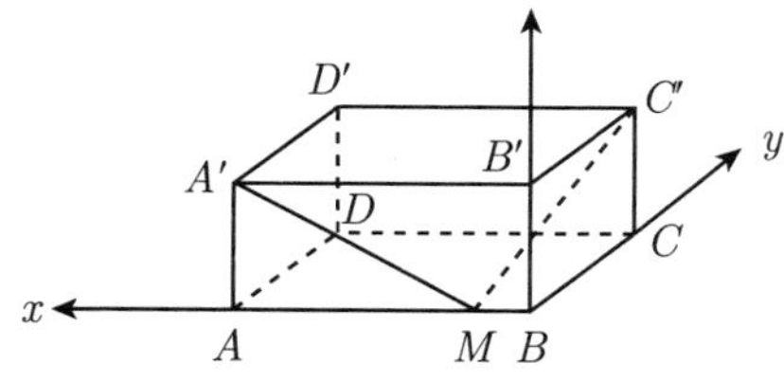

图 J.13

因为 $t\in(0,2), \sqrt{t^2+1}, \sqrt{(2-t)^2+5}\geqslant 1$, 所以

$$0\leqslant \cos\angle A'MC' < (t-1)^2 \leqslant 1,$$

因此 $\angle A'MC'\leqslant \pi/2$. 当 $t=1$(即 M 是棱 AB 的中点) 时, $\cos\angle A'MC'=0$ 最小, 从而 $\angle A'MC'$ 达到最大值 $\pi/2$.

或者在图示坐标系下, 向量 $\overrightarrow{MA'}=(t,0,1), \overrightarrow{MC'}=\big(-(2-t),2,1\big)$, 它们的数量积

$$\overrightarrow{MA'}\cdot\overrightarrow{MC'}=-t(2-t)+0\cdot 2+1\cdot 1=(t-1)^2,$$

由此也可推出同样的结论.

3.6 令 $CP=x$, 则 $DP=1-x, PC'^2=x^2+1, AP^2=1+(1-x)^2$, 以及 $AC'=\sqrt{3}$. 应用余弦定理得到

$$\cos\angle APC'=\frac{x^2-x}{\sqrt{(x^2+1)(x^2-2x+2)}},$$

于是

$$\sin\angle APC'=\sqrt{1-\cos^2\angle APC'}=\sqrt{\frac{2x^2-2x+2}{(x^2+1)(x^2-2x+2)}}.$$

由此推出 $\triangle APC'$ 的面积

$$\begin{aligned}S&=\frac{1}{2}\cdot AP\cdot AC'\cdot\sin\angle APC'=\frac{1}{2}\sqrt{2(x^2-x+2)}\\&=\frac{1}{2}\sqrt{2\left(x-\frac{1}{2}\right)^2+\frac{3}{2}}.\end{aligned}$$

于是当 $CP=1/2$ 时, $S_{\min}=\sqrt{6}/4$.

3.7 设二者棱长分别为 x,y, 则体积之和 $V=x^3+y^3$, 其中 x,y 满足条件 $x+y=a$. 因为

$$V=(x+y)(x^2-xy+y^2)=(x+y)\big((x+y)^2-3xy\big)$$

$$= a(a^2 - 3xy),$$

所以 $xy = (a^3 - V)/(3a)$. 由此式及 $x + y = a$ 可知 x, y 是二次方程

$$z^2 - az + \frac{a^3 - V}{3a} = 0$$

的实根, 于是方程的判别式

$$a^2 - 4 \cdot \frac{a^3 - V}{3a} \geqslant 0.$$

由此可推出 $V_{\min} = a^3/4$, 对应的棱长 x, y 是上述二次方程 (其中 $V = a^3/4$) $z^2 - az + a^2/4 = 0$ 的根, 由此可知 $x = y = a/2$, 即两个立方体棱长相等.

注 一般地, 若 $a_1, \cdots, a_n \geqslant 0$, 且 m 是正整数, 则

$$\left(\frac{a_1 + \cdots + a_n}{n}\right)^m \leqslant \frac{a_1^m + \cdots + a_n^m}{n},$$

并且当且仅当 $a_1 = \cdots = a_n$ 时, 等式成立. 应用于练习题 3.6, 得到 $x^3 + y^3 \geqslant (x + y)^3/4 = a^3/4$. 当 $x = y$ 时, $x^3 + y^3 = a^3/4$ 为最小值.

3.8 (i) 如图 J.14 所示, 由题设可知 $\angle APB = \angle CPB$. 作 $\triangle BCP$ 的高 CM, 连接 AM, 由 $\triangle APM$ 与 $\triangle CPM$ 全等推出 AM

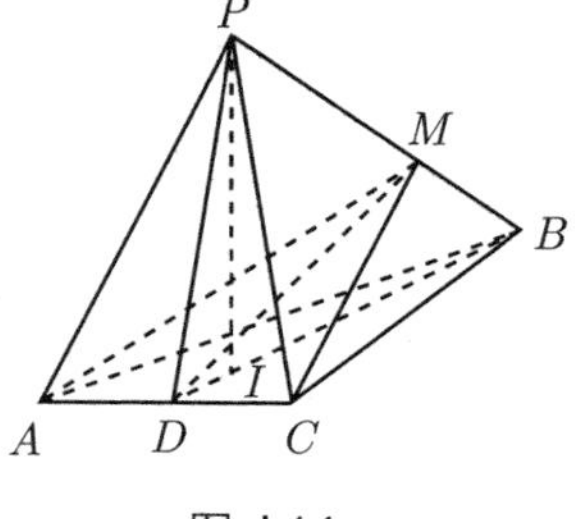

图 J.14

垂直于 PB, 从而平面 ACM 与 PB 垂直. 作 $\triangle ACM$ 的高 MD, 那么 MD 是异面直线 AC,PB 的公垂线段. 因此, 若点 M 位于线段 PB 上, 则 $\triangle ACM$ 就是所求的最小截面 (参见例 3.6 和例 3.7).

首先证明点 M 位于线段 PB 上 (即 M 是其内点), 为此应证明 $\angle CPB$ 和 $\angle CBP$ 均非钝角. 因为 $PB=PC$, 所以 $\angle CBP$ 是锐角. 对于 $\angle CPB$, 要应用余弦定理, 为此需计算 PB.

作 PI 垂直于平面 ABC, 那么垂足 I 是正三角形 ABC 的中心. 由此逐步算出

$$\begin{aligned}
&BD=\frac{\sqrt{3}}{2}\cdot 12=6\sqrt{3},\\
&DI=\frac{1}{3}BD=2\sqrt{3},\\
&PD=\sqrt{PI^2+DI^2}=2\sqrt{19},\\
&PC=PB=\sqrt{PD^2+DC^2}=4\sqrt{7}.
\end{aligned}$$

于是

$$\cos\angle BPC=\frac{PB^2+PC^2-BC^2}{2PB\cdot PC}=\frac{5}{14}>0,$$

可见 $\angle BPC$ 是锐角, 从而 $\triangle ACM$ 确为所求的最小截面.

(ii) 计算 $\triangle ACM$ 的面积, 给出两种方法.

方法 1　因为 PI,DM 是 $\triangle PDB$ 的两条高, 所以 (由面积关系) $PI\cdot DB=DM\cdot PB$, 由此解出 $DM=12\sqrt{21}/7$, 于是最小截面面积

$$S_{\min}=\frac{1}{2}DM\cdot AC=\frac{72\sqrt{21}}{7}.$$

相应地, $PM=\sqrt{PD^2-DM^2}=10\sqrt{7}/7$(据此确定点 M 的位置).

方法 2　因为

$$MC=\frac{2S(\triangle PBC)}{BP},$$

由海伦-秦九韶公式可知 $\triangle PBC$ 的面积

$$S(\triangle PBC)=\sqrt{(4\sqrt{7}+6)(4\sqrt{7}-6)\cdot 6\cdot 6}=12\sqrt{19},$$

所以

$$MA=MC=\frac{6\sqrt{19}}{\sqrt{7}}.$$

仍然由海伦-秦九韶公式可知 $\triangle MAC$ 的面积

$$S_{\min}=\frac{72\sqrt{21}}{7}.$$

并且 $PM=\sqrt{PC^2-MC^2}=10\sqrt{7}/7$.

3.9 提示 设圆锥底面半径为 R, 高为 H, 则其体积 $V_0=\pi R^2H/3$. 作圆锥体及其内接圆柱体的轴截面 (图 J.15).

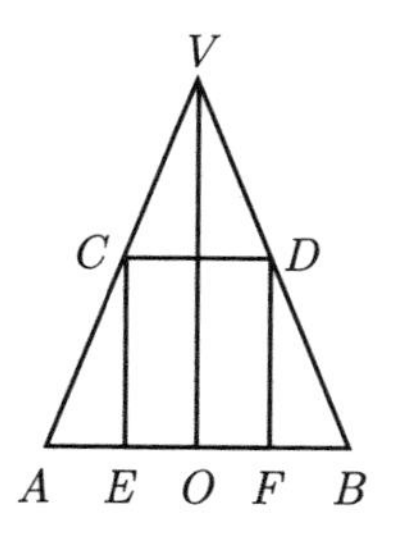

图 J.15

设圆柱体底面半径为 r, 高为 h, 那么由 $\triangle VCD$ 和 $\triangle VAB$ 相似可推出

$$r=\frac{R(H-h)}{H},$$

于是圆柱体体积

$$V=\pi r^2h=\frac{\pi R^2}{H^2}(H-h)^2h=\frac{\pi R^2}{2H^2}\cdot(H-h)^2\cdot 2h.$$

因为 $(H-h)+(H-h)+2h=2H$ 是定值, 所以应用算术-几何平均不等式, 可知当 $h=H/3$(此时 $r=2R/3$) 时,

$$V_{\max}=\frac{4}{27}\pi R^2H=\frac{4}{9}\cdot\frac{1}{3}\pi R^2H=\frac{4}{9}V_0.$$

3.10 参见图 J.15. 设圆锥底面半径为 R, 高为 H, 依题设 $H>2R$. 设圆柱体底面半径为 r, 高为 h, 那么由 $\triangle VOA$ 和 $\triangle CEA$ 相似可推出

$$h=\frac{H(R-r)}{R},$$

因此圆柱全面积

$$\begin{aligned}S&=2\pi r^2+2\pi rh=2\pi r(r+h)\\&=2\pi r\left(H-\frac{H-R}{R}r\right)\\&=\frac{2\pi(H-R)}{R}\cdot r\left(\frac{HR}{H-R}-r\right).\end{aligned}$$

因为 $H>2R$, 所以

$$r+\left(\frac{HR}{H-R}-r\right)=\frac{HR}{H-R}$$

是正常数, 由算术-几何平均不等式可知, 当

$$r=\frac{HR}{2(H-R)}$$

时, S 最大; 还要注意条件 $H>2R$ 蕴含 $r<R$, 所以上述结果合理. 因此得到 $S_{\max}=\pi H^2R/(2(H-R))$.

或者应用二次三项式

$$S=\frac{2\pi(H-R)}{R}\cdot\left(-r^2+\frac{HR}{H-R}r\right)$$

$$= \frac{2\pi(H-R)}{R} \cdot \left(-\left(r - \frac{HR}{2(H-R)} \right)^2 + \frac{H^2R^2}{4(H-R)^2} \right),$$

也可得到同样结果.

3.11 过点 A 的截面是等腰三角形 ABC, 两腰 $AB = AC$ 是定值 l(圆锥母线), 所以截面面积 $S = (l^2/2)\sin\alpha$, 其中 α 是顶角, $\alpha \in (0,\phi]$, 这里 ϕ 是圆锥轴截面的顶角. 若 $\phi \leqslant \pi/2$, 则正弦函数在 $(0,\phi)$ 上严格增加, 所以最大截面是圆锥轴截面, 最大面积等于 $(l^2/2)\sin\alpha$; 若 $\phi > \pi/2$, 则正弦函数在 $(0,\phi)$ 上的最大值是 $\sin\pi/2 = 1$, 所以最大截面就是顶角为直角的截面, 最大面积等于 $l^2/2$.

3.12 (1) 设圆柱的体积 V 是定值, 用 r,h 和 S 分别表示其底面半径、高和全面积. 那么

$$S = 2\pi rh + 2\pi r^2, \quad V = \pi r^2 h.$$

由第二式可知 $rh = V/(\pi r)$, 代入第一式, 得到

$$S = 2\pi\left(\frac{V}{\pi r} + r^2\right) = 2\pi\left(\frac{V}{2\pi r} + \frac{V}{2\pi r} + r^2\right).$$

因为上式右边括号中 3 个加项之积为常数, 所以由算术-几何平均不等式推出当 $V/(2\pi r) = r^2$, 即 $r = \sqrt[3]{V/(2\pi)}$ 时,

$$S_{\min} = 2\pi \cdot 3\sqrt[3]{\frac{V}{2\pi r} \cdot \frac{V}{2\pi r} \cdot r^2} = 3\sqrt[3]{2\pi V^2}.$$

注意, 此时由 $V = \pi r^2 h$ 可知 $h = V/(\pi r^2)$, 所以 $h/r = V/(\pi r^3)$, 将上述 r 值代入, 即知 $h/r = 2$. 因此当圆柱的高等于底面直径时, 其全面积最小.

此外, 若将 S 的表达式改写为 $S = 2\pi r^2 + \pi rh + \pi rh$, 则 $(2\pi r^2)\cdot$

$(\pi rh)\cdot(\pi rh)=2\pi^3r^4h^2=2\pi(\pi r^2h)^2=2\pi V^2$ 是定值, 由此也可推出同样结果.

(2) **提示** 解法与本题 (1) 类似, 保持有关符号的意义. 那么

$$S=2\pi rh+2\pi r^2,\quad V=\pi r^2h.$$

由第一式解出 $h=(S-2\pi r^2)/(2\pi r)$, 代入第二式得到

$$V=\frac{r}{2}(S-2\pi r^2).$$

于是

$$V^2=\frac{r^2}{4}(S-2\pi r^2)^2=\frac{1}{16\pi}\cdot(4\pi r^2)\cdot(S-2\pi r^2)\cdot(S-2\pi r^2).$$

应用算术-几何平均不等式推出当 $r=\sqrt{S/(6\pi)}$ 时, $V_{\max}=\sqrt{S^3/(54\pi)}$. 类似于本题 (1) 可知此时 $h/r=2$.

3.13 设球半径为 R, 圆柱底面半径为 r, 高为 h, 则圆柱全面积

$$S=2\pi rh+2\pi r^2.$$

又由 $R^2=r^2+(h/2)^2$ 可知 $h=2\sqrt{R^2-r^2}$, 代入上式得到

$$S=2\pi\big(2r\sqrt{R^2-r^2}+r^2\big).$$

记 $f=2r\sqrt{R^2-r^2}+r^2$, 则 $(f-r^2)^2=4r^2(R^2-r^2)$, 整理得到

$$5(r^2)^2-2(f+2R^2)(r^2)+f^2=0.$$

这个 r^2 所满足的二次方程有实根, 其判别式

$$4(f+2R^2)^2-20f^2\geqslant 0.$$

解此关于 f 的不等式, 得到

$$\frac{1-\sqrt{5}}{2}R^2 \leqslant f \leqslant \frac{1+\sqrt{5}}{2}R^2.$$

因为 f 非负, 所以

$$0 \leqslant f \leqslant \frac{1+\sqrt{5}}{2}R^2.$$

由此推出 $f_{\max}=(1+\sqrt{5})R^2/2$, 于是

$$S_{\max}=2\pi f_{\max}=\frac{1+\sqrt{5}}{2}\cdot 2\pi R^2=(1+\sqrt{5})\pi R^2.$$

此值恰等于球表面积的 $(1+\sqrt{5})/4$ 倍.

为求出对应的 r 值, 将 $f_{\max}$ 的值代入 r^2 所满足的二次方程, 得到 $r^2=(5+\sqrt{5})R^2/10$, 于是 $r=\sqrt{10(5+\sqrt{5})}\,R/10$, 以及 $h=2\sqrt{R^2-r^2}=\sqrt{10(5-\sqrt{5})}\,R/5$.

3.14 (1) 轴截面如图 J.16 所示, 令球半径为 r, 圆锥底面半径为 R, 圆锥高为 H, 母线长为 l. 那么 $\triangle ABC$ 是等腰三角形, 它的高 AD 即圆锥的高, 底边 BC 是圆锥底面 (圆) 的一条直径, 点 D,E 是球面与圆锥面的切点. 圆锥侧面积

$$\sigma=\frac{1}{2}\cdot 2\pi Rl=\pi Rl.$$

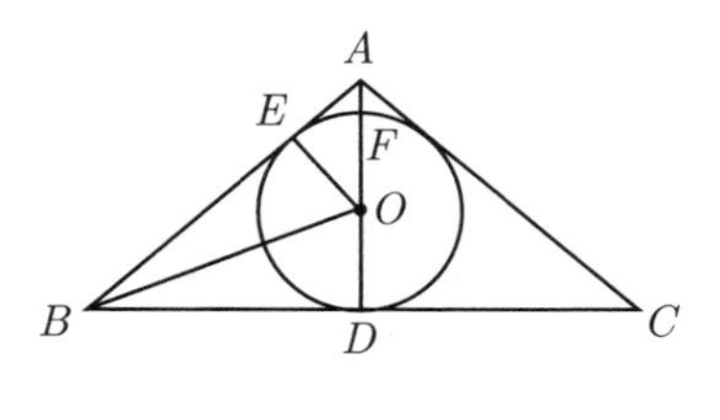

图 J.16

解法 1 以 H 为变量, 为此通过 H 表示 R,l. 因为 $\triangle ADB\sim$

$\triangle AEO$, 所以

$$\frac{BD}{OE}=\frac{AD}{AE}, \tag{3.14.1}$$

从而得到

$$R=BD=\frac{AD\cdot OE}{AE}=\frac{Hr}{AE}.$$

又由切线性质可知

$$AE=\sqrt{AF\cdot AD}=\sqrt{(H-2r)H},$$

所以

$$R=\frac{Hr}{\sqrt{H(H-2r)}}.$$

进而得到 (注意 $H>2r$)

$$\begin{aligned} l=AB&=\sqrt{AD^2+BD^2}=\sqrt{H^2+R^2}\\ &=\sqrt{H^2+\left(\frac{Hr}{\sqrt{H(H-2r)}}\right)^2}=\frac{\sqrt{H}(H-r)}{\sqrt{H-2r}}. \end{aligned}$$

记 $\sigma=\pi\tau$, 由 $\sigma=\pi Rl$ 得到

$$\tau=Rl=\frac{Hr(H-r)}{H-2r}.$$

因此 H 满足二次方程

$$rH^2-(r^2+\tau)H+2r\tau=0.$$

由方程的判别式非负给出

$$\tau^2-6r^2+r^4\geqslant 0.$$

因此或者 $\tau\geqslant(3+2\sqrt{2})r^2$, 或者 $\tau\leqslant(3-2\sqrt{2})r^2(<0)$. 后者显然不合要求, 于是

$$\sigma_{\max}=\pi\tau_{\max}=(3+2\sqrt{2})\pi r^2.$$

对应地, 圆锥高 $H=(2+\sqrt{2})r$, 底面半径 $R=\sqrt{1+\sqrt{2}}r$.

解法 2　以 R 为变量, 则

$$AD=AO+OD=\sqrt{AE^2+r^2}+r,$$

于是由式 (3.14.1) 得到

$$R\cdot AE-r^2=r\sqrt{AE^2+r^2},$$

由此解出

$$AE=\frac{2r^2R}{R^2-r^2}.$$

于是圆锥母线

$$l=AE+EB=\frac{2r^2R}{R^2-r^2}+R=\frac{R(R^2+r^2)}{R^2-r^2}.$$

因此

$$\sigma=\pi Rl=\pi\frac{R^2(R^2+r^2)}{R^2-r^2},$$

即 (令 $\sigma=\pi\tau$)

$$\tau=\frac{R^2(R^2+r^2)}{R^2-r^2}.$$

可见 R^2 满足二次方程

$$(R^2)^2+(r^2-\tau)(R^2)+r^2\tau=0.$$

由方程的判别式非负得到 $\tau^2-6r^2\tau+r^4\geqslant 0$, 因此或者 $\tau\geqslant(3+2\sqrt{2})r^2$, 或者 $\tau\leqslant(3-2\sqrt{2})r^2(<0)$. 以下的计算类似于解法 1, 由读者补出.

我们还可以选择其他的变量, 对此参见本题 (2).

(2) 按题意, 取 θ 作为变量来解题.

(i) 保留本题 (1) 的记号 (图 J.16), 其中等腰三角形 ABC 的腰长为 l(圆锥母线长), 底角为 2θ, 底边 BC 长为 $2R$. $\triangle ABC$ 的内切圆 $\odot O$ 是圆锥内切球的一个大圆, 按题设, 其半径 $r=1$.

(ii) 由 $\triangle OEB$ 得到

$$EB = EO\cot\angle OBE = \cot\theta,$$

由 $\angle AOE = \pi-2(\pi/2-\theta)=2\theta$ 可知

$$AE = EO\tan\angle AOE = \tan 2\theta.$$

于是母线

$$l = AB = AE+EB = \cot\theta+\tan 2\theta,$$

从而圆锥底面半径与母线之和

$$\begin{aligned} L &= R+l = BD+AB = BE+AB = 2\cot\theta+\tan 2\theta \\ &= \frac{2}{\tan\theta}+\frac{2\tan\theta}{1-\tan^2\theta} = \frac{2}{\tan\theta(1-\tan^2\theta)}. \end{aligned}$$

为求 $L_{\min}$, 令 $f=\tan\theta(1-\tan^2\theta)$, 其中 $\theta\in(0,\pi/4)$. 由算术-几何平均不等式,

$$\begin{aligned} 2f^2 &= 2\tan^2\theta\cdot(1-\tan^2\theta)\cdot(1-\tan^2\theta) \\ &\leqslant \left(\frac{1}{3}\left(2\tan^2\theta+(1-\tan^2\theta)+(1-\tan^2\theta)\right)\right)^3 = \frac{8}{27}, \end{aligned}$$

可知当 $\theta=\arctan(1/3)$ 时, 达到 $f_{\max}=2\sqrt{3}/9$, 从而得到底面半径与母线之和的最小值

$$L_{\min}=3\sqrt{3}.$$

(iii) 圆锥的全面积 S 等于其侧面积与底面积之和, 因此

$$S=\pi Rl+\pi R^2=\pi R(l+R).$$

由 $\triangle OBD$ 可知 $R=BD=OD\cot\theta=\tan^2\theta$, 因此

$$S=\frac{2\pi}{\tan^2\theta(1-\tan^2\theta)}.$$

只需求 $g=\tan^2\theta(1-\tan^2\theta)$ 的最大值. 可以应用算术-几何平均不等式, 也可应用

$$f=-\tan^4\theta+\tan^2\theta=-\left(\tan^2\theta-\frac{1}{2}\right)^2+\frac{1}{4}.$$

答案: 当 $\theta=\arctan(\sqrt{2}/2)$ 时, $S_{\min}=8\pi$(细节请读者补出).

3.15 作轴截面图 (图 J.17), 设圆锥的高 $CO=h$, 底面半径 $OA=r$, 球半径为 R. 那么圆锥体积

$$V=\frac{\pi}{3}r^2h.$$

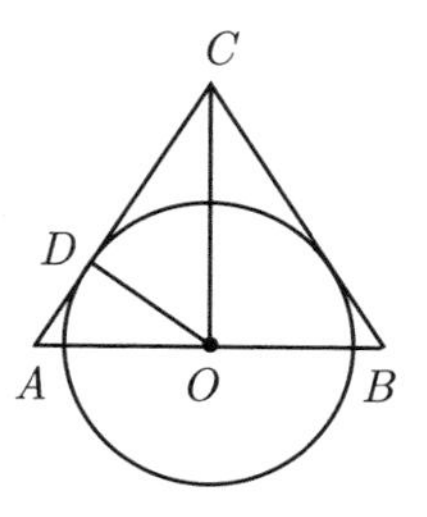

图 J.17

由 $\triangle ACO$ 的面积关系可知 $CO\cdot AO=OD\cdot AC$, 因此 $hr=R\sqrt{h^2+r^2}$, 由此解出

$$r^2=\frac{R^2h^2}{h^2-R^2}.$$

于是

$$V=V(h)=\frac{\pi}{3}\cdot\frac{R^2h^3}{h^2-R^2}.$$

令

$$f=f(h)=\frac{h^2-R^2}{R^2h^3}=\left(1-\frac{R^2}{h^2}\right)\cdot\frac{R}{h}\cdot\frac{1}{R^3}.$$

因为 $R<h$, 所以 $f>0$, 于是只需求 f 的最大值. 为此考虑

$$f^2=\left(1-\frac{R^2}{h^2}\right)^2\cdot\frac{R^2}{h^2}\cdot\frac{1}{R^6}=\left(1-\frac{R^2}{h^2}\right)\cdot\left(1-\frac{R^2}{h^2}\right)\cdot\frac{2R^2}{h^2}\cdot\frac{1}{2R^6}.$$

右边前 3 项之和是常数, 应用算术-几何平均不等式可推出当 $h=\sqrt{3}R$(此时 $r=\sqrt{6}R/2$) 时, $f_{\max}=2/(\sqrt{27}R^3)$, 于是

$$V_{\min}=\frac{\pi}{3}\cdot\frac{1}{f_{\max}}=\frac{\sqrt{3}}{2}\pi R^3.$$

3.16 (1) 过圆锥的高作截面 (轴截面), 如图 J.18 所示, 其中 AB 是圆锥底面的直径, CD 是圆锥的高, O 是球心. 记球半径为 R, 令圆锥底面半径为 $r,OD=x$, 则圆锥的高 $h=R+x$. 于是圆锥体积

$$V=\frac{1}{3}\pi r^2h=\frac{1}{3}\pi r^2(R+x).$$

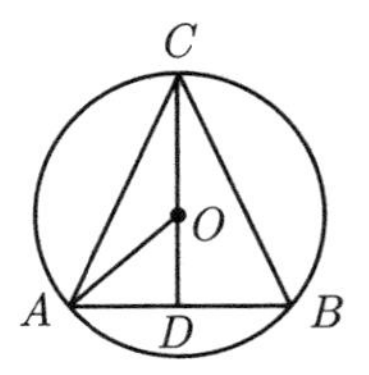

图 J.18

因为 $r^2=R^2-x^2$, 所以

$$\begin{aligned}V&=\frac{1}{3}\pi r^2h=\frac{1}{3}\pi(R^2-x^2)(R+x)\\&=\frac{\pi}{6}\cdot(2R-2x)(R+x)(R+x).\end{aligned}$$

应用算术-几何平均不等式, 可知当 $x=R/3$ 时,

$$V_{\max}=\frac{\pi}{6}\cdot\left(\frac{4R}{3}\right)^3=\frac{32}{81}\pi R^3.$$

此时,

$$r=\sqrt{R^2-x^2}=2\sqrt{2}R/3,\quad h=OC+OD=4R/3.$$

此外, 也可以不取 $x=OD$, 而是直接取 $h=CD$ 作为变量, 那么

$$r^2=AD^2=AO^2-DO^2=R^2-(h-R)^2=2Rh-h^2=h(2R-h),$$

于是

$$V=\frac{\pi}{3}\cdot h\cdot h\cdot(4R-2h).$$

由此应用算术-几何平均不等式得到结果.

(2) 保留上面的记号, 那么 $r-AD=\sqrt{R^2-x^2}$, 母线

$$l=AC=\sqrt{AD^2+CD^2}=\sqrt{(R^2-x^2)+(R+x)^2}=\sqrt{2R(R+x)},$$

于是圆锥侧面积

$$S=\frac{1}{2}\cdot 2\pi rl=\pi\sqrt{2R(R+x)(R^2-x^2)},$$

从而

$$S^2=\pi^2R\cdot(R+x)(R+x)(2R-2x).$$

由算术-几何平均不等式推出, 当 $x=R/3$ 时,

$$S_{\max}^2=\pi^2R\left(\frac{4R}{3}\right)^3=\frac{64}{27}\pi^2R^4,$$

于是

$$S_{\max}=8\sqrt{3}\pi R^2/9.$$

此时

$$r=2\sqrt{2}R/3,\quad h=4R/3,$$

与本题 (1) 相同.

此外, 也可以直接取 $h=CD$ 作为变量, 那么

$$r=\sqrt{R^2-DO^2}=\sqrt{h(2R-h)},$$

母线

$$AC=\sqrt{r^2+h^2}=\sqrt{2Rh},$$

于是

$$S=\pi\sqrt{R}\cdot\sqrt{(4R-2h)\cdot h\cdot h}.$$

由此应用算术-几何平均不等式得到结果.

3.17 提示 设圆锥形 (漏斗) 底面周长为 x, 则底面半径为 $x/2\pi$, 圆锥的高为 $\sqrt{R^2-(x/2\pi)^2}$, 体积

$$V=\frac{\pi}{3}\left(\frac{x}{2\pi}\right)^2\sqrt{R^2-\left(\frac{x}{2\pi}\right)^2}.$$

因为

$$V^2=4\cdot\frac{\pi^2}{9}\cdot\frac{1}{2}\left(\frac{x}{2\pi}\right)^2\cdot\frac{1}{2}\left(\frac{x}{2\pi}\right)^2\cdot\left(R^2-\left(\frac{x}{2\pi}\right)^2\right),$$

其中

$$\frac{1}{2}\left(\frac{x}{2\pi}\right)^2+\frac{1}{2}\left(\frac{x}{2\pi}\right)^2+\left(R^2-\left(\frac{x}{2\pi}\right)^2\right)=R^2$$

是常数, 所以可以应用算术-几何平均不等式.

答案: 当 $x=2\sqrt{6}\pi R/3$ 时, V 最大, 即应剪去一个弧长为 $2\pi R-2\sqrt{6}\pi R/3=(6-2\sqrt{6})\pi R/3$ 的扇形.

3.18 用一个平行于圆柱底面且与底面相距 h/n 的平面截圆柱体, 得到一个高为 h/n 的小柱体, 作小柱体的侧面展开, 得到一个长为 $2\pi r$、高为 h/n 的矩形, 则其对角线的长度等于整条螺旋线的长度的 $1/n$. 于是螺旋线的长度

$$L=n\sqrt{(2\pi r)^2+\left(\frac{h}{n}\right)^2}=\sqrt{(2\pi nr)^2+h^2}.$$

因为轴截面面积 $S=2\pi rh$ 是定值, 所以

$$L\geqslant\sqrt{2\cdot(2\pi nr)\cdot h}=\sqrt{2nS}.$$

当 $2\pi nr=h$ 时, $L_{\min}=\sqrt{2nS}$. 由 $2\pi nr=h$ 及 $2\pi rh=S$ 求出

$$r=\frac{\sqrt{S}}{2\sqrt{n\pi}},\quad h=\sqrt{n\pi}\cdot\frac{\sqrt{S}}{2},$$

因此 $h:r=n\pi$.

3.19 作展开图, 如图 J.19 所示, 线段 PB' 就是最短路径的展开线.

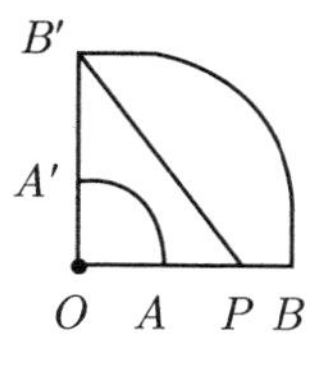

图 J.19

对于题中给定的数据, 可知 $OA=4, OB'=OB=8, OP=OA+AP=6, \angle BOB'=\pi/2, OB'=2$, 因此最短路径

$$PB'=\sqrt{OB'^2+OP^2}=\sqrt{8^2+6^2}=10.$$

4.1 如图 J.20 所示. 设 $\angle APB=\alpha, \angle BAP=\beta, \angle CAP=\gamma$. 由正弦定理得到

$$BP=\frac{AP\sin\beta}{\sin\angle ABP},\quad CP=\frac{AP\sin\gamma}{\sin\angle ACP}.$$

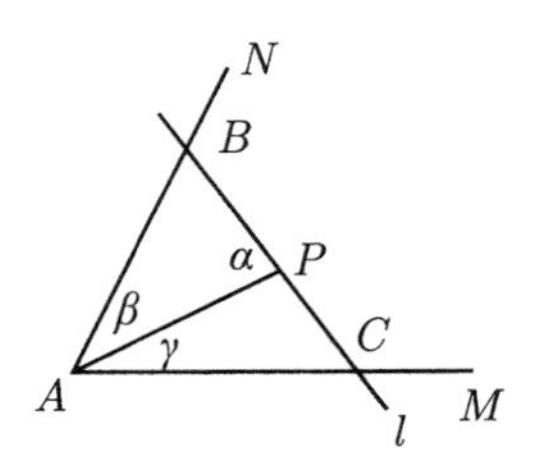

图 J.20

于是

$$\begin{aligned}\sigma&=\frac{1}{BP}+\frac{1}{CP}\\&=\frac{\sin\angle ABP}{AP\sin\beta}+\frac{\sin\angle ACP}{AP\sin\gamma}\\&=\frac{\sin(\alpha+\beta)}{AP\sin\beta}+\frac{\sin(\alpha-\gamma)}{AP\sin\gamma}.\end{aligned}$$

应用加法公式, 将 $\sin(\alpha+\beta)$ 和 $\sin(\alpha-\gamma)$ 展开并化简, 得到

$$\begin{aligned}\sigma&=\frac{1}{AP}\left(\sin\alpha\cot\beta+\cos\alpha+\sin\alpha\cot\gamma-\cos\alpha\right)\\&=\frac{1}{AP}\cdot\sin\alpha(\cot\beta+\cot\gamma).\end{aligned}$$

因为 β,γ 是定值, 并且 $\alpha\in(0,\pi),\sigma>0$, 所以 $\cot\beta+\cot\gamma>0$. 于是当 $\alpha=\pi/2$, 即 l 垂直于 AP 时, 取得

$$\sigma_{\max}=\frac{1}{AP}(\cot\beta+\cot\gamma).$$

4.2 如图 J.21 所示.

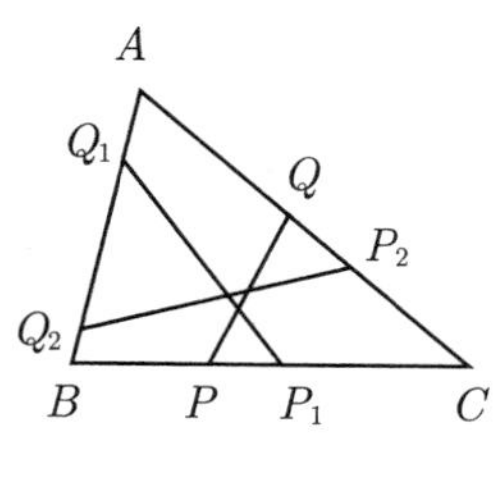

图 J.21

(i) 首先设点 P 在边 BC 上, 点 Q 在边 CA 上, 要求 PQ 平分三角形面积并且最短. 因为

$$S(\triangle ABC)=\frac{1}{2}\cdot ab\sin C,$$
$$S(\triangle CPQ)=\frac{1}{2}\cdot CP\cdot CQ\sin C,$$

所以

$$\frac{1}{2}\cdot CP\cdot CQ\sin C=\frac{1}{4}\cdot ab\sin C,$$

由此得到

$$CP\cdot CQ=\frac{1}{2}ab.$$

又由余弦定理可知

$$\begin{aligned}PQ^2&=CP^2+CQ^2-2\cdot CP\cdot CQ\cos C\\&=(CP-CQ)^2+2\cdot CP\cdot CQ(1-\cos C)\\&=(CP-CQ)^2+ab(1-\cos C),\end{aligned}$$

因此当

$$CP=CQ=\sqrt{\frac{1}{2}ab}=\frac{1}{2}\sqrt{2ab}$$

时, PQ 最短, 并且

$$(PQ)_{\min}=\sqrt{ab(1-\cos C)}=\sqrt{2ab}\cdot\sqrt{\frac{1-\cos C}{2}}$$
$$=\sqrt{2ab}\cdot\sin\frac{C}{2}.$$

(ii) 类似地, 若点 P_1 在边 BC 上, 点 Q_1 在边 AB 上, 则当 $BP_1=BQ_1=\sqrt{2ac}/2$ 时, P_1Q_1 最短, 并且

$$(P_1Q_1)_{\min}=\sqrt{2ac}\cdot\sin\frac{B}{2}.$$

若点 P_2 在边 AC 上, 点 Q_2 在边 AB 上, 则当 $AP_2=AQ_2=\sqrt{2bc}/2$ 时, P_2Q_2 最短, 并且

$$(P_2Q_2)_{\min}=\sqrt{2bc}\cdot\sin\frac{A}{2}.$$

(iii) 现在来比较 PQ,P_1Q_1,P_2Q_2 的长度. 我们给出两种解法.

解法 1　由于

$$\mu=\frac{(PQ)_{\min}}{(P_1Q_1)_{\min}}=\frac{\sqrt{2ab}\cdot\sin\frac{C}{2}}{\sqrt{2ac}\cdot\sin\frac{B}{2}}=\sqrt{\frac{b}{c}}\cdot\frac{\sin\frac{C}{2}}{\sin\frac{B}{2}},$$

又由正弦定理可知, $b/c=\sin B/\sin C$, 于是

$$\mu=\sqrt{\frac{\sin B}{\sin C}}\cdot\frac{\sin\frac{C}{2}}{\sin\frac{B}{2}}=\sqrt{\frac{2\sin\frac{B}{2}\cos\frac{B}{2}}{2\sin\frac{C}{2}\cos\frac{C}{2}}}\cdot\frac{\sin\frac{C}{2}}{\sin\frac{B}{2}}$$
$$=\sqrt{\frac{\cos\frac{B}{2}}{\cos\frac{C}{2}}}\cdot\sqrt{\frac{\sin\frac{C}{2}}{\sin\frac{B}{2}}}.$$

因为 $\angle B, \angle C \in (0,\pi)$, 并且 $c<b$ 蕴含 $\angle C < \angle B$, 所以由正弦函数和余弦函数的单调性可知 $\mu<1$, 即 $(PQ)_{\min} < (P_1Q_1)_{\min}$. 同理可证 $(PQ)_{\min} < (P_2Q_2)_{\min}$. 因此三者中 $(PQ)_{\min}$ 最短, 即当点 P 在边 BC 上, 点 Q 在边 CA 上, 并且 $CP=CQ=\sqrt{2ab}/2$ 时, PQ 为所求线段.

解法 2 因为 $S(\triangle CPQ)=S(\triangle BP_1Q_1)\big(=S(\triangle ABC)/2\big)$, 并且两者都是等腰三角形, 所以有

$$\frac{1}{2}\cdot(PQ)_{\min}\cdot CP\cos\frac{C}{2}=\frac{1}{2}\cdot(P_1Q_1)_{\min}\cdot BP_1\cos\frac{B}{2},$$

即

$$(PQ)_{\min}\cdot\frac{1}{2}\sqrt{2ab}\cdot\cos\frac{C}{2}=(P_1Q_1)_{\min}\cdot\frac{1}{2}\sqrt{2ac}\cdot\cos\frac{B}{2},$$

于是

$$\frac{(PQ)_{\min}}{(P_1Q_1)_{\min}}=\sqrt{\frac{c}{b}}\cdot\frac{\cos\dfrac{B}{2}}{\cos\dfrac{C}{2}}.$$

由此式以及 $c<b, \angle C<\angle B$ 推出 $(PQ)_{\min} < (P_1Q_1)_{\min}$. 同理可知 $(PQ)_{\min} < (P_2Q_2)_{\min}$. 于是得到所要的结论.

4.3 提示 设点 R,S,D 如例 4.10 中 (图 4.20) 所示, 那么

$$S(\triangle DRS)=S(\triangle QDS)-S(\triangle QDR)=QD\cdot(h_2-h_1).$$

对于任意的另外两点 R',S'(分别在 AB,AC 上, 并且点 Q,R',S' 在一条直线上), 有 $S(\triangle DR'S')=QD\cdot(h_2'-h_1')$, 其中 h_1',h_2' 分别是点 R',S' 与 BC 的距离, 并且 $S(\triangle DR'S')<S(\triangle DRS)$. 于是 $h_2'-h_1'<h_2-h_1$. 因此本题所求的点 R,S 与例 4.10 所确定的相同.

4.4 参见例 2.6. 应排除图 2.14 所示的情形.

解法 1 如图 J.22 所示, 分别过点 O,P 作 MN 的垂线, 连接 AO,AP, 分别记 $\odot O,\odot P$ 的半径为 $R,r,\angle MOA=2\alpha,\angle NPA=2\beta$.

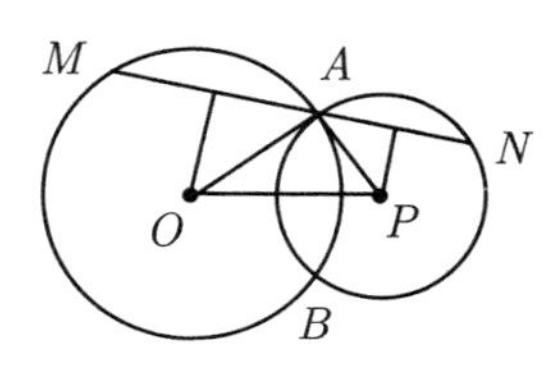

图 J.22

我们有 $AM=2R\sin\alpha,AN=2r\sin\beta$, 于是

$$\mu=AM\cdot AN=4Rr\sin\alpha\sin\beta=2Rr\big(\cos(\alpha-\beta)-\cos(\alpha+\beta)\big).$$

因为

$$\pi=\angle MAO+\angle OAP+\angle NAP=\left(\frac{\pi}{2}-\alpha\right)+\angle OAP+\left(\frac{\pi}{2}-\beta\right),$$

所以 $\alpha+\beta=\angle OAP$ 是定值, 因此当 $\alpha=\beta$ 时, $AM\cdot AN$ 最大. 此时 MN 平分 $\triangle OAP$ 的顶角 $\angle A$ 的外角. 或等价地, MN 垂直于 $\angle OAP$ 的角平分线, 因此 MN 容易作出, 并且

$$\mu_{\max}=2Rr\big(1-\cos(\alpha+\beta)\big)=2Rr(1-\cos\angle OAP).$$

解法 2 如图 J.23(a) 所示, 分别连接 AO,AP. 过点 O 作直线平行于 AP, 交 $\odot O$ 于点 M; 过点 P 作直线平行于 AO, 交 $\odot P$ 于点 N; 所作两条直线交于点 K. 首先断言 M,A,N 共线.

证明如下: 注意 $\triangle AMO$ 和 $\triangle ANP$ 是等腰三角形, $AOKP$ 是平行四边形. 因为

$$\angle MAO=\frac{\pi}{2}-\frac{1}{2}\angle MOA=\frac{\pi}{2}-\frac{1}{2}\angle OKP,$$

$$\angle NAP = \frac{\pi}{2} - \frac{1}{2}\angle NPA = \frac{\pi}{2} - \frac{1}{2}\angle OKP,$$
$$\angle OAP = \angle OKP,$$

所以

$$\begin{aligned}&\angle MAO + \angle OAP + \angle NAP \\ &= \left(\frac{\pi}{2} - \frac{1}{2}\angle OKP\right) + \angle OKP + \left(\frac{\pi}{2} - \frac{1}{2}\angle OKP\right) = \pi,\end{aligned}$$

因此确实 M, A, N 共线.

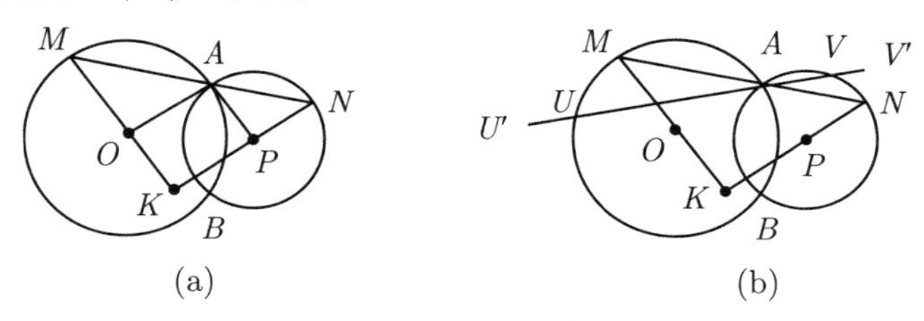

图 J.23

现在来证明这样确定的线段 MN 给出 $\mu_{\max}$. 因为 $KM = KO + OM = r + R, KN = KP + PN = R + r$, 所以若以 K 为圆心、$R + r$ 为半径作圆 (称“大圆”, 图中没有画出), 则 $\odot O, \odot P$ 分别与它内切于点 M, N, 即 $\odot O, \odot P$ 完全含在“大圆”中, 于是对于任何其他一条过点 P 被 $\odot O, \odot P$ 截得的线段 UV, 其端点 U, V 必然含在“大圆”中 (参见图 J.23(b), 图中没有画出“大圆”); 设 UV 向两侧延长分别交大圆于点 U', V', 则

$$AU \cdot AV < AU' \cdot AV' = AM \cdot AN$$

(其中最后一步, 在大圆中应用相交弦定理), 这表明 $AM \cdot AN$ 最大.

解法 3 **提示** 过点 A 作任意直线与二圆交出线段 UV(图 J.24), 过点 A, P 作直线 l, 交 $\odot P$ 于点 C. 过点 U 作 l 的垂线 (垂

足为 S). 那么 $\triangle ASU \sim \triangle AVC$, 从而 $AU \cdot AV = AC \cdot AS$. 因为 AC 是定长 ($\odot P$ 的直径), 所以当且仅当 AS 最长时, $AU \cdot AV$ 最大. 为此作 $\odot O$ 的平行于 US 的切线 MT, 其中切点为 M, 过点 M, A 作直线交 $\odot P$ 于点 N, 那么 MN 就是所求的线段.

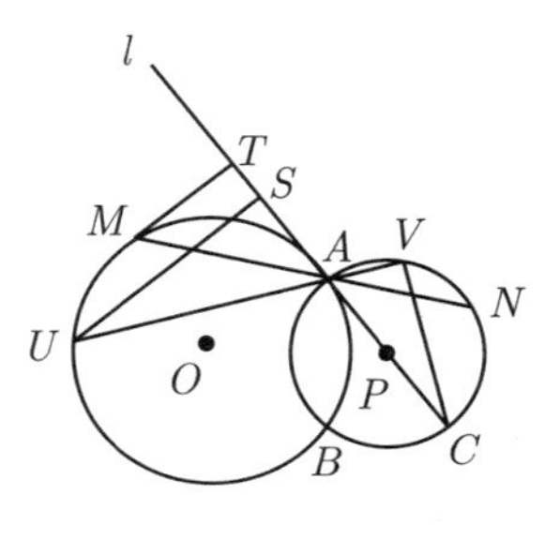

图 J.24

4.5 提示 参见例 4.8, 则有

$$AB + CD = 2\sqrt{r^2 - a^2\sin^2\theta} + 2\sqrt{r^2 - a^2\sin^2\phi},$$

因此

$$\begin{aligned}\frac{1}{4}(AB+CD)^2 &= \left(\sqrt{r^2 - a^2\sin^2\theta} + \sqrt{r^2 - a^2\sin^2\phi}\right)^2 \\ &= r^2 - a^2\sin^2\theta + r^2 - a^2\sin^2\phi \\ &\quad + 2\sqrt{(r^2 - a^2\sin^2\theta)(r^2 - a^2\sin^2\phi)}.\end{aligned}$$

依据例 4.8 中的推导可知

$$\begin{aligned}r^2 - a^2\sin^2\theta + r^2 - a^2\sin^2\phi &= 2r^2 - a^2(\sin^2\theta + \sin^2\phi) \\ &= 2r^2 - a^2\big(1 - \cos\alpha\cos(\theta-\phi)\big) \\ &= 2r^2 - a^2 + a^2\cos\alpha\cos(\theta-\phi),\end{aligned}$$

以及

$$
\begin{aligned}
&(r^2-a^2\sin^2\theta)(r^2-a^2\sin^2\phi)\\
&\quad=r^4-r^2a^2+\left(r^2-\frac{a^2}{2}\right)a^2\cos\alpha\cos(\theta-\phi)\\
&\qquad+\frac{a^4}{4}\cos^2(\theta-\phi)+\frac{a^4}{4}\cos^2\alpha.
\end{aligned}
$$

因此当 $\theta=\phi$ 时,

$$
\begin{aligned}
&\frac{1}{4}(AB+CD)^2_{\max}\\
&\quad=2r^2-a^2+a^2\cos^2\alpha+2\cdot\frac{1}{2}\big(2r^2-a^2(1-\cos\alpha)\big)\\
&\quad=4r^2+a^2(\cos^2\alpha+\cos\alpha-2).
\end{aligned}
$$

于是

$$
(AB+CD)_{\max}=2\sqrt{4r^2+a^2(\cos^2\alpha+\cos\alpha-2)}.
$$

特别地, 当 $\alpha=\pi/2$ 时, 显然 $(AB+CD)_{\max}=2\sqrt{4r^2-2a^2}$.

4.6 提示 本题的代数解法比较复杂, 这里只给出几何解法 (图 J.25). 过点 A 作弦 AE 平行于弦 CD, 则 $ED=AC$, 并且弧 ED 等于弧 AC. 因为 AB 与 CD 垂直, 所以弧 AC 与弧 BD 的度数之和为 π, 从而弧 ED 与弧 BD 的度数之和也为 π, 于是 $\triangle EBD$ 是直角三角形, 其斜边 EB 是圆的直径 (定值). 因为 $AC\cdot BD=ED\cdot BD$ 等于 $\triangle EDB$ 面积的 2 倍, 所以问题归结为例 1.1.

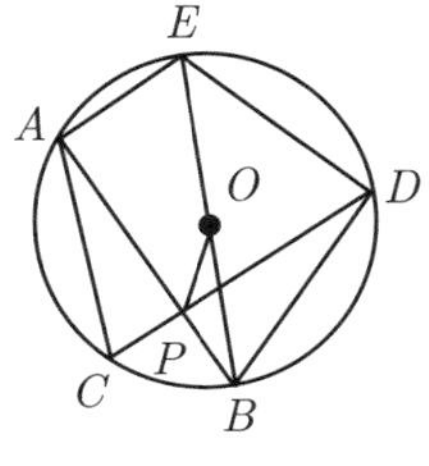

图 J.25

答案: 当 PO 与 AB,CD 夹角相等时, $AC\cdot BD$ 最大, 最大值等于 $2R^2$ (其中 R 是圆的半径).

4.7 解法 1 如图 J.26 所示. 设圆的半径为 r. 记 $\angle BAO = \alpha, \angle ABO = \beta$(都是定值), 令 $\angle OAP = \theta, \angle OBQ = \phi$, 那么 $AP = 2r\cos\theta, BQ = 2r\cos\phi$, 于是

$$AP \cdot BQ = 4r^2 \cos\theta\cos\phi = 2r^2\Big(\cos(\theta-\phi)+\cos(\theta+\phi)\Big).$$

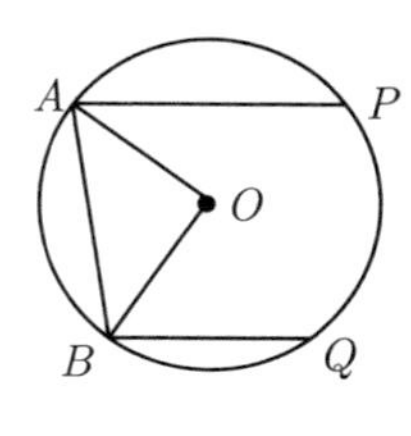

图 J.26

因为 $\theta+\phi=\pi-\alpha-\beta$, 所以

$$AP \cdot BQ = 2r^2\big(\cos(\theta-\phi)-\cos(\alpha+\beta)\big).$$

因此当 $\theta=\phi$ 时, $AP\cdot BQ$ 最大.

因为 $\theta=\phi$ 蕴含两个等腰 $\triangle OAP, \triangle OBQ$ 全等, 所以 $AP=BQ$, 从而弧 AP 等于弧 BQ. 又因为 AP 与 BQ 平行蕴含弧 AB 与弧 PQ 相等, 所以弧 AP 与弧 AB 之和与弧 BQ 与弧 PQ 之和相等, 由此可推出 $\angle BAP = \angle ABQ = \pi$. 因此, 当 AP, BQ 都垂直于 AB(因而 $PABQ$ 是矩形) 时, $AP\cdot BQ$ 最大, 最大值等于 $2r^2\big(1-\cos(\alpha+\beta)\big) = 2r^2(1-\cos\angle AOB)$.

解法 2 以 AB 为对称轴, 作 $\odot O$ 的对称形 $\odot O'$(图 J.27). 延长 PA 与 $\odot O'$ 交于点 Q'. 由对称性, 等圆 O, O' 的公共弦 AB 所对的两条弧 AB 相等, 所以它们所对的圆周角 $\angle BQ'A=\angle BQA$, 又由 $Q'P$ 平行于 BQ 可知 $\angle Q'AB=\angle QBA$, 因此 $\triangle Q'AB$ 与 $\triangle QBA$

全等, 从而 $Q'A = QB$. 于是 $AP \cdot BQ = AP \cdot AQ'$. 可见问题归结为练习题 4.4 的特殊情形 (即两圆半径相等). 题解的其余部分从略 (留待读者自行完成).

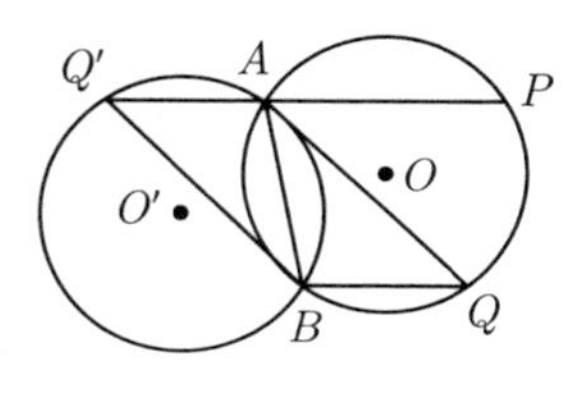

图 J.27

4.8 (1) 设两个三角形的内角分别为 $\alpha_1, \beta_1, \gamma_1$ 和 $\alpha_2, \beta_2, \gamma_2$. 因为两个三角形同底且顶角相等, 所以 A, B, C_1, C_2 共圆, 从而两个三角形的外接圆半径相等, 记为 R. 于是由正弦定理得到

$$\begin{aligned}|AC_1 - BC_1| &= 2R|\sin\alpha_1 - \sin\beta_1| \\ &= 4R\left|\sin\frac{\alpha_1-\beta_1}{2}\cos\frac{\alpha_1+\beta_1}{2}\right| \\ &= 4R\left|\sin\frac{\alpha_1-\beta_1}{2}\cos\frac{\gamma_1}{2}\right|.\end{aligned}$$

类似地,

$$|AC_2 - BC_2| = 4R\left|\sin\frac{\alpha_2-\beta_2}{2}\cos\frac{\gamma_2}{2}\right|.$$

由题设条件 $|AC_1 - BC_1| < |AC_2 - BC_2|$ 及 $\gamma_1 = \gamma_2$ 推出 $|\alpha_1 - \beta_1| < |\alpha_2 - \beta_2|$.

因为 $S(\triangle ABC_1) = AB \cdot AC_1 \cdot \sin\beta_1 = 2R^2 \sin\alpha_1 \sin\beta_1 \sin\gamma_1$, 对于 $S(\triangle ABC_1)$ 也有类似公式, 所以为证结论, 只需证明

$$\sin\alpha_1 \sin\beta_1 > \sin\alpha_2 \sin\beta_2.$$

上式左边等于

$$\big(\cos(\alpha_1-\beta_1)-\cos(\alpha_1+\beta_1)\big)/2=\big(\cos(\alpha_1-\beta_1)+\cos\gamma_1\big)/2,$$

右边等于

$$\big(\cos(\alpha_2-\beta_2)+\cos\gamma_2\big)/2.$$

注意 $\gamma_1=\gamma_2$, 以及余弦函数是偶函数且在 $[0,\pi]$ 上单调减少, 于是由 $|\alpha_1-\beta_1|<|\alpha_2-\beta_2|$ 立得结论.

(2) 由正弦定理得知

$$\begin{aligned}AC_1+BC_1&=2R(\sin\alpha_1+\sin\beta_1)\\&=4R\sin\frac{\alpha_1+\beta_1}{2}\cos\frac{\alpha_1-\beta_1}{2}\\&=4R\cos\frac{\gamma_1}{2}\cos\frac{\alpha_1-\beta_1}{2}.\end{aligned}$$

对于 AC_2+BC_2 也有类似公式. 于是可类似于本题 (1) 完成证明.

4.9 (1) 解法 1 为免得符号混淆, 将 $B(x,y)$ 改记为 $B(\xi,\eta)$, 因为点 B 在直线 l 上, 所以 $\eta=4\xi$. 于是 AB 的方程 (点斜式) 是

$$y-4=\frac{4\xi-4}{\xi-6}\cdot(x-6).$$

在其中令 $y=0$, 求得此直线与 x 轴的交点的横坐标为 $x=5\xi/(\xi-1)$, 因而此交点是 $C(5\xi/(\xi-1),0)$. 于是 $\triangle OBC$ 的面积

$$S=\frac{1}{2}\cdot\eta\cdot\frac{5\xi}{\xi-1}=\frac{1}{2}\cdot4\xi\cdot\frac{5\xi}{\xi-1}=\frac{10\xi^2}{\xi-1}.$$

由此得到

$$10\xi^2-S\xi+S=0.$$

由其判别式非负推出 $S_{\min}=40$. 二次方程对应的根是 $\xi=2$, 因而所求点为 $B(2,8)$.

解法 2　同解法 1 算出

$$S=\frac{10\xi^2}{\xi-1}.$$

只需求 $f(\xi)=(\xi-1)/\xi^2$ 的最大值.

因为围成的三角形必须完全位于第一象限, 所以若过点 A 与 x 轴平行的直线交直线 l 于点 A' (那么点 A' 的坐标是 $(1,4)$), 则所求点 B 不可能位于线段 OA' 上 (不然直线 AB 与 x 轴的交点不在第一象限), 因此 ξ 的取值范围是 $\xi>1$, 从而 $0<1/\xi<1$. 因为

$$f(\xi)=\frac{1}{\xi}\cdot\frac{\xi-1}{\xi}=\frac{1}{\xi}\cdot\left(1-\frac{1}{\xi}\right)$$

是两个正数 $1/\xi$ 和 $1-1/\xi$ 之积, 而且 $1/\xi+(1-1/\xi)=1$ 是定值, 因此当 $1/\xi=1-1/\xi=1/2$ 时, $f(\xi)=1/4$, 为其最大值, 由此容易推出 $S_{\min}=10/(1/4)=40$, 所求的点是 $B(2,8)$.

(2) 如图 J.28 所示, 设点 A 的坐标是 $(x/n,0)$, 则点 B 的坐标是 $(x/n,1-x/n)$, 其中 $x\in\mathbb{N}$. 只需求 $\triangle ABQ$ 面积 S 的最大值. 我们有

$$S=\frac{1}{2}\cdot\frac{x}{n}\cdot\left(1-\frac{x}{n}\right)=-\frac{1}{2n^2}(x^2-nx).$$

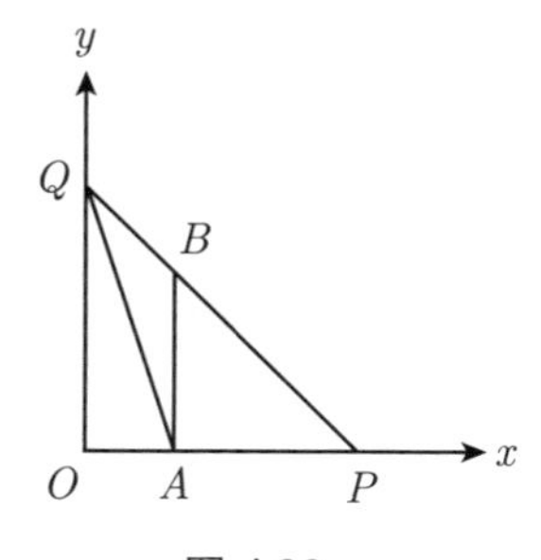

图 J.28

这是对称轴为 $x=n/2$ 的抛物线. 若 n 为偶数, 则当 $x=n/2$ 时, $S_{\max}=1/8$, 所求三角形面积之和的最小值为 $1/2-1/8=3/8$. 若 n 为奇数, 则当 $x=(n\pm 1)/2$ 时, $S_{\max}=(n^2-1)/(8n^2)$, 所求三角形面积之和的最小值为 $(3n^2+1)/(8n^2)$.

4.10 设 θ 是 OB 与 x 轴 (正向) 的夹角, 则点 B 的坐标是 $(\cos\theta,\sin\theta)$, 并且 $AB^2=(\cos\theta-a)^2+\sin^2\theta$, 于是 $S(\triangle ABC)=(\sqrt{3}/4)(1+a^2-2a\cos\theta)$, 以及 $S(\triangle OAB)=(a/2)\sin\theta$. 由此可知

$$
\begin{aligned}
S(OACB)&=\frac{\sqrt{3}}{4}(1+a^2)+a\left(\frac{1}{2}\sin\theta-\frac{\sqrt{3}}{2}\cos\theta\right)\\
&=\frac{\sqrt{3}}{4}(1+a^2)+a\sin\left(\theta-\frac{\pi}{3}\right).
\end{aligned}
$$

因此 $\theta=\pi/3+\pi/2=5\pi/6$ 时, $S(OACB)_{\max}=(\sqrt{3}+4a+\sqrt{3}a^2)/4$.

4.11 (1) 设动点 C 的坐标是 (x_0,y_0), 那么正方形 $COAB$ 的面积

$$S=CO^2=x_0^2+y_0^2.$$

因为点 $C(x_0,y_0)$ 在椭圆 $(x+2)^2+y^2/4=1$ 上, 所以 $y_0^2=4-4(x_0+2)^2$, 于是

$$S=x_0^2+4-4(x_0+2)^2=-3\left(x_0+\frac{8}{3}\right)^2+\frac{28}{3}.$$

因此当 $x_0=-8/3$(此时 $y_0=\pm 2\sqrt{5}/3$) 时, $S_{\max}=28/3$.

注意 $C(x_0,y_0)$ 在椭圆上, 由 $(x_0+2)^2+y_0^2/4=1$ 可知 $(x_0+2)^2\leqslant 1$, 由此 $-3\leqslant x_0\leqslant -1$, 比较抛物线 (开口向下) 的一段

$$f(x_0)=-3\left(x_0+\frac{8}{3}\right)^2+\frac{28}{3}\quad(-3\leqslant x_0\leqslant -1)$$

在端点上的值, 可知当 $x_0=-1$(于是 $y_0=0$) 时, $S_{\min}=1$.

(2) 由例 2.13(1)(及该题的注) 可知 $\mathscr{P}$ 是两边分别平行于坐标轴的长方形, 它在第一象限的顶点坐标是 $(\sqrt{2}/2,\sqrt{2}a/2)$. 于是椭圆 $\mathscr{D}_2$ 的方程是 $2ax^2+2y^2=a^2$.

4.12 (1) **提示** 易见 $\angle C$ 是直角. 建立直角坐标系, 以 C 为原点, 直线 CB 和 CA 分别为 x 轴和 y 轴 (点 C 到点 B 及点 C 到点 A 为正向). 设点 P 的坐标是 (x,y), 这也是内切圆上点的坐标. 应用面积关系推出内切圆半径为 1, 进而求出内切圆方程为 $(x-1)^2+(y-1)^2=1$, 即 $x^2+y^2-2x-2y+1=0$. 所求线段平方和

$$\begin{aligned}\sigma&=x^2+y^2+(x-4)^2+y^2+x^2+(y-3)^2\\&=3(x^2+y^2-2x-2y+1)-2x+22=-2x+22.\end{aligned}$$

注意 $0\leqslant x\leqslant 2$.

答案: 当 $x=0$ 时, $\sigma_{\max}=22$; 当 $x=2$ 时, $\sigma_{\min}=18$.

(2) 解法1 设给定圆的圆心是 O, 半径是 R. 对于内接三角形的顶点 A,B,C, 记 $\angle AOB=\alpha,\angle BOC=\beta,\angle COA=\gamma$. 由余弦定理, 得到

$$AB^2=OA^2+OB^2-2\cdot OA\cdot OB\cdot\cos\alpha=2R^2-2R^2\cos\alpha.$$

对于 BC^2,CA^2 也有类似的等式, 于是

$$\sigma=AB^2+BC^2+CA^2=6R^2-2R^2(\cos\alpha+\cos\beta+\cos\gamma).$$

因为 $\alpha+\beta+\gamma=2\pi,\alpha/2+\beta/2+\gamma/2=\pi$, 所以

$$\begin{aligned}\cos\alpha+\cos\beta+\cos\gamma&=\cos\alpha+\cos\beta+\cos(\alpha+\beta)\\&=2\cos\frac{\alpha+\beta}{2}\cos\frac{\alpha-\beta}{2}+2\cos^2\frac{\alpha+\beta}{2}-1\end{aligned}$$

$$= 2\cos\frac{\alpha+\beta}{2}\left(\cos\frac{\alpha-\beta}{2}+\cos\frac{\alpha+\beta}{2}\right)-1.$$

又因为 $(\alpha+\beta)/2=\pi-\gamma/2$, 所以

$$\cos\alpha+\cos\beta+\cos\gamma=-2\cos\frac{\gamma}{2}\left(\cos\frac{\alpha-\beta}{2}-\cos\frac{\gamma}{2}\right)-1.$$

于是

$$\sigma=8R^2+4R^2\cos\frac{\gamma}{2}\left(\cos\frac{\alpha-\beta}{2}-\cos\frac{\gamma}{2}\right).$$

可见只需求出

$$y=\cos\frac{\gamma}{2}\left(\cos\frac{\alpha-\beta}{2}-\cos\frac{\gamma}{2}\right)$$

的最大值. 为此令 $x=\cos(\gamma/2)$, 则 x 的二次方程

$$x^2-\left(\cos\frac{\alpha-\beta}{2}\right)x+y=0$$

有实根, 于是判别式

$$\cos^2\frac{\alpha-\beta}{2}-4y\geqslant 0,$$

从而

$$y\leqslant\frac{1}{4}\cos^2\frac{\alpha-\beta}{2}\leqslant\frac{1}{4},$$

因此 $y_{\max}=1/4$, 并且对应地由等式成立得到

$$\cos^2\frac{\alpha-\beta}{2}=1,\quad \cos\frac{\alpha-\beta}{2}=\pm 1.$$

若 $\cos\big((\alpha-\beta)/2\big)=-1$, 则 $\alpha-\beta=2\pi$, 不可能, 因此 $\cos\big((\alpha-\beta)/2\big)=1$, 于是 $\alpha=\beta$. 将 $\cos(\alpha-\beta)/2=1$ 代入原二次方程, 则有 $4x^2-4x+1=0$, 得到 $x=1/2=\cos(\gamma/2)$, 可见 $\gamma=\pi/3$, 从而 $\alpha=\beta=(2\pi-\pi/3)/2=\pi/3$. 总之, 当 $\triangle ABC$ 是正三角形时,

$$\sigma_{\max}=8R^2+4R^2\cdot\frac{1}{4}=9R^2.$$

解法 2　由正弦定理, $BC = 2R\sin A$, 等等, 所以

$$\sigma = 4R^2(\sin^2 A + \sin^2 B + \sin^2 C),$$

因为

$$\sin^2 A = \frac{1-\cos 2A}{2},$$

等等, 所以求出

$$\sigma = 6R^2 - 2R^2(\cos 2A + \cos 2B + \cos 2C).$$

类似于解法 1, 可作恒等变换得到 (注意 $\angle A + \angle B + \angle C = \pi$)

$$\sigma = 8R^2 + 4R^2 \cos C\big(\cos(A-B) - \cos C\big).$$

然后类似于解法 1 可以证明, 当三角形各顶角等于 $\pi/3$ 时, σ 最大.

解法 3　向量方法. 设点 O, R 的意义同解法 1. 对于内接三角形的顶点 A, B, C, 记 $\boldsymbol{a} = \overrightarrow{OA}, \boldsymbol{b} = \overrightarrow{OB}, \boldsymbol{c} = \overrightarrow{OC}$. 那么 $|\boldsymbol{a}|^2 = |\boldsymbol{b}|^2 = |\boldsymbol{c}|^2 = R^2$, 并且三边平方和

$$\begin{aligned}\sigma &= AB^2 + BC^2 + CA^2 = |\boldsymbol{a}-\boldsymbol{b}|^2 + |\boldsymbol{b}-\boldsymbol{c}|^2 + |\boldsymbol{c}-\boldsymbol{a}|^2 \\ &= |\boldsymbol{a}|^2 + |\boldsymbol{b}|^2 + |\boldsymbol{c}|^2 - 2(\boldsymbol{a},\boldsymbol{b}) - 2(\boldsymbol{b},\boldsymbol{c}) - 2(\boldsymbol{c},\boldsymbol{a}).\end{aligned}$$

另一方面,

$$|\boldsymbol{a}+\boldsymbol{b}+\boldsymbol{c}|^2 = |\boldsymbol{a}|^2 + |\boldsymbol{b}|^2 + |\boldsymbol{c}|^2 + 2(\boldsymbol{a},\boldsymbol{b}) + 2(\boldsymbol{b},\boldsymbol{c}) + 2(\boldsymbol{c},\boldsymbol{a}).$$

于是

$$\begin{aligned}\sigma &= 3(|\boldsymbol{a}|^2 + |\boldsymbol{b}|^2 + |\boldsymbol{c}|^2) - |\boldsymbol{a}+\boldsymbol{b}+\boldsymbol{c}|^2 \\ &= 9R^2 - |\boldsymbol{a}+\boldsymbol{b}+\boldsymbol{c}|^2 \leqslant 9R^2.\end{aligned}$$

因此当 $\boldsymbol{a}+\boldsymbol{b}+\boldsymbol{c}=\boldsymbol{0}$ 时, $\sigma_{\max}=9R^2$.

现在证明向量条件 $\boldsymbol{a}+\boldsymbol{b}+\boldsymbol{c}=\boldsymbol{0}$ 蕴含 $\triangle ABC$ 是正三角形. 实际上, 由此条件得到 $|\boldsymbol{a}+\boldsymbol{b}|^2=|\boldsymbol{c}|^2$. 设 $\boldsymbol{a}$ 和 $\boldsymbol{b}$ 的夹角为 θ, 则由余弦定理可知

$$\begin{aligned}|\boldsymbol{a}+\boldsymbol{b}|^2&=|\boldsymbol{a}|^2+|\boldsymbol{b}|^2-2|\boldsymbol{a}||\boldsymbol{b}|\cos(\pi-\theta)\\&=R^2+R^2-2R^2\cos\theta=2R^2(1+\cos\theta)\\&=4R^2\cos^2\frac{\theta}{2},\end{aligned}$$

而 $|\boldsymbol{c}|^2=R^2$, 所以 $\cos(\theta/2)=1/2$, 从而 $\theta=2\pi/3$. 类似地, $\boldsymbol{a}$ 和 $\boldsymbol{c}$ 的夹角以及 $\boldsymbol{b}$ 和 $\boldsymbol{c}$ 的夹角也都为 $2\pi/3$. 注意 $\boldsymbol{a},\boldsymbol{b},\boldsymbol{c}$ 等长, 因此 $\triangle ABC$ 的三边相等. 总之, 所求的三角形是圆内接正三角形.

解法 4　复数方法, 与解法 3 思路相同. 设 (在某个直角坐标系下) 顶点 A,B,C 的复数表示分别是 z_1,z_2,z_3, 则它们的模 $|z_1|=|z_2|=|z_3|=R$. 算出

$$\begin{aligned}\sigma&=|z_1-z_2|^2+|z_2-z_3|^2+|z_3-z_1|^2\\&=2(|z_1|^2+|z_2|^2+|z_3|^2)-(z_1\overline{z_2}+\overline{z_1}z_2)-(z_2\overline{z_3}+\overline{z_2}z_3)\\&\quad-(z_3\overline{z_1}+\overline{z_3}z_1),\end{aligned}$$

以及

$$\begin{aligned}|z_1+z_2+z_3|^2&=(z_1+z_2+z_3)\overline{(z_1+z_2+z_3)}\\&=|z_1|^2+|z_2|^2+|z_3|^2+(z_1\overline{z_2}+\overline{z_1}z_2)+(z_2\overline{z_3}+\overline{z_2}z_3)\\&\quad+(z_3\overline{z_1}+\overline{z_3}z_1),\end{aligned}$$

因此

$$\sigma=3(|z_1|^2+|z_2|^2+|z_3|^2)-|z_1+z_2+z_3|^2.$$

由此推出当 $|z_1+z_2+z_3|^2=0$ 时, $\sigma_{\max}=3(|z_1|^2+|z_2|^2+|z_3|^2)=9R^2$.

现在证明 $|z_1+z_2+z_3|^2=0$ 蕴含 $\triangle ABC$ 是正三角形. 由 $|z_1+z_2+z_3|^2=0$ 可知 $z_1+z_2=-z_3$, 于是 $|z_1+z_2|^2=|-z_3|^2$, 即

$$|z_1|^2+(z_1\overline{z_2}+\overline{z_1}z_2)+|z_2|^2=|-z_3|^2.$$

不妨设 $z_1=R, z_2=R\mathrm{e}^{\mathrm{i}\phi}$, 其中 $\mathrm{i}=\sqrt{-1}$, 则

$$R^2+R^2(\mathrm{e}^{\mathrm{i}\phi}+\mathrm{e}^{-\mathrm{i}\phi})+R^2=R^2,$$

由此得到 $2\cos\phi=-1, \phi=\pi/3$, 即 $\angle AOB=\pi/3$. 类似地, 可证 $\angle BOC=\pi/3$, 从而 $\angle AOC=\pi/3$. 于是得到所要的结论.

4.13 如图 J.29 所示, 设 $AE:EB=AF:FC=\lambda, AG:GD=1/\lambda$, 则

$$\frac{AE}{AB}=\frac{AF}{AC}=\frac{\lambda}{\lambda+1},\quad \frac{AG}{AD}=\frac{1}{\lambda+1}.$$

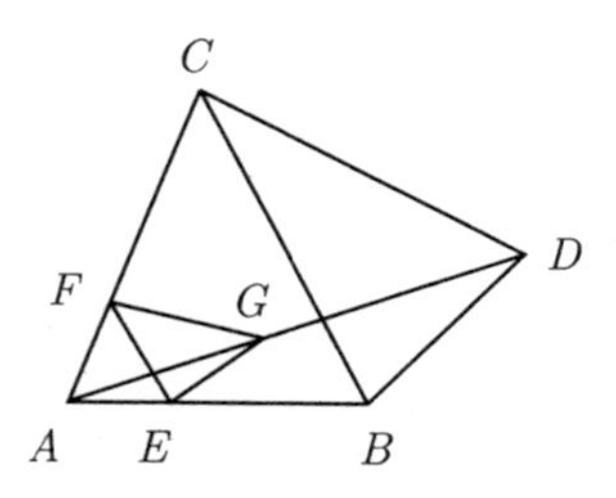

图 J.29

于是四面体 $AEFG$ 与 $ABCD$ 的底面积之比

$$\frac{S(\triangle AEG)}{S(\triangle ABD)}=\frac{AE}{AB}\cdot\frac{AG}{AD}=\frac{\lambda}{(\lambda+1)^2},$$

这两个四面体底面上的高 (分别由顶点 F,C 发出) 之比等于

$$\frac{AF}{AC}=\frac{\lambda}{\lambda+1}.$$

由此可知四面体 $AEFG$ 与 $ABCD$ 的体积之比等于

$$\frac{\lambda}{(\lambda+1)^2}\cdot\frac{\lambda}{(\lambda+1)}=\frac{\lambda^2}{(\lambda+1)^3}.$$

从而截得的两立体 (一个小四面体和一个五面体) 的体积 (V_1 和 V_2) 之比

$$\tau=\frac{V_1}{V_2}=\frac{\lambda^2}{(\lambda+1)^3-\lambda^2}.$$

因为

$$\frac{1}{\tau}=\frac{(\lambda+1)^3}{\lambda^2}-1\,(>0),$$

所以只需求下列函数 f 的最小值:

$$f(\lambda)=\frac{\lambda^2}{(\lambda+1)^3}=\frac{1}{2}\cdot\frac{2}{\lambda+1}\cdot\left(1-\frac{1}{\lambda+1}\right)\cdot\left(1-\frac{1}{\lambda+1}\right).$$

应用算术 - 几何平均不等式, 可知当 $\lambda=2$ 时, $f_{\min}=(1/2)(2/3)^3=4/27$, 所以 $\tau_{\min}=4/23$.

4.14 提示 (1) 如图 J.30 所示, 其中 O 是内切球心, AH 是正三棱锥的高 (点 O 在高上), BH 与 CD 交于点 E, 那么 $\angle AEB$ 等于棱锥侧面与底面的夹角, 记为 2α. 因为 O 与 $\angle AEB$ 两边等距 (等于内切球半径), 所以 $\angle OEB=\alpha$. 令内切球半径为 r, 线段 EH 之长为 a. 由直角三角形 AHE 可知

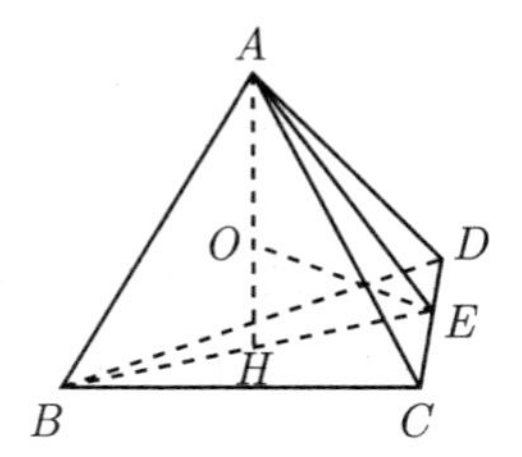

图 J.30

$$r = a\tan\alpha, \quad AH = a\tan 2\alpha,$$

并且棱锥底面 (正) 三角形边长为 $2\sqrt{3}a$. 于是棱锥与内接球体积之比为

$$\tau = \frac{3\sqrt{3}}{4\pi}\cdot\frac{\tan 2\alpha}{\tan^3\alpha} = \frac{3\sqrt{3}}{2\pi}\cdot\frac{1}{\tan^2\alpha(1-\tan^2\alpha)}.$$

因为 τ 达到最小值, 所以 α 应使 $\tan^2\alpha(1-\tan^2\alpha)$ 最大, 由算术–几何平均不等式可推出 $\tan\alpha = \sqrt{2}/2, 2\alpha = 2\arctan(\sqrt{2}/2)$, 对应的 $\tau_{\min} = 6\sqrt{3}/\pi$.

(2) 轴截面如图 J.31 所示, 设球半径为 R, 圆锥的底面半径为 r, 高为 h, 那么题中所说的体积之比为

$$\tau = \frac{r^2h}{4R^3} = \frac{1}{4}\cdot\frac{h}{R}\cdot\left(\frac{r}{R}\right)^2.$$

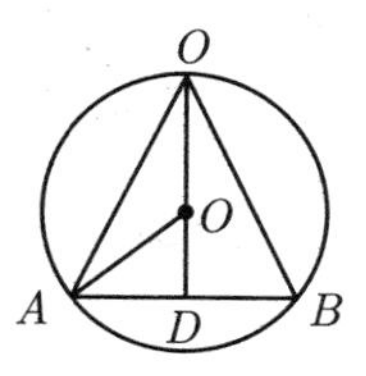

图 J.31

由直角三角形 AOD 可知 $AO^2 = DO^2 + AD^2$, 即 $R^2 = (h-R)^2 + r^2$, 于是 $r^2 = h(2R-h)$. 由此得到

$$\frac{r^2}{R^2} = \frac{h}{R}\left(2-\frac{h}{R}\right).$$

记 $x = h/R$, 得到关系式

$$\tau = \frac{1}{4}x^2(2-x) = \frac{x}{2}\cdot\frac{x}{2}\cdot(2-x).$$

答案: 当 τ 达到最大值时, $h/R=3/4$, 对应的 $\tau_{\max}=27/8$.

4.15 提示 参见图 J.32(轴截面). 设圆的半径为 $r, AC=x, BD=y$. 由切线性质可推出 $\triangle COD$ 为直角三角形, 于是 $OP^2=CP\cdot PD$, 即 $r^2=xy$. 因为圆台体积

$$V_1=\frac{1}{3}\pi\cdot AB\cdot(x^2+y^2+xy)=\frac{2}{3}\pi r(x^2+y^2+r^2),$$

球体积 $V_2=4\pi r^3/3$, 所以

$$\tau=\frac{V_1}{V_2}=\frac{x^2+y^2+r^2}{2r^2}.$$

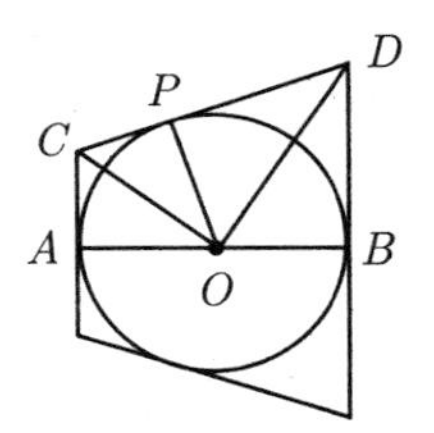

图 J.32

下面给出两种求 $\tau_{\min}$ 的方法.

方法 1 记 $\angle AOC=\theta$, 则 $\angle BOD=\pi/2-\theta$, 于是

$$\tau=\frac{1}{2}\left(\left(\frac{x}{r}\right)^2+\left(\frac{y}{r}\right)^2+1\right)=\frac{1}{2}\left(\tan^2\theta+\cot^2\theta+1\right).$$

因为 $\tan^2\theta\cdot\cot^2\theta=1$, 所以应用算术-几何平均不等式得到 $\tau_{\min}=3/2$. 注意, 此时 P 为弧 AB 的中点, 圆台退化为圆柱.

方法 2 因为

$$x^2\tau=\frac{x^4+(xy)^2+x^2r^2}{2r^2}=\frac{x^4+r^4+x^2r^2}{2r^2},$$

于是

$$(x^2)^2+(1-2\tau)r^2(x^2)+r^4=0.$$

应用方程判别式非负即可得出结果.

4.16 提示 解法1 轴截面如图 J.33 所示. 设圆锥的高 $SM=h$, 底面半径 $AM=r$, 内切球半径为 R. 记 $\angle OBM=\theta$, 则

$$R=r\tan\theta,\quad h=r\tan 2\theta,$$

于是

$$V_1=\frac{1}{3}\pi r^3\tan 2\theta,\quad V_2=2\pi r^3\tan^3\theta,$$

从而

$$\tau=\frac{\tan 2\theta}{6\tan^3\theta}=\frac{1}{3\tan^2\theta(1-\tan^2\theta)}.$$

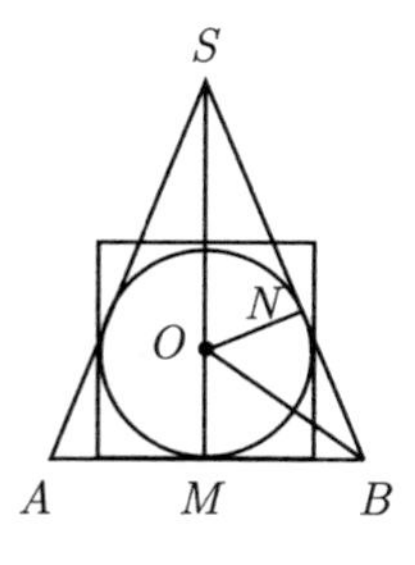

图 J.33

因为 $\theta\in(0,\pi/4)$, 可对 $\tan^2\theta(1-\tan^2\theta)$ 应用算术-几何平均不等式; 或者应用方程

$$\tan^4\theta-\tan^2\theta+\frac{1}{3\tau}=0$$

的判别式非负.

答案: 当 $\tan\theta=\sqrt{2}/2$, 即 $h/r=2\sqrt{2}$ 时, $\tau_{\min}=4/3$.

解法2 因为

$$V_1=\frac{1}{3}\pi r^2 h,\quad V_2=2\pi R^3,$$

并且由 $\sin\angle BSM=BM/BS=ON/OS$ 可知

$$\frac{R}{r}=\frac{\sqrt{r^2+h^2}}{h-R},$$

从而 $r^2=R^2h/(h-2R)$, 进而得到

$$\tau=\frac{h^2}{6R(h-2R)}.$$

将算术–几何平均不等式应用于

$$\frac{1}{\tau}=3\cdot\left(\frac{2R}{h}\right)\left(1-\frac{2R}{h}\right),$$

或者应用二次方程

$$\left(\frac{h}{R}\right)^2-6\tau\left(\frac{h}{R}\right)+12\tau=0$$

的判别式非负, 可得结果.

4.17 提醒: 本书中的圆柱指直圆柱, 即其母线与底面垂直.

设圆柱下底面和上底面的圆心分别是 O_1 和 O_2, 记其半径为 R,O_1O_2 的长度 (即圆柱的高) 为 H. 设四面体 $ABCD$ 内含于圆柱体, 将其顶点在下底面和上底面上的 (正) 投影分别记为 $A_1,\cdots,D_1;A_2,\cdots,D_2$. 下面分两种情形讨论.

情形 1 设 $A_1,\cdots,D_1$ 中有一点含在另 3 点为顶点的三角形 (包括边界) 中, 不妨认为点 A_1 位于 $\triangle B_1C_1D_1$ 中. 作出圆柱的经过 AA_1 的轴截面 (图 J.34), 其中 l 是四面体底面 BCD 与轴截面的

交线, M 和 N 分别是圆柱轴 O_1O_2 和 AA_1 与底面 BCD 的交点. 还可认为点 A 和 O_2 位于 l 同侧 (不然可考虑点 A_1 和 O_1, 相应地考虑圆柱上底面中的投影点 $A_2,\cdots,D_2$). 设四面体 $ABCD$ 在底面 BCD 上的高 (它经过顶点 A) 的长度为 h, 以及 $AN=h'$. 因为四面体 $ABCD$ 在底面 BCD 上的高垂直于平面 BCD, 直线 AA_1 垂直于圆柱下底面, 所以四面体在底面 BCD 上的高与 AA_1 的夹角等于四面体的底面 BCD 与圆柱下底面的夹角, 将此角的大小记为 α, 于是

$$h=h'\cos\alpha,\quad h'=AN\leqslant O_1O_2=H.$$

(注意: 四面体 $ABCD$ 在底面 BCD 上的高与 O_1O_2 可能是异面直线, 所以在图 J.34 中一般不出现.)

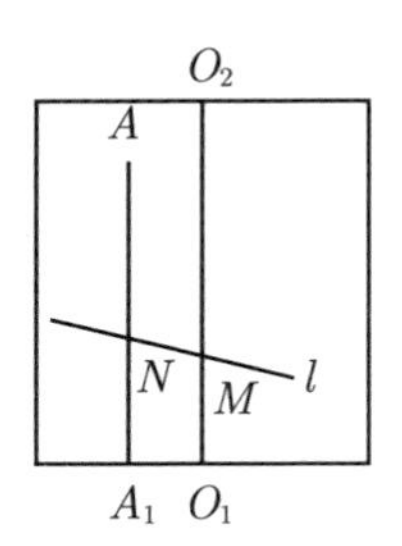

图 J.34

依据上述这些准备, 可知四面体 $ABCD$ 的体积

$$\begin{aligned}V&=\frac{1}{3}h\cdot S(\triangle BCD)\\&=\frac{1}{3}(h'\cos\alpha)\cdot S(\triangle BCD)\\&=\frac{1}{3}\cdot h'\cdot\big(S(\triangle BCD)\cos\alpha\big)\\&\leqslant\frac{1}{3}\cdot H\cdot\big(S(\triangle BCD)\cos\alpha\big).\end{aligned}$$

由例 1.2 的注 1 可知 $S(\triangle BCD)\cos\alpha = S(\triangle B_1C_1D_1)$, 于是得到

$$V \leqslant \frac{1}{3}\cdot H\cdot S(\triangle B_1C_1D_1)$$

(这是四面体 $O_2B_1C_1D_1$ 的体积). 圆的最大面积的内接三角形是正三角形 (见练习题 1.7(1)), 其面积为 $3\sqrt{3}R^2/4$, 所以

$$V \leqslant \frac{1}{3}\cdot H\cdot \frac{3\sqrt{3}}{4}R^2.$$

依题设, $\pi R^2H = 1$, 由此推出 $V \leqslant \sqrt{3}/(4\pi)$.

情形 2 设 $A_1,\cdots,D_1$ 形成一个凸四边形的顶点. 那么与情形 1 同样有

$$v \leqslant \frac{1}{3}\cdot H\cdot S(\triangle B_1C_1D_1).$$

因为 $A_1B_1C_1D_1$ 是凸四边形, 所以

$$v \leqslant \frac{1}{3}\cdot H\cdot S(A_1B_1C_1D_1)$$

(这是四棱锥 $O_2\text{-}A_1B_1C_1D_1$ 的体积). 圆的最大面积的内接四边形是正方形 (见练习题 1.7(2)), 其面积为 $2R^2$, 所以

$$V \leqslant \frac{2}{3}\cdot HR^2.$$

由此式及 $\pi R^2H = 1$ 推出 $V \leqslant 2/(3\pi)$.

因为四面体在圆柱底面上的投影只可能出现上述两种情形 (非凸四边形的情形可归结为情形 1), 并且 $\sqrt{3}/(4\pi) < 2/(3\pi)$, 所以题中结论成立.

4.18 令 $\mathscr{F}$ 是四条高都不小于 1 的四面体的集合, 用 r_0 表示能放进 $\mathscr{F}$ 中所有四面体的球的最大半径.

(i) 考虑 $\mathscr{F}$ 中的任意一个四面体, 能放得进去的最大球应是它的内切球, 设其半径为 r. 用 $h_1,\cdots,h_4$ 及 $S_1,\cdots,S_4$ 分别表示这个四面体的各条高及对应的界面面积, 用 V 表示四面体的体积. 那么由体积公式可知

$$S_1=\frac{3V}{h_1},\quad \cdots,\quad S_4=\frac{3V}{h_4}.$$

又因为内切球的球心与四面体各个界面的三个顶点分别形成一个小四面体的四个顶点, 这些小四面体体积之和等于原四面体体积, 所以

$$\begin{aligned}V&=\frac{1}{3}S_1r+\cdots+\frac{1}{3}S_4r\\&=\frac{1}{3}\left(\frac{3V}{h_1}\cdot r+\cdots+\frac{3V}{h_4}\cdot r\right)\\&=rV\left(\frac{1}{h_1}+\cdots+\frac{1}{h_4}\right),\end{aligned}$$

于是

$$\frac{1}{r}=\frac{1}{h_1}+\cdots+\frac{1}{h_4}.$$

按 $\mathscr{F}$ 的定义, $h_1,\cdots,h_4\geqslant 1$, 可见 $r\geqslant 1/4$. 类似地, 若这个四面体各条高都等于 1, 那么 $r=1/4$. 此外, 若半径为 r 的球可放进四面体内部, 那么任何半径小于 r 的球也可放进四面体内部. 这表明: 若一个球能放进 $\mathscr{F}$ 中的任意一个四面体, 则其半径 $r\leqslant 1/4$.

(ii) 现在证明 $r_0=1/4$. 也就是证明半径 $r=1/4$ 的球确实可以放进 $\mathscr{F}$ 中的任意一个四面体内. 用反证法. 设若不然, 则半径为 1/4 的球放不进 $\mathscr{F}$ 中的某个四面体, 可见此四面体内部任何一点至少与一个界面的距离小于 1/4, 于是四面体体积

$$V<\frac{1}{3}\cdot\frac{1}{4}(S_1+\cdots+S_4)=\frac{1}{3}\cdot r(S_1+\cdots+S_4),$$

即

$$V < \frac{r}{3} \cdot \left(\frac{3V}{h_1} + \cdots + \frac{3V}{h_4} \right),$$

于是

$$\frac{1}{r} < \frac{1}{h_1} + \cdots + \frac{1}{h_4}.$$

按 $\mathscr{F}$ 的定义, 上式右边不超过 4, 因此 $1/r < 4$, 于是得到矛盾.

4.19 设 $\odot O$ 和 $\odot O'$ 的半径分别为 r 和 r_1. 透镜直径 $AB = 2R$, 厚度 $II' = 2a$. 以点 I 到直径 AB 的距离 $IJ = x$ 为变量 (图 J.35).

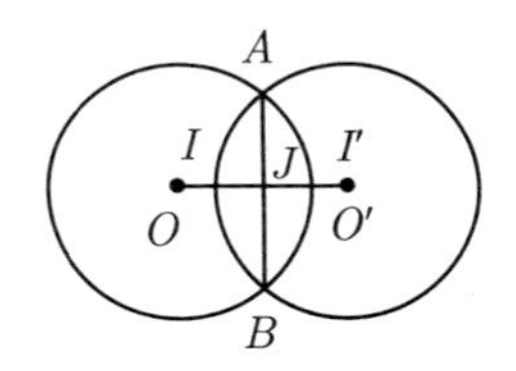

图 J.35

(i) 由球冠表面积公式得到透镜表面积

$$S = 2\pi x r_1 + 2\pi(2a - x)r.$$

注意 $OJ = OI' - JI' = r - (2a - x)$, 由直角三角形 AOJ 得到 $r^2 = R^2 + \big(r - (2a - x)\big)^2$, 于是

$$R^2 - 2r(2a - x) + (2a - x)^2 = 0.$$

又由直角三角形 $AO'J$ 得到 $r_1^2 = R^2 + (r_1 - x)^2$, 于是

$$R^2 - 2r_1 x + x^2 = 0.$$

由上面两个关系式, 将 r 和 r_1 通过 x 表出:

$$r = \frac{R^2 + (2a - x)^2}{2(2a - x)}, \quad r_1 = \frac{R^2 + x^2}{2x}.$$

由此得到

$$\pi(R^2+x^2)+\pi\big(R^2+(2a-x)^2\big)=S.$$

因此 x 满足二次方程

$$x^2-2ax+\left(R^2+2a^2-\frac{S}{2\pi}\right)=0.$$

此方程的判别式非负蕴含 $S_{\min}=2\pi(R^2+a^2)$. 对应地, $x=a$, 从而 $r=r_1=(R^2+a^2)/(2a)$.

(ii) 由球冠体积公式得到透镜体积

$$\begin{aligned}V&=\frac{\pi}{6}x(3R^2+x^2)+\frac{\pi}{6}(2a-x)\big(3R^2+(2a-x)^2\big)\\&=\frac{\pi a}{6}(6x^2-12ax+8a^2+6R^2).\end{aligned}$$

于是 x 满足二次方程

$$x^2-2ax+\left(R^2+\frac{4}{3}a^2-\frac{V}{\pi a}\right)=0.$$

由方程判别式非负推出

$$V_{\min}=\frac{\pi}{3}a(a^2+3R^2).$$

对应地, $x=a,r=r_1=(R^2+a^2)/(2a)$(与表面积最小情形相同).

5.1 (1) 右半不等式是显然的, 并且当内接正方形与单位正方形重合时上界被达到. 现在证明左半不等式. 显然 $\angle AA'D'$ 和 $\angle BB'A'$ 都与 $\angle BA'B'$ 互余, 所以它们相等, 类似地, $\angle CC'B'$, $\angle DD'C'$ 也与它们相等, 因此 $\triangle AA'D',\triangle BB'A',\triangle CC'B',\triangle DD'C'$ 全等, 所以 $AA'=BB'=CC'=DD'$. 记 $AA'=x$, 则 $AD'=A'B=1-x$, 于是正方形 $A'B'C'D'$ 的面积

$$S=A'D'^2=AA'^2+AD'^2=x^2+(1-x)^2=2\left(x-\frac{1}{2}\right)^2+\frac{1}{2}.$$

当 $x=1/2$ 时, 达到 $S_{\min}=1/2$.

(2) 解法 1 如图 J.36(a) 所示, 有

$$x+y=a, \quad x^2+y^2=1.$$

由此推出 $xy=(a^2-1)/2$. 可见 x,y 是二次方程 $z^2-az+(a^2-1)/2=0$ 的两个实根. 于是方程的判别式

$$(-a)^2-4\cdot\frac{a^2-1}{2}\geqslant 0,$$

即 $2-a^2\geqslant 0$, 因此 $a\leqslant\sqrt{2}$. 此外显然 $x+y>1$, 即 $a>1$. 当单位正方形的四个顶点平分外接正方形各边时, $a=\sqrt{2}$.

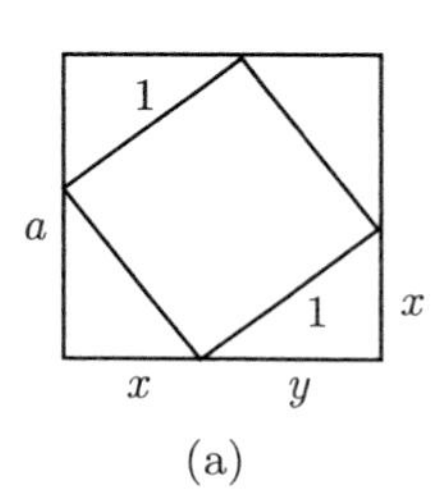

(a)

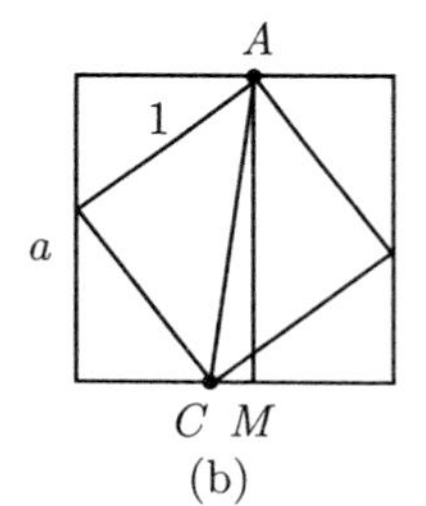

(b)

图 J.36

解法 2 **提示** 如图 J.36(b) 所示, 由直角三角形 ACM 可知 $a\leqslant\sqrt{2}$, 并且当 AC 与 AM 重合时等式成立.

5.2 圆内接四边形的顶点将圆周分为四部分, 其中最短的弧所对中心角 θ 至多等于 $2\pi/4=\pi/2$, 这条弧所对的边 (即连接弧的两个端点的弦) 的长度就是 $\min\{a,b,c,d\}$, 并且等于

$$2\cdot 1\cdot\sin\frac{\theta}{2}\leqslant 2\cdot 1\cdot\sin\frac{\pi}{4}=\sqrt{2}.$$

当圆内接四边形的顶点将圆周四等分 (即当正方形) 时, $a=b=c=d=\sqrt{2}$, 所以不等式最优.

5.3 (1) 因为

$$AB^2=x^2+y^2=(x^2+y^2)/2+(x^2+y^2)/2$$
$$\geqslant (x^2+y^2)/2+xy=(x+y)^2/2,$$

所以

$$AB\geqslant (x+y)/\sqrt{2}.$$

(2) 定义 $m,m',\cdots$ 同例 5.2(图 5.2). 依本题 (1), 有

$$a\geqslant \frac{v'+m}{\sqrt{2}},\quad a\geqslant \frac{m'+n}{\sqrt{2}},$$
$$a\geqslant \frac{n'+u}{\sqrt{2}},\quad a\geqslant \frac{u'+v}{\sqrt{2}}.$$

于是

$$a+b+c+d\geqslant \frac{1}{\sqrt{2}}(m+m'+n+n'+u+u'+v+v')$$
$$=\frac{1}{\sqrt{2}}\cdot 4=2\sqrt{2}.$$

5.4 (1) 解法1 因为

$$(a+b)^2=a^2+b^2+2ab\leqslant a^2+b^2+(a^2+b^2)=2c^2,$$

所以

$$a+b\leqslant \sqrt{2}c.$$

解法2

$$a+b=c\sin A+c\cos A=c\cdot\sqrt{2}\sin\left(A+\frac{\pi}{4}\right)\leqslant \sqrt{2}c.$$

(2) (i) 因为三角形面积 $S=ab/2=r(a+b+c)/2$(参见例 5.3), 所以

$$r=\frac{ab}{a+b+c}.$$

不妨设 $a\leqslant b$, 并且应用 $a+b>c$, 可推出

$$\frac{b}{a+b+c}>\frac{b}{2(a+b)}\geqslant\frac{b}{2(b+b)}=\frac{1}{4},$$

因此

$$r=a\cdot\frac{b}{a+b+c}>\frac{1}{4}a=\frac{1}{4}\min\{a,b\}.$$

(ii) 我们有

$$\frac{r^2}{c^2}=\left(\frac{ab}{a+b+c}\right)^2\cdot\frac{1}{c^2}=\frac{a^2b^2}{(a+b+c)^2c^2}.$$

因为 $a+b\geqslant 2\sqrt{ab}, c^2=a^2+b^2\geqslant 2ab$(当且仅当 $a=b$ 时, 等式成立), 所以由上式推出

$$\frac{r^2}{c^2}\leqslant\frac{a^2b^2}{(2\sqrt{ab}+\sqrt{2ab})^2\cdot 2ab}=\frac{1}{2(2+\sqrt{2})^2},$$

从而

$$\frac{r}{c}\leqslant\frac{1}{\sqrt{2}(2+\sqrt{2})}=\frac{1}{2(\sqrt{2}+1)}=\frac{\sqrt{2}-1}{2},$$

并且当等腰直角三角形情形时取到等号 (因此上界估计最优).

注 因为 $c=2R$, 所以本题 (2) 的右半不等式还可见练习题 2.18(2).

5.5 (1) 用 S 表示三角形面积, 则

$$a=2S/h_a,\quad b=2S/h_b,\quad c=2S/h_c,$$

将它们代入不等式 $c>|a-b|$, 即得所要不等式.

(2) 依本题 (1) 中的关系式, 并且应用关系式 $2S=(a+b+c)r$, 我们有

$$\frac{1}{h_a}+\frac{1}{h_b}=\frac{a+b}{2S}=\frac{a+b}{(a+b+c)r}.$$

因为 $a+b>c$, 所以 $a+b+c<2(a+b)<2(a+b+c)$, 从而

$$\frac{1}{2r}<\frac{a+b}{(a+b+c)r}<\frac{1}{r},$$

由此得到题中的不等式.

(3) 由 $ah_a=r(a+b+c)(=2S)$ 可知

$$h_a=r\left(1+\frac{b}{a}+\frac{c}{a}\right).$$

类似地,

$$h_b=r\left(1+\frac{a}{b}+\frac{c}{b}\right),\quad h_c=r\left(1+\frac{a}{c}+\frac{b}{c}\right).$$

将上述三个不等式相加, 得到

$$h_a+h_b+h_c=r\left(3+\frac{b}{a}+\frac{a}{b}+\frac{c}{b}+\frac{b}{c}+\frac{a}{c}+\frac{c}{a}\right).$$

由此应用算术-几何平均不等式, 即得所要结果.

(4) **提示** 由本题 (3) 可推出 $\max\{h_a,h_b,h_c\}\geqslant 3r$. 由本题 (2) 可推出 $\max\{1/h_a,1/h_b\}\geqslant 1/(4r)$.

(5) 因为

$$\sqrt{s(s-a)(s-b)(s-c)}=\frac{1}{2}ah_a(=S),$$

所以

$$h_a=\sqrt{s(s-a)}\cdot\frac{2\sqrt{(s-b)(s-c)}}{a}.$$

可见只需证明

$$\frac{2\sqrt{(s-b)(s-c)}}{a}\leqslant 1,$$

这等价于

$$a^2\geqslant 4(s-b)(s-c)=(a-b+c)(a+b-c)=a^2-(b-c)^2.$$

(6) 三角形面积

$$S=\frac{1}{2}bc\sin A=bc\sin\frac{A}{2}\cos\frac{A}{2}.$$

又由余弦定理, 得

$$\begin{aligned}a^2&=b^2+c^2-2bc\cos A=(b-c)^2+2bc(1-\cos A)\\&=(b-c)^2+4bc\sin^2\frac{A}{2}.\end{aligned}$$

因此

$$\begin{aligned}a^2&=(b-c)^2+4S\tan\frac{A}{2}=(b-c)^2+4\left(\frac{1}{2}ah_a\right)\tan\frac{A}{2}\\&=(b-c)^2+2ah_a\tan\frac{A}{2}.\end{aligned}$$

由此即可推出所要的不等式.

(7) 由正弦定理可知 $R=a/(2\sin A)$. 设边 BC 与内切圆的切点是 D, 则

$$a=BC=BD+CD=r\cot\frac{B}{2}+r\cot\frac{C}{2},$$

于是

$$r=\frac{a}{\cot\dfrac{B}{2}+\cot\dfrac{C}{2}}=\frac{a\sin\dfrac{B}{2}\sin\dfrac{C}{2}}{\cos\dfrac{A}{2}}.$$

因此

$$\frac{r}{R}=\frac{2a\sin\dfrac{B}{2}\sin\dfrac{C}{2}\sin A}{a\cos\dfrac{A}{2}}=4\sin\frac{A}{2}\sin\frac{B}{2}\sin\frac{C}{2}.$$

由

$$f=4\sin\frac{A}{2}\sin\frac{B}{2}\sin\frac{C}{2}=2\left(\cos\frac{A-B}{2}-\cos\frac{A+B}{2}\right)\sin\frac{C}{2}$$

$$= 2\left(\cos\frac{A-B}{2} - \sin\frac{C}{2}\right)\sin\frac{C}{2},$$

可知 $\sin(C/2)$ 满足二次方程

$$z^2 - \left(\cos\frac{A-B}{2}\right)z + \frac{f}{2} = 0,$$

由此推出 $f_{\max} = 1/2$(对应地, $A = B$).

注 将本题结果与练习题 2.18(2) 加以比较.

5.6 **提示** 参考例 5.4. 若以题中 n 个点作为顶点形成一个凸 n 边形, 那么所有以其中任一点为一个端点的对角线分多边形为 $n-2$ 个互不交迭的三角形, 于是得到题中的不等式. 不然, n 个点中存在 $k<n$ 个点, 以它们为顶点形成一个凸 k 边形, 其余 $n-k$ 个点位于其内部. 类似于例 5.4 解法中的操作 (因为无三点共线, 所以只需讨论一种可能情形), 得到 $k+2(n-k-1)=2n-k-2$ 个互不交迭的三角形. 还要注意: 因为 $k<n$, 所以 $2n-k-2>2n-n-2=n-2$.

5.7 对于一条长度为 l_1 的线段 AB 而言, 与它的距离不大于 δ 的点都位于一个带形区域中 (图 J.37(a)), 其中矩形部分两条边平行且等于该线段, 另两条边长为 2δ, 并且线段 AB 平分矩形; 矩形

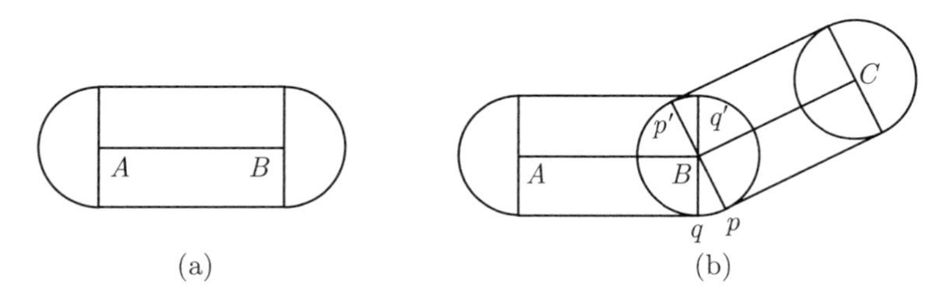

图 J.37

两端是两个半径为 δ、圆心分别是点 A,B 的半圆. 因此带形区域面积等于 $D_1=\pi\delta^2+2\delta l_1$.

对于由两条线段 AB(长度为 l_1) 和 BC(长度为 l_2) 组成的折线, 与它的距离不大于 δ 的点都位于由两个带形以及与两个矩形不相重叠的扇形 Bpq 组成的区域中 (这个扇形以 B 为中心、以 δ 为半径)(图 J.37(b)). 因为扇形 Bpq 与扇形 $Bp'q'$ 全等, 而后者完全含在矩形中, 因此上述区域的面积 $D_2=\pi\delta^2+2\delta(l_1+l_2)$.

一般地, 若折线由 n 条线段组成, 那么与它的距离不大于 δ 的点组成的区域的面积为 $\pi\delta^2+2\delta L$. 因为题中所说的正方形完全含在这个区域中, 而正方形的面积为 1, 所以

$$1\leqslant\pi\delta^2+2\delta L,$$

于是

$$L\geqslant\frac{1}{2\delta}-\frac{\pi}{2}\delta.$$

5.8 简记 $S=S(\triangle ABC),S_A=S(\triangle AB'C')$, 等等. 因为 $\triangle ABC$ 和 $\triangle AB'C'$ 共顶角 A, 所以

$$\frac{S_A}{S}=\frac{AB'\cdot AC'}{AB\cdot AC}.$$

类似地,

$$\frac{S_B}{S}=\frac{BC'\cdot BA'}{AB\cdot BC},\quad \frac{S_C}{S}=\frac{CA'\cdot CB'}{CB\cdot CA}.$$

将上述三式相乘, 得到

$$\frac{S_AS_BS_C}{S^3}=\frac{AC'\cdot BC'}{AB^2}\cdot\frac{BA'\cdot CA'}{BC^2}\cdot\frac{CB'\cdot AB'}{CA^2}.$$

因为

$$AC'\cdot BC'\leqslant\frac{1}{4}(AC'+BC')^2=\frac{1}{4}AB^2,$$

所以

$$\frac{AC' \cdot BC'}{AB^2} \leqslant \frac{1}{4}.$$

类似地,

$$\frac{BA' \cdot CA'}{BC^2} \leqslant \frac{1}{4}, \quad \frac{CB' \cdot AB'}{CA^2} \leqslant \frac{1}{4},$$

因此

$$\frac{S_A}{S} \cdot \frac{S_B}{S} \cdot \frac{S_C}{S} = \frac{S_A S_B S_C}{S^3} \leqslant \left(\frac{1}{4}\right)^3,$$

从而左边相乘的三个数中至少有一个不超过 1/4.

5.9 (1) 首先设 $\triangle ABC$ 是锐角三角形, 最大角是 $\angle A = \alpha$, 那么 $\alpha \in [\pi/3, \pi/2)$. 用 h_a 表示经过三角形顶点 A 的高 (余类似), 则

$$h_b \leqslant BB' < 1, \quad h_c \leqslant CC' < 1,$$

所以三角形面积

$$\begin{aligned} S &= \frac{1}{2}h_c \cdot AB < \frac{1}{2} \cdot AB = \frac{1}{2} \cdot \frac{h_b}{\sin\alpha} \\ &< \frac{1}{2} \cdot \frac{1}{\sin\alpha} \leqslant \frac{1}{2} \cdot \frac{1}{\sin\dfrac{\pi}{3}} = \frac{\sqrt{3}}{3}. \end{aligned}$$

其次设 $\triangle ABC$ 是直角或钝角三角形, $\angle A = \alpha$ 是最大角, 那么 AB 边上的高的垂足与 A 重合或在 BA 的延长线上, 所以 $AC < CC' < 1$, 类似地, $AB < BB' < 1$. 所以

$$S = \frac{1}{2}AB \cdot AC \sin\alpha < \frac{1}{2} < \frac{\sqrt{3}}{3}.$$

(2) 设 AA', BB', CC' 的交点是 O, 则 $AB < OA + OB < AA' + BB' < 2$, 并且 $h_c \leqslant CC' < 1$, 所以三角形面积 $S = h_c \cdot AB/2 < 1$.

(3) 在本题 (1) 中取 $AA' = t_a, BB' = t_b, CC' = t_c$, 由此题的逆否命题即得结论.

5.10 (1) 若 $\angle A=\alpha$ 是 $\triangle ABC$ 的最小内角, 则 $\alpha\leqslant\pi/3$, 因此三角形面积 $S=(1/2)AB\cdot AC\sin\alpha<(1/2)\cdot1\cdot(\sqrt{3}/2)=\sqrt{3}/4$.

(2) 三角形面积 $S=(1/2)ab\sin A\leqslant ab/2\leqslant b^2/2$, 并且题设 $S=1$, 所以 $1\leqslant b^2/2$, 从而 $b\geqslant\sqrt{2}$.

(3) 设三角形周长为 $2s$, 内切圆半径为 r, 则三角形面积 $S=rs=1/\pi$, 所以 $s=1/(\pi r)$. 又因为 $S>\pi r^2$, 即得 $1/\pi>\pi r^2$, 所以 $r<1/\pi$. 于是 $s=1/(\pi r)>1$.

(4) **提示** 应用例 5.6, 圆心是两个三角形的公共点.

5.11 (1) 用分别平行于正方形两条邻边的直线将单位正方形分成四个全等的小正方形, 依抽屉原理, 必有一个小正方形至少含两个点, 它们的距离不超过小正方形的对角线之长 $\sqrt{2}/2$.

(2) 设 O 是圆心. 用直径将圆等分为八个全等的扇形, 依抽屉原理, 必有一个扇形含三个不共线的点. 设 $\triangle ABC$ 是以它们为顶点的三角形. 因为 A,B,C, 不共线, 所以三个三点组 $(A,B,O),(A,C,O),(B,C,O)$ 中至多有一组共线. 若 A,B,O 共线, 则 $AB<1$. 此时以 A,C,O 为顶点组成一个三角形, 于是 $\angle AOC<2\pi/8=\pi/4$, 从而由余弦定理,

$$\begin{aligned}
AC^2&=OA^2+OC^2-2OA\cdot OC\cos\angle AOC\\
&<OA^2+OC^2-2OA\cdot OC\cos\frac{\pi}{4}\\
&=(OA-OC)^2+2OA\cdot OC-2OA\cdot OC\cos\frac{\pi}{4}\\
&=(OA-OC)^2+2OA\cdot OC\left(1-\cos\frac{\pi}{4}\right)\\
&<1+2\left(1-\cos\frac{\pi}{4}\right)=3-\sqrt{2}.
\end{aligned}$$

于是 $AC<\sqrt{3-\sqrt{2}}$. 以点 B,C,O 为顶点组成一个三角形, 同样有

$BC < \sqrt{3-\sqrt{2}}$. 合起来可知 $\triangle ABC$ 的周长

$$L < 1+2\sqrt{3-\sqrt{2}}.$$

若三个三点组 $(A,B,O),(A,C,O),(B,C,O)$ 均不共线, 则 AB,BC,CA 都小于 $\sqrt{3-\sqrt{2}}$, 因此

$$L < 3\sqrt{3-\sqrt{2}}.$$

综合上述两种可能情形, 可知 $L < 1+2\sqrt{3-\sqrt{2}}$.

5.12 参见 3.1 节. 设 α 是 PQ 的垂直平分面, 那么点 P,Q 分别位于 α 两侧, α 上任一点都与 P,Q 等距离, α 一侧 (不包含 α) 的任一点 S 满足 $SP > SQ$, 另一侧 (不包含 α) 的任一点 T 满足 $TP < TQ$. 因此如果题中结论不成立, 那么多面体的所有顶点 X 都满足不等式 $XP \leqslant XQ$, 因而多面体的所有顶点或位于 α 上, 或位于 α 同一侧, 这表明凸多面体位于平面 α 的同一侧, 可见多面体内部的点 P,Q 位于 α 同侧, 这与 α 的定义矛盾.

5.13 首先引述下列初等几何事实: 若点 X 是 $\triangle ABC$ 的边 BC 上的任意一点, 则 $AX \leqslant \max\{AB, AC\}$. 证明很容易: 若 $AX \perp BC$, 结论显然成立. 不然, $\angle AXB$ 和 $\angle AXC$ 中有一个是钝角, 从而结论也成立.

现在解原题. 延长 UV 与多面体交于某两点 P,Q, 那么 $UV < PQ$. 只需证明 PQ 的长度满足问题的结论. 不妨认为 P,Q 中有一个 (设为 P) 不是多面体的端点 (不然问题结论已成立), 那么点 P 在多面体的某个界面 (凸多边形) 的内部. 于是存在一条经过点 P 并且与此凸多边形两条边相交的直线, 记交点为 M,N. 依上述几何事实, 由 $\triangle QMN$ 可知 $PQ \leqslant \max\{QM, QN\}$, 不妨认为

$PQ \leqslant MQ$. 设点 M 位于多面体的棱 AB 上, 那么由 $\triangle QAB$ 得到 $QM \leqslant \max\{QA, QB\}$, 不妨认为 $QM \leqslant QA$, 于是

$$PQ \leqslant MQ \leqslant QA.$$

如果 Q 本身是多面体的一个端点, 那么 QA 就是符合要求的线段, 问题已得证. 现在设 Q 不是多面体的一个端点, 那么它位于多面体的另一个界面 (凸多边形) 的内部, 于是又可重复上面的推理. 具体言之, 存在一条经过点 Q 并且与此凸多边形两条边相交的直线, 记交点为 M', N'. 依上述几何事实, 由 $\triangle AM'N'$ 可知 $AQ \leqslant \max\{AM', AN'\}$, 不妨认为 $AQ \leqslant AM'$. 设点 M' 位于多面体的棱 $A'B'$ 上, 那么由 $\triangle AA'B'$ 得到 $AM' \leqslant \max\{AA', AB'\}$, 不妨认为 $AM' \leqslant AA'$, 于是

$$AQ \leqslant AM' \leqslant AA'.$$

合起来得到 $PQ (\leqslant MQ \leqslant QA \leqslant AM') \leqslant AA'$. 而 AA' 是符合要求的线段.

5.14 解法 1 因为线段 AB 是三个三角形的公共边, 所以只需证明

$$AM + BM < \max\{AP + BP, AQ + BQ\}.$$

将点 B 以 l_1 为轴在空间旋转到点 B' 位置, 使得点 B' 位于由点 A 和直线 l_1 确定的平面 α 上 (如果 l_1, l_2 在一个平面上, 那么空间旋转相当于取点 B 的以 l_1 为轴的对称点 B'), 于是点 A, B', P, Q, M 在同一个平面 α 上, 并且 $B'P = BP, B'Q = BQ, MB' = MB$. 于是只需证明

$$AM + B'M < \max\{AP + B'P, AQ + B'Q\}.$$

考察平面 α 上的四边形 $APB'Q$, 如果 AMB' 是一条直线 (即 AB' 是四边形对角线, M 是两对角线交点), 那么上述不等式显然成立. 不然, 点 M 将位于 $\triangle APB'$ 和 $\triangle AQB'$ 之一的内部 (例如在 $\triangle AQB'$ 内部), 此时射线 AM 与 $B'Q$ 的交点 M' 在线段 $B'Q$ 内部. 于是

$$AQ+QM'>AM'=AM+MM', \quad MM'+M'B'>MB'.$$

将这两个不等式相加, 得到

$$AQ+B'Q>AM+B'M,$$

于是问题得证.

解法 2 用反证法. 设 $MA+MB(=l)$ 最大, 与 A,B 距离之和为 l 的点的 (空间) 轨迹是一个以 A,B 为焦点的椭球面, 点 M 在此椭球面上. 若 $PA+PB$ 和 $QA+QB$ 都小于 l, 则它们位于椭球内部. 因为椭球是凸集, 点 M 在直线 PQ 上, 所以点 M 也在椭球内部, 我们得到矛盾. 若 (例如)$PA+PB=l,QA+QB<l$, 则点 P,M 都在椭球面上, 点 Q 在射线 PM 上, 因此在椭球外部, 从而 $QA+QB>l$, 我们也得到矛盾.

注 将椭圆以它的长轴为轴在空间旋转一周, 得到的曲面是一个椭球. 椭圆的一些基本性质 (见 2.1 节) 可以扩充到椭球. 例如, 凸性 (若两点位于椭球内部, 则连接它们的线段完全位于椭球内部); 椭球面上任意一点与两焦点距离之和等于定长, 椭球内 (外) 部的点与两焦点距离之和小 (大) 于定长.

5.15 (1) 如果 l_1,l_2 在一个平面上 (即 l_1,l_2 相交或平行), 那么易证结论成立. 现在设 l_1,l_2 是异面直线. 如图 J.38 所示, 过直

线 b 作平行于直线 a 的平面 α, 过直线 a 作平面 β 垂直于平面 α, 设交线是 a', 那么 a',a 互相平行. 因为 a,b 是异面直线, 所以直线 a',b 不平行. 在平面 β 上分别过点 A_1,A_2,A_3 作 a' 的垂线, 那么垂足 C_1,C_2,C_3 分别是点 A_1,A_2,A_3 在平面 α 上的 (正) 投影, 并且 $A_1C_1=A_2C_2=A_3C_3$. 设线段 A_1B_1,A_2B_2,A_3B_3 与直线 a 垂直相交于点 B_1,B_2,B_3, 那么由三垂线定理可知 C_1B_1,C_2B_2,C_3B_3 都垂直于直线 b, 因而它们互相平行. 依上述直线 a',b 不平行的事实可知 C_1B_1,C_2B_2,C_3B_3 互不相等, 不妨设 $C_1B_1>C_2B_2>C_3B_3$, 于是由

$$A_1B_1^2=A_1C_1^2+C_1B_1^2,$$

$$A_2B_2^2=A_2C_2^2+C_2B_2^2,$$

$$A_3B_3^2=A_3C_3^2+C_3B_3^2,$$

以及

$$A_1C_1=A_2C_2=A_3C_3,$$

推出

$$A_1B_1>A_2B_2>A_3B_3.$$

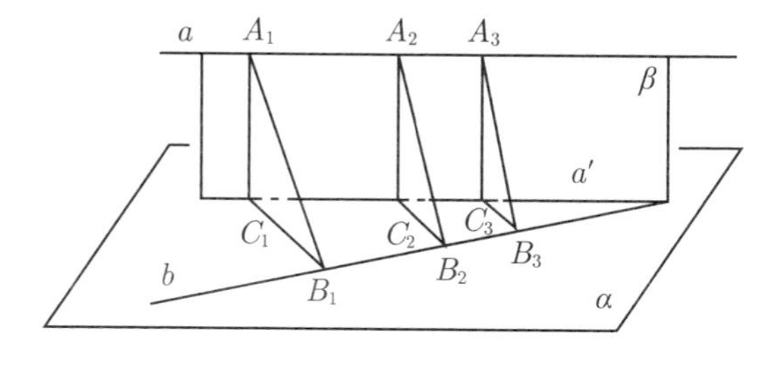

图 J.38

(2) 三个三角形有公共底边 AB, 依本题 (1) 可知, $\triangle MAB$ 底边上的高介于另两个三角形底边上的高之间, 故得结论.

5.16 提示 设 $PM=h, PA=a, PB=b, PC=c$, 则

$$MA^2=h^2+a^2,\quad MB^2=h^2+b^2,\quad MC^2=h^2+c^2.$$

不妨认为 $a\leqslant b\leqslant c$. 因为由三角形边的性质可知 $c<a+b$, 所以

$$\begin{aligned}c\sqrt{1+\frac{h^2}{c^2}}&<(a+b)\sqrt{1+\frac{h^2}{c^2}}=a\sqrt{1+\frac{h^2}{c^2}}+b\sqrt{1+\frac{h^2}{c^2}}\\&\leqslant a\sqrt{1+\frac{h^2}{a^2}}+b\sqrt{1+\frac{h^2}{b^2}}.\end{aligned}$$

5.17 提示 证法与例 5.9 类似, 但要应用练习题 5.14.

5.18 (1) 首先断言: $\angle BAC=\pi/3$ 蕴含 $AB+AC\leqslant 2BC$.

证明如下: 若 $AB=AC$, 则 $\triangle ABC$ 是正三角形, 所以结论 (等式) 显然成立. 不然, 在平面 ABC 上, 分别作点 B,C 以 $\angle BAC$ 的平分线为轴的对称点 B',C', 那么得到四边形 $BB'CC'$. 由三角形边之间的不等式推出 $BC+B'C'>CC'+BB'$, 因为由对称性可知 $B'C'=BC$, 并且由 $\triangle ABB'$ 和 $\triangle ACC'$ 都是正三角形得知 $BB'=AB, CC'=AC$, 因而 $2BC>AB+AC$. 于是断言成立.

类似地, 我们还有 $AC+AD\leqslant 2CD, AD+AB\leqslant 2DB$. 将上述三个不等式相加, 即得结论.

(2) 如果 e 是边长为 a,b 的界面 (平行四边形) 的一条对角线之长, 那么 $d<e+c<a+b+c$, 所以

$$\begin{aligned}d^2&<(a+b+c)^2=a^2+b^2+c^2+2ab+2bc+2ca\\&\leqslant a^2+b^2+c^2+(a^2+b^2)+(b^2+c^2)+(c^2+a^2)\\&=3(a^2+b^2+c^2).\end{aligned}$$

(3) 设 PQ 是立方体的一条对角线, X 是空间中任意一点, 那么 $PX+QX \geqslant PQ=\sqrt{3}$. 立方体有 4 条对角线, 每条对角线对应两个顶点且互不重复, 所以得到结论.

5.19 提示 设 AO 垂直于底面 BCD(O 是垂足), 那么 $\triangle BCD$ 被分为三个三角形, 即 $\triangle OBC, \triangle OCD, \triangle ODB$. 由例 1.2 的注 1 可知, $\triangle OBC$ 的面积小于 $\triangle ABC$ 的面积, 等等.

附录　按解法推荐的例题和练习题分类

这里的解法未按严格意义进行分类, 所列问题有所交叉, 仅供查阅参考.

1. 几何解法

例 1.3(证法 8), 例 2.2, 例 2.7(解法 2), 例 2.8(解法 2), 例 2.9(解法 2), 例 2.10, 例 3.6, 例 3.7, 例 3.8, 例 3.16, 例 4.2(解法 2), 例 4.3, 例 4.4(解法 2), 例 4.6, 例 4.7, 例 4.10, 例 4.13, 例 5.8, 例 5.9, 练习题 1.3(解法 1), 练习题 1.4, 练习题 1.5(1), 练习题 2.1, 练习题 2.2, 练习题 3.18, 练习题 3.19, 练习题 5.13, 练习题 5.14, 练习题 5.15(1), 练习题 5.17, 练习题 5.18(1).

2. 平面三角学的应用

例 2.5(解法 2), 例 4.2(解法 1), 例 4.4(解法 1), 例 4.8, 练习题 2.17, 练习题 3.14(2), 练习题 4.2, 练习题 4.5, 练习题 4.12(2)(解法 1, 解法 2), 练习题 5.5(6)(7).

3. 算术-几何平均不等式的应用

例 2.8(解法 1), 例 4.14, 练习题 3.10, 练习题 3.12, 练习题 3.14(2), 练习题 3.15, 练习题 3.16, 练习题 3.17, 练习题 4.13.

4. 二次三项式的极值性质的应用

例 2.14, 例 3.5, 例 3.9(解法 2), 练习题 2.13(2), 练习题 3.1, 练习题 4.11(1).

5. 一元二次方程判别式的应用

例 2.12(解法 1), 例 5.10, 练习题 3.7, 练习题 3.13, 练习题 3.14(1), 练习题 4.19, 练习题 5.5(7).

6. 消元

例 3.13, 例 3.15, 例 4.5.

7. 函数单调性的应用

例 1.3(证法 9), 例 2.5(解法 2), 例 3.4, 例 4.8, 例 4.14, 练习题 3.4(2).

8. 坐标方法

例 1.3(证法 9), 例 2.13(1), 例 2.14, 例 4.9, 练习题 2.14, 练习题 2.15, 练习题 3.1, 练习题 3.2, 练习题 3.5, 练习题 4.9, 练习题 4.10, 练习题 4.11, 练习题 4.12(1).

9. 复数和向量的应用

例 1.3(证法 10), 练习题 4.12(2)(解法 3, 解法 4).

10. 一题多解

例 1.3, 例 2.6, 例 3.3(2), 练习题 2.6, 练习题 2.10, 练习题 2.11(2), 练习题 4.4.

11. 其他

例 5.5, 例 5.6, 练习题 2.4, 练习题 4.17, 练习题 4.18, 练习题 5.7.

中国科学技术大学出版社
中小学数学用书(部分)

中学生数学思维方法丛书(12 册)/冯跃峰
学数学(第 1—6 卷)/李潜
高中数学奥林匹克竞赛标准教材(上册、中册、下册)/周沛耕
平面几何强化训练题集(高中分册)/万喜人　等
全国高中数学联赛一试强化训练题集/王国军　奚新定
全国高中数学联赛模拟试题精选/本书编委会
全国高中数学联赛模拟试题精选(第二辑)/本书编委会
全国高中数学联赛预赛试题分类精编/王文涛　等
高中数学竞赛教程(第 2 版)/严镇军　单墫　苏淳　等
第 51—76 届莫斯科数学奥林匹克/苏淳　申强
全俄中学生数学奥林匹克(2007—2019)/苏淳
解析几何竞赛读本/蔡玉书
平面几何题的解题规律/周沛耕　刘建业
高中数学进阶与数学奥林匹克. 上册/马传渔　张志朝　陈荣华
高中数学进阶与数学奥林匹克. 下册/马传渔　杨运新
名牌大学学科营与自主招生考试绿卡·数学真题篇(第 2 版)
/李广明　张剑
强基计划校考数学模拟试题精选/方景贤
数学思维培训基础教程/俞海东
从初等数学到高等数学. 第 1 卷/彭翕成
高中数学知识体系通讲/刘运
函数 777 题问答/马传渔　陈荣华
亮剑高考数学压轴题/王文涛　薛玉财　刘彦永
理科数学高考模拟试卷(全国卷)/安振平

直线形/毛鸿翔　等
圆/鲁有专
几何极值问题/朱尧辰
同中学生谈排列组合/苏淳

趣味的图论问题/单墫
有趣的染色方法/苏淳
组合恒等式/史济怀
不定方程/单墫　余红兵
概率与期望/单墫
组合几何/单墫
解析几何的技巧(第4版)/单墫
有趣的差分方程(第2版)/李克正　李克大
趣味数学100题/单墫
面积关系帮你解题(第3版)/张景中　彭翕成
根与系数的关系及其应用(第2版)/毛鸿翔
怎样证明三角恒等式(第2版)/朱尧辰
向量、复数与质点/彭翕成
漫话数学归纳法(第4版)/苏淳
从特殊性看问题(第4版)/苏淳
Fibonacci 数列/肖果能
数学奥林匹克中的智巧/田廷彦
极值问题的初等解法/朱尧辰
巧用抽屉原理/冯跃峰
函数与函数思想/朱华伟　程汉波
美妙的曲线/肖果能
统计学漫话(第2版)/陈希孺　苏淳